Hermann Maier

Didaktik der Zahldarstellung

Ein Arbeitsbuch
zur Unterrichtsplanung

Best.-Nr. 37 487 7

Ferdinand Schöningh

Printed in Germany. Herstellung Ferdinand Schöningh.

Druck 5 4 3 2 1 Jahr 96 95 94 93 92

ISBN 3-506-37487-7

Inhaltsverzeichnis

1 Präliminarien

Vorwort

Die Planung von erfolgversprechendem Mathematikunterricht stellt eine komplexe, kenntnis-, überlegungs- und kreativitätsfordernde Aufgabe dar. Dies gilt in besonderem Maße für ein so schwieriges Thema wie die Darstellung natürlicher Zahlen, bei dem es im Kern um den Aufbau des sehr vielschichtigen Begriffs Stellenwertsystem geht. Der planende Lehrer muß die Unterrichtsziele klar vor Augen haben und die methodischen Schritte optimal ausgestalten. Angemessene und fundierte Ziele wachsen aus einer gründlichen sachlogischen Analyse heraus, welche die fachbegrifflichen Grundlagen klärt. Methodische Entscheidungen sollten sich nicht nur an den ausformulierten Zielen und an einschlägigen, begründeten Unterrichtsprinzipien orientieren, sondern auch die Vorzüge traditioneller Lehrgänge in Erwägung ziehen. Auf diese Weise kann ein zielstrebiger und doch ebenso ideen- wie abwechslungsreicher Unterricht geplant werden.

Um in diesem Sinne Studierenden wie Lehrern eingehende Informationen und Hilfen zu geben, wurde versucht, einen besonderen Typus eines fachdidaktischen Arbeitsbuches zu schaffen. Der Leser soll sich im Rahmen einer entwickelnden, den üblichen "Definition-Lehrsatz-Stil" bewußt meidenden Darstellung die fachbegrifflichen Grundlagen und sachlogischen Zusammenhänge des Themas niveauversetzt in analoger Weise erarbeiten können, wie das von den Schülern verlangt wird. Ein solches Verfahren kann ihm wichtige Erfahrung für das zu planende Lerngeschehen vermitteln. Unterrichtsziele werden nicht nur präzise formuliert, sondern auch strukturiert und argumentativ diskutiert. Auf methodengeschichtliche Informationen folgen verschiedenartigste, ins einzelne gehende Vorschläge für die Unterrichtsgestaltung. Sie betreffen Lernsituationen und Lernaufgaben sowie Möglichkeiten für deren zeitliche Anordnung. Ein Kapitel über theoretische Grundpositionen möchte didaktisch-methodische Prinzipien ins Gespräch bringen, die der Lehrer seiner Unterrichtsplanung zugrunde legen kann. Dann folgen themenspezifische Sonderabschnitte,die weitere Anregungen für eine differenzierende und abwechslungsreiche Gestaltung des Unterrichts geben.
Alle Kapitel enthalten Aufgaben, deren Bearbeitung dem Leser dringend zu empfehlen ist. Er möge versuchen, aus der heute üblichen, eher passiv aufnehmenden Lesehaltung bewußt auszubrechen und sich das Erlebnis des aktiven Umgangs mit einem Buch zu verschaffen. Der Gewinn wird Mühe und Zeitaufwand lohnen. Lösungshinweise zur Selbstkontrolle finden sich im Anhang.

1 Einführung

In der Geschichte der deutschen Rechendidaktik wurde dem Thema Zahldarstellung relativ wenig Beachtung geschenkt. Mündliches Zählen sowie Zahlenlesen und Zahlenschreiben wurden vornehmlich als Techniken betrachtet und als solche trainiert. Heute sehen wir in diesem Thema eine komplexe Aufgabe der Begriffsbildung; denn ein eingehendes Verständnis der Zahldarstellung nach dem Stellenwertsystem gilt als wichtige Voraussetzung für das Erreichen einer gediegenen Rechenfähigkeit. Man überlegt sich das leicht an einem Beispiel:
Ein Schüler, der die Multiplikation 309 • 12 mündlich ausführen soll, muß etwa folgende Verfahrensschritte vollziehen:

1. 309 • 10 = 3090	4. 3690 + 10 = 3700
2. 309 • 2 = 618	5. 3700 + 8 = 3708
3. 3090 + 600 = 3690	

Es läßt sich leicht zeigen, in welch intensiver Weise er dabei von seiner Beherrschung der dekadischen Stellenschreibweise Gebrauch machen muß. Für die beiden ersten Schritte zerlegt er die Zahl 12 in 10 + 2, für die drei letzten Schritte die Zahl 618 in 600 + 10 + 8. Das Zerlegen erfolgt nach Stellenwerten, wobei der Schüler wissen muß, daß - bei Zählung von rechts nach links - die Ziffer 1 auf der zweiten Stelle 10 und die Ziffer 6 auf der dritten Stelle 600 bedeuten. Im ersten Schritt nutzt er aus, daß sich die Multiplikation einer Zahl mit dem Stellenwert 10 durch Versetzen aller Ziffern um eine Stelle nach links bzw. durch Anhängen einer Null bewerkstelligen läßt. Beim zweiten Schritt kommt ihm zuhilfe, daß der Faktor 309 auf der Zehnerstelle eine Null aufweist. Im vierten Schritt führt eine Addition auf der Zehnerstelle auch zu einer Veränderung auf der Hunderterposition (Übergang). Der dritte und der fünfte Schritt verlangen das jeweils richtige "Auffüllen" einer mit Null besetzten Stelle.
Das Beispiel lehrt: die sichere Beherrschung der Stellenwertschreibweise natürlicher und später auch gebrochenrationaler Zahlen ist eine unverzichtbare Voraussetzung für das Rechnen. Dabei sind angelernte Kenntnisse von Bezeichnungsnormen zu wenig. Das Beherrschen sollte auf Einsicht gründen und im Verstehen verankert sein. Das schließt ein, daß man das Notationsproblem im Zusammenhang mit Zahlen allgemein und im Blick auf die Stellenwertschreibweise im besonderen erkennt und die Bewältigung in ihrer kulturhistorischen wie auch in ihrer mathematisch-logischen Dimension zu erahnen vermag. Je nach Schulart und Schulstufe kann dieses Erkennen und Erahnen mehr im Intuitiven belassen werden oder muß sich zu mehr oder weniger formal gefaßtem Wissen präzisieren.

Manche neuere Lehrpläne und Schulbücher legen daher zu Recht großes Gewicht auf die begriffliche Fundierung der Themen Rechnen und Zahldarstellung. Sie zielen mehr als früher auf ein tieferes Verständnis des Stellenwertsystems ab und nicht nur auf Techniken und Fertigkeiten. Dieses soll dadurch erreicht werden, daß man bei der Darstellung von Zahlen konkrete Modelle benutzt und diese auch variiert (reale Objekte, Plättchen, Stäbe, Wertmarken, usw.). Man hofft, daß durch den Umgang mit verschiedenen Materialien die für den Begriff des Stellenwertsystems bedeutsamen Merkmale deutlicher hervortreten, als es bei der Beschränkung auf ein Material der Fall wäre. Große Bedeutung kommt auch der Variation der gewählten Grundzahl des Stellenwertsystems zu. Aus Aktivitäten des Bündelns und Tauschens nach verschiedenen Grundzahlen erwachsen Erfahrungen, die der begrifflichen Fundierung dienen. So gibt es in einschlägigen neueren Schulbüchern, z.B. Aufgabenstellungen folgender Art:

Klaus hat 7 Plättchen. Er bündelt und ordnet diese nach der Grundzahl 3.

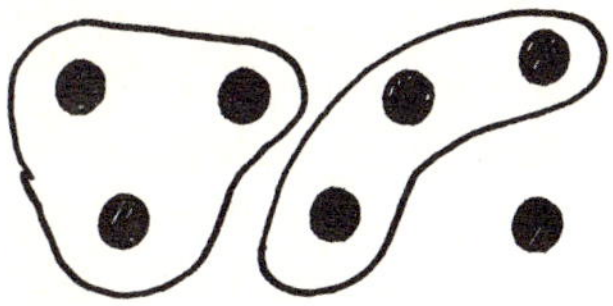

Dreier-Bündel	Einzelne
2	1

Bündle und ordne ebenso:

Dreier-Bündel	Einzelne

Heute ist man davon überzeugt, daß sich die Einsicht in das dekadische Zahlsystem auch durch die Arbeit in nichtdekadischen Systemen vertiefen und das Verständnis so auf eine breite Grundlage stellen läßt.

Soll nun das Thema Zahldarstellung in der angedeuteten Art als ein auf Variation konkreter Modelle und auf Variation der Grundzahlen gestützter Begriffsaufbau geplant werden, so verlangt das einen sorgsam gestuften Lehrgang. Er kann nur nach und nach abstrahierend von der Arbeit mit konkreten Materialien abheben und wird formale Darstellungen und Übungen zunächst nur behutsam einfließen lassen. Nach Art eines Spiralcurriculums wird er von Schuljahr zu Schuljahr immer wieder bei Handlungserfahrungen ansetzen und sich zu einem immer umfassenderen, abstrakteren und formaleren Verständnis wie Gebrauch der Zahldarstellung nach Stellenwertsystemen aufschwingen. Wie läßt sich all das in der Praxis verwirklichen?
Der vorliegende Band möchte Hilfen verschiedener Art anbieten. Zuerst gibt er (im 2. Kapitel) dem Leser die Möglichkeit, anhand fachlicher und kulturhistorischer Betrachtungen sich selbst die Komplexität des Stellenwertsystems bewußt zu machen, damit er die gestellte Lehraufgabe deutlich erkennen kann. Zu diesem Zweck wird das System schrittweise aus seinen Elementen aufgebaut. Im 3. Kapitel werden Ziele für den Unterricht angegeben und diskutiert. Die folgenden vier Kapitel sind methodischen Fragen gewidmet. Zuerst, im 4. Kapitel, werden mathematik-didaktisch bedeutsame Lehrgangskonzepte zur Einführung in die Zahldarstellung referiert. Das 5. Kapitel stellt einige vom Verfasser entworfene und mit Beispielen aus neueren Schulbuchwerken angereicherte Unterrichtssequenzen vor. Eine Reihe allgemein- und fachdidaktischer Prinzipien, die ihren Aufbau charakterisieren, entwickelt das 6. Kapitel, während im letzten Kapitel weitere praktische Anregungen vor allem für eine differenzierende Lernarbeit gegeben werden. Lösungshinweise zu den Aufgaben für den Leser finden sich im Anhang.

2 Fachliche und kulturhistorische Informationen

Wie bereits in der Einführung erwähnt, soll dieses Kapitel das Thema "Stellenwertsystem" in gewisser Breite vor Augen stellen. Es gilt, von geschichtlichen Impulsen und Entwicklungen wie auch von fachlichen Begriffs- und Theoriebildungen Kenntnis zu nehmen. Den späteren didaktischen und methodischen Überlegungen muß eine Sachanalyse zugrunde liegen, welche den mathematischen und kulturhistorischen Gegebenheiten gebührend Rechnung trägt.
Die vorliegenden Informationen wollen helfen, dieser Forderung nachzukommen. Dabei können sie im Rahmen dieses Kapitels die geschichtliche Entwicklung nur bruchstückhaft aufzeigen. Auch der fachmathematischen Behandlung werden Grenzen gesetzt. Für die Abschnitte 2.1 bis 2.6 liegen diese Grenzen so, daß die Darstellung relativ leicht zugänglich sein dürfte, vor allem bei aktiver Auseinandersetzung mit den eingestreuten Aufgaben. Bei der formalen Beschreibung des Stellenwertsystems im Abschnitt 2.7 und in den Abschnitten über Dezimalbrüche (2.8) und nichtdekadische Systembrüche (2.9) sind die fachtheoretischen Erörterungen zwangsläufig etwas anspruchsvoller, so daß die Sicherung des Verständnisses anhand der Aufgaben vermehrte Bedeutung erlangt.

2.1 Zählen und Zahlwörter

Die natürlichen Zahlen bilden eine unendliche Folge, die bei einer bestimmten Zahl beginnt und dann, ohne irgendeine Wiederholung, zu immer neuen Zahlen fortschreitet. Um von ihnen sprechen zu können, haben die Menschen aller Kulturen Zahlwörter verwendet. Bringt man die natürlichen Zahlen als eine Folge von Zahlwörtern zur Darstellung, so nennt man diesen Prozeß (verbales) "Zählen". In unserer Sprache beginnt der Zählprozeß mit "eins", schreitet über "zwei", "drei", "vier" usw. fort und wird, da wir nicht endlos zählen können, mit einem bestimmten Zahlwort beendet. Nennen wir die Zahl, für welche das letzte Zahlwort steht, n, so bilden die im Prozeß genannten Zahlen einen Abschnitt A_n der natürlichen Zahlen.
Wir sprechen auch davon, daß wir Personen oder Dinge "zählen". In diesem Fall ordnen wir einen Abschnitt A_n der natürlichen Zahlen umkehrbar eindeutig einer (endlichen) Menge von "Objekten" zu. Beispiel:

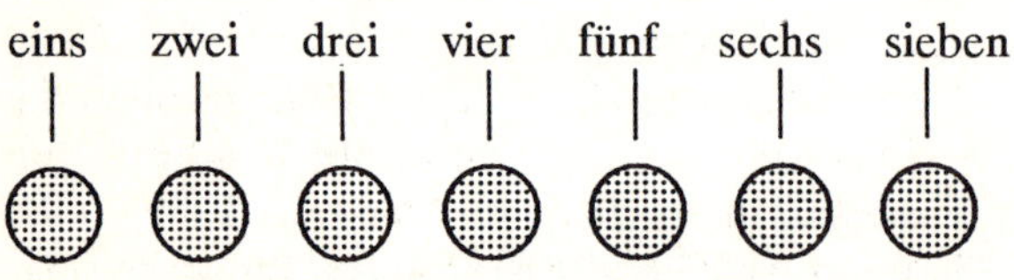

Der Abschnit A_n (im Beispiel A_7) der Zählfolge kann dazu benutzt werden, die Anzahl der gegebenen Menge zu bestimmen, denn das letzte Zahlwort von A_n benennt zugleich die Anzahl n der (gezählten) Objekte. Man kann in diesem Fall auch - im Unterschied zum rein verbalen Zählen - auch von "Abzählen" oder "Auszählen" sprechen.

Nun würde die Fähigkeit zum verbalen Zählen eine mit der Länge des Zählabschnitts bald ins Unmögliche wachsende Gedächtnisleistung verlangen, wenn für jede neue Zahl jeweils ein völ-

lig neues Zahlwort einzuprägen wäre. Alle Kulturen haben dieses Problem mit einer durch Gliederung der Zählfolge ermöglichten Wiederholung von Zahlwörtern in neuen Zusammensetzungen gelöst.
Ein Stamm der Südsee zählt z.B. so: "urapun" (eins) - "okasa" (zwei) - "okasa urapun" (drei = zwei plus eins) - "okasa okasa" (vier = zwei plus zwei) - "okasa okasa urapun" (fünf = zwei plus zwei plus eins) - usw. Oft dienten und dienen Körperteile als Maß für ein zuverlässiges Zählen; sie stehen immer relativ unverändert zur Verfügung. An ihnen formt sich dann in natürlicher Weise eine Gliederung im Zählprozeß aus. So stellt die Zahl der Finger an beiden Händen das Maß für eine Gliederung nach der Zahl zehn dar. Finger und Zehen zusammen ergeben das Grundmodell für die Gliederung nach zwanzig, wie sie z.B. in keltischen Wortformen zum Ausdruck kommt. Die lateinischen Zahlwörter "quinque" (vier und eins dazu) und "novem" ("neu" für neun) deuten auf eine Gliederung nach vier, die sich vielleicht an den Fingern einer ausgestreckten Hand bei angewinkeltem Daumen orientierte.

Aufgabe 9.1
Untersuchen Sie die in der Tabelle angedeuteten Folgen von Zahlwörtern in Bezug auf zugrundeliegende Gliederungen und vergleichen Sie mit Zahlwörtern in weiteren Sprachen.

	Alt-Mexikanisch	Lateinisch	Französisch	Englisch
1	ce	unus	un	one
2	ome	duo	deux	two
3	yey	tres	trois	three
4	naui	quattuor	quatre	four
5	macuilli	quinque	cinq	five
6	chica-ce	sex	six	six
7	chic-ome	septem	sept	seven
8	chicu-ey	octo	huit	eight
9	chic-naui	novem	neuf	nine
10	matlactli	decem	dix	ten
11	matlactli-on-ce	undecim	onze	eleven
12	matlactli-on-ome	duodecim	douze	twelve
13	matlactli-on-yey	tredecim	treize	thirteen
14	matlactli-on-naui	quattuordecim	quatorze	fourteen
15	caxtulli	quindecim	quinze	fifteen
16	caxtulli-on-ce	sedecim	seize	sixteen
17	caxtulli-on-ome	septendecim	dix-sept	seventeen
18	caxtulli-on-yey	duodeviginti	dix-huit	eighteen
19	caxtulli-on-naui	undeviginti	dix-neuf	nineteen
20	cem-poualli	viginti	vingt	twenty
21	cem-poualli-on-ce	viginti unus	vingt et un	twenty-one
22		viginti duo	vingt-deux	twenty-two
29		undetriginta	vingt-neuf	twenty-nine
30	cem-poualli-om-matlactli	triginta	trente	thirty
40	ome-poualli	quadraginta	quarante	fourty

50	ome-poualli-om-matlactli	quinquaginta	cinquante	fifty
60	yey-poualli	sexaginta	soixante	sixty
70	yey-poualli-om-matlactli	septuaginta	soixante-dix	seventy
71	yey-poualli-om-matlactli-on-ce	septuaginta unus	soixante-once	seventy-one
80	naui-poualli	octoginta	quatre-vingt	eighty
90	naui-poualli-om-matlactli	nonaginta	quatre--vingt-dix	ninety
92	naui-poualli-om-matlactli-on-matlactli-on-ome	nonaginta-duo	quatre-vingt-douze	ninety-two

■

Unsere eigene Zählfolge verwendet spezielle Wörter für die ersten zwölf Zahlen. Alle folgenden Zahlwörter werden im Wesentlichen durch Zusammensetzung aus den ersten zehn dieser Wörter gebildet, wo allerdings noch weitere Silben oder Wörter für Potenzen von zehn beizuziehen sind: (vier-)zig, (zwei)hundert, (fünf)tausend, Millionen, Milliarden, usw.

Über die sprachlichen Wurzeln unserer originären Zahlwörter kann (nach MENNINGER 1958) folgendes gesagt werden:

Unsere Zahlwörter sind auf vielfältige Weise mit verschiedenen Sprachen des indogermanischen Sprachkreiscs verflochten. "Eins" leitet sich aus dem griechischen "oi-nos" her und legt mit Blick auf verschiedene Wortverwandtschaften die Bedeutung "gerade der, nur der" nahe. "Zwei" kommt in vielen Sprachen vor und nimmt mit der Bedeutung "beide" eine Art Sonderstellung als sehr frühe Zählgrenze ein. Entsprechend hat "drei" den Sinn von "Darüber-hinaus, Jenseits". "Vier" wird aus dem Gotischen "fidwor" hergeleitet; Erklärungsversuche bringen es mit "Spitze" oder "Ort" in Verbindung. Bei "fünf" wird versucht, einen Zusammenhang zur menschlichen Hand herzustellen. "Sechs" und "sieben" haben Wurzeln im semitischen Sprachkreis. "Acht" läßt sich auf Verdoppelung von "vier" zurückführen und "neun" steht für "neue Zahl" (nach der verdoppelten "vier" für die beiden Hände ohne Daumen). "Zehn" leitet sich durch Lautverschiebung aus dem indogermanischen "dekm" und dem gotischen "taihun" her. "Elf" kommt vom gotischen "ain-lif" bzw. vom althochdeutschen "einlif" und bedeutet so viel wie "eins-übrig" (wenn man zehn abzieht). Entsprechend läßt sich "zwölf" von "twa-lif" bzw. "zwe-lif" herleiten und bedeutet "zwei-übrig". Beide Wörter weisen auf die ursprünglich bestehende Zehnergliederung in den indogermanischen Sprachen hin.

2.2 Ziffern und Zahlzeichen

Der Zählprozeß braucht nicht auf die verbale Darstellung beschränkt zu bleiben. Er läßt sich auch protokollieren, z. B. dadurch, daß eine graphische Einheitsfigur, welche die Anfangszahl "eins" vertritt, für die Darstellung der folgenden Zahlen zu dem aus einem oder bereits aus mehreren Einheitsfiguren aufgebauten Zahlzeichen hinzutritt und den Übergang zur Darstellung der Nachfolgerzahl vermittelt. Es entstehen so Zahlzeichen, wie z.B. "Strichlisten" wie sie oft zum Protokollieren eines Zählvorgangs benutzt werden.
Nun würden bei Verwendung von Strichlisten bereits für die Zahlen des täglichen Gebrauchs die Zahlzeichen sehr aufwendig und unübersichtlich werden. Die Menschen wußten auch für dieses Problem Abhilfe. Schon historisch frühe Dokumente zeigen für Zahlzeichen eine Gliederung in Reihen gleichförmiger Zähleinheiten. So sind z.B. bei den mit Kerben versehenen Knochen aus der Steinzeit die Kerben räumlich und durch Variation ihrer Größe gegliedert. Die bisher älteste gruppierende Darstellung von Zahlen wurde bei einer Ausgrabung in Mähren gefunden und der Altsteinzeit zugeschrieben. Es handelt sich bei diesem Fundstück um einen 20 cm langen Wolfsknochen mit 55 tiefen Kerben. Die ersten 25 sind in Gruppen zu fünf angeordnet; dann folgt eine doppelt so lange Kerbe, mit der die erste Reihe abschließt. Von der nächsten, ebenfalls doppelt so langen Kerbe an beginnt eine zweite Reihe von Fünfergruppen, die bis 30 läuft.
Ein weiterer, der Vereinfachung dienender Gedanke besteht darin, in der Reihung bestimmte Anzahlen von Einheitszeichen (Strichen) durch neue Zeichen, gleichsam Ziffern von höherem Wert als "eins" zu ersetzen. Es entstehen dann Zahlzeichen, die eine Reihung verschiedener Ziffern darstellen.
Wir finden z. B. in der altägyptischen Zahldarstellung zunächst Strichlisten für die ersten neun Zählzahlen. Es standen den Ägyptern dann aber weitere Ziffern für die dekadischen Einheiten zur Verfügung, so daß ein Zahlzeichen aus Ziffern mit verschiedenen Ziffernwerten wie auch aus solchen mit gleichen Ziffernwerten bestehen konnte. So umfaßte z.B. die Notation von 953 eine Liste von neun Ziffern mit Wert "hundert", fünf Ziffern vom Wert "zehn" und dazu noch drei Einer-Ziffern. Die Summe aller Ziffernwerte bestimmte die dargestellte Zahl. Dabei spielte die räumliche Anordnung der Ziffern offenbar keine Rolle. Abgesehen von der Trennung nach Ziffernart waren in der Zahldarstellung wohl vornehmlich praktische oder ästhetische Gesichtspunkte maßgebend.

Aufgabe 11.1

a) Die folgende Tabelle stellt Zahldarstellungen im altägyptischen System den entsprechenden Notationen in unserer gewohnten Dezimalschreibweise gegenüber. Versuchen Sie, daraus die Bedeutung der einzelnen altägyptischen Individualzeichen (Ziffern) und die Funktion ihrer Reihung zu erschließen.

altägyptische Zahldarstellung	Bedeutung in unserer Zahld.
𓆼 𓍢𓍢𓍢 𓎆𓎆𓎆𓎆𓎆𓎆 𓏺𓏺𓏺𓏺	1 364
𓂭𓂭𓂭 𓆼𓆼𓆼 𓍢𓍢 𓎆𓎆𓎆𓎆𓎆 𓏺	33 251
𓆼𓆼 𓍢𓍢𓍢𓍢𓍢𓍢𓍢𓍢𓍢	2 900
𓆼𓆼𓆼𓆼 𓎆𓎆𓎆𓎆𓎆𓎆𓎆	4 070
𓂭𓂭𓂭𓂭𓂭 𓍢 𓏺𓏺	50 102

b) *Wie könnten die altägyptischen Zahldarstellungen aussehen, die unseren Notationen 2 513, 14 250, 3 096, 20 700 entsprechen?* ■

Zahlzeichen ergänzen die natürliche Sprache mit Elementen einer Kunstsprache. Es handelt sich ja nicht um geschriebene Wörter im üblichen Sinne, sondern um Symbole, deren Bedeutungen aus einem eigenständigen Beziehungsgefüge abzuleiten sind. Sie bilden ein in sich geschlossenes Notationssystem. In der kulturgeschichtlichen Entwicklung wurden in Anlehnung an die jeweiligen Denk- und Notationsformen mehrere Systeme dieser Art geschaffen (siehe dazu MENNINGER, 1958). Schon früh wurden für die dekadischen Einheiten verschiedene Zeichen verwendet. Beispiele:

Bedeutung	1	5	10	50	100	500	1000
Ägypter	𓏺		𓎆		𓍢		𓆼
Griechen (herodianisch)	Ι	𐅃	Δ	𐅄	Η	𐅅	Χ
Römer	I	V	X	L	C	IↃ	CIↃ

Der römischen Zahlschrift liegt, wie der ägyptischen, das Prinzip des additiven Auflistens von Ziffern zugrunde. Es wurde aber später teilweise durchbrochen, als man z.B. die Liste IIII durch IV oder die Liste XXXX durch XL ersetzte. Dadurch, daß man generell die Ziffern einer Liste in einer Zeile anordnete, konnte man folgende Regeln anwenden:

a) Die Ziffern folgen einander grundsätzlich der Größe ihres Wertes nach von links nach rechts; die Ziffernwerte sind dann zu addieren.

b) Während die Nebenziffern V, L und D in einer Zahldarstellung höchstens einmal auftreten dürfen, können die Hauptziffern I, X, C bis zu dreimal, M auch mehr als dreimal nebeneinander stehen.

c) Die Hauptziffern I, X und C dürfen, allerdings höchstens einmal, einzeln links neben eine der zwei nächsthöheren Ziffern gesetzt werden; der Ziffernwert ist in diesem Fall von dem der nachfolgenden Ziffer zu subtrahieren.

Diese Regeln, die sich im Laufe des Mittelalters einbürgerten, wurden allerdings nicht konsequent eingehalten; man findet z.B. neben XLIX auch die nach den Regeln nicht zulässige Kurzform IL für 49.

In einfach auflistenden Zahlschriften ist grundsätzlich jede weitere Einheit höherer Ordnung mit einem neuen Zeichen belegt. In der Tat verwendeten die Ägypter außer dem "Meßstrick" für 100 und der "Lotosblume" für 1000 noch den "Zählfinger" (𓂭) für 10^4, die "Kaulquappe" (𓆐) für 10^5 und den "Gott der Unendlichkeit" (𓁨) für 10^6. Die Römer hingegen begnügten sich mit Ergänzungen zum Zeichen (|) für 1000: Sie schrieben ((|)) für 10^4, (((|))) für 10^5, ((((|)))) für 10^6, usw.

Die meisten verschiedenen Ziffernsymbole wies das milesische Zahlalphabet der Griechen auf, das sich einfach der Lautzeichen bediente.

α	β	γ	δ	ε	ϛ	ζ	η	ϑ
1	2	3	4	5	6	7	8	9
ι	κ	λ	μ	ν	ξ	ο	π	ϟ
10	20	30	40	50	60	70	80	90
ρ	σ	τ	υ	φ	χ	ψ	ω	ϡ
100	200	300	400	500	600	700	800	900

Mit den wenigsten, nämlich mit nur zwei Ziffern kamen die Umerer und Babylonier in ihrer Keilschrift aus: 𒁹 für eins und 𒌋 für zehn.

Unsere heutigen Einzelzeichen Ziffern null bis neun sind seit dem Jahr 600 nach Christus in Indien verbürgt. Von dort gelangten sie zu den Arabern und wurden im 9. Jahrhundert zum erstenmal von Muhammed Al-Kwarizmi in seinem berühmt gewordenen Büchlein "Algeb W'al Mukabalah" benutzt. Reisende Kaufleute brachten vor allem nach den Kreuzzügen die neuen Ziffern und die mit ihnen zusammenhängende Rechenkunst über die Alpen nach Deutschland. Die "Regensburger Chronik" aus dem Jahre 1167 ist die älteste Handschrift, welche die neuen arabischen Ziffern und Zahlzeichen erwähnt.

2.3 Konkrete Zahldarstellung: Bündeln und Tauschen

Zahlen und der Zählprozeß lassen sich auch mithilfe konkreter oder gezeichneter Gegenstände darstellen. Im Unterricht werden beispielsweise runde Plättchen ("Rechenplättchen") bzw. Kringelzeichnungen verwendet. Auch hier kann durch Gliederung Übersicht geschaffen werden. Beispielsweise erkennt man in folgender KÜHNELscher "Tausendertafel" Gliederungen nach fünf, zehn, zwanzig, einhundert und fünfhundert.

ooooo ooooo	ooooo ooooo	ooooo ooooo	ooooo ooooo	ooooo ooooo
ooooo ooooo	ooooo ooooo	ooooo ooooo	ooooo ooooo	ooooo ooooo
ooooo ooooo	ooooo ooooo	ooooo ooooo	ooooo ooooo	ooooo ooooo
ooooo ooooo	ooooo ooooo	ooooo ooooo	ooooo ooooo	ooooo ooooo
ooooo ooooo	ooooo ooooo	ooooo ooooo	ooooo ooooo	ooooo ooooo
ooooo ooooo	ooooo ooooo	ooooo ooooo	ooooo ooooo	ooooo ooooo
ooooo ooooo	ooooo ooooo	ooooo ooooo	ooooo ooooo	ooooo ooooo
ooooo ooooo	ooooo ooooo	ooooo ooooo	ooooo ooooo	ooooo ooooo
ooooo ooooo	ooooo ooooo	ooooo ooooo	ooooo ooooo	ooooo ooooo
ooooo ooooo	ooooo ooooo	ooooo ooooo	ooooo ooooo	ooooo ooooo
ooooo ooooo	ooooo ooooo	ooooo ooooo	ooooo ooooo	ooooo ooooo
ooooo ooooo	ooooo ooooo	ooooo ooooo	ooooo ooooo	ooooo ooooo
ooooo ooooo	ooooo ooooo	ooooo ooooo	ooooo ooooo	ooooo ooooo
ooooo ooooo	ooooo ooooo	ooooo ooooo	ooooo ooooo	ooooo ooooo
ooooo ooooo	ooooo ooooo	ooooo ooooo	ooooo ooooo	ooooo ooooo
ooooo ooooo	ooooo ooooo	ooooo ooooo	ooooo ooooo	ooooo ooooo
ooooo ooooo	ooooo ooooo	ooooo ooooo	ooooo ooooo	ooooo ooooo
ooooo ooooo	ooooo ooooo	ooooo ooooo	ooooo ooooo	ooooo ooooo
ooooo ooooo	ooooo ooooo	ooooo ooooo	ooooo ooooo	ooooo ooooo
ooooo ooooo	ooooo ooooo	ooooo ooooo	ooooo ooooo	ooooo ooooo

Eine spezielle Form des Gliederns stellt das <u>Bündeln</u> dar. Hier wird eine bestimmte Anzahl von Gegenständen, z.B. immer fünf, zu einem sog. Bündel zusammengefaßt. Für 28 Rechenplättchen bzw. Kringel kann das so aussehen:

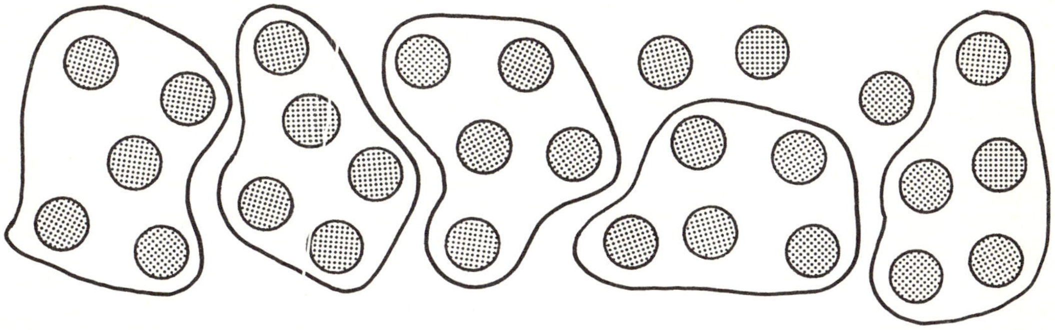

Bis hierhin könnte man auch von "Einteilen" der 28 Plättchen in "Fünfermengen" sprechen, wobei sich ein Rest von drei Plättchen ergibt. Die Idee des Bündelns ist aber weitergehend. Ihr Charakter tritt hervor, wenn der Vorgang wiederholt und eine bestimmte Anzahl der gebildeten Bündel, z.B. immer zwei, erneut zu einem Bündel zusammengefaßt werden, also so:

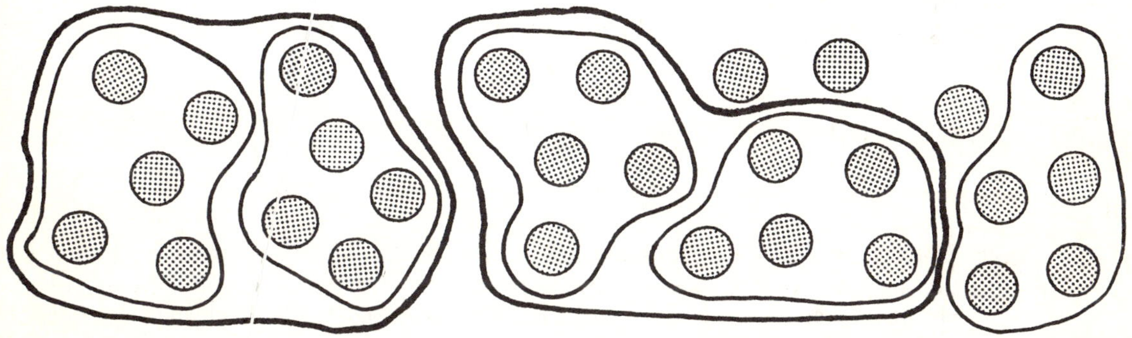

Zur Unterscheidung kann man von Bündeln 1. Stufe und Bündeln 2. Stufe sprechen und erhält als Ergebnis des Bündelns im Beispiel zwei Bündel 2. Stufe (Zehnerbündel), ein Bündel 1. Stufe (Fünferbündel) und drei einzelne Plättchen.
Zur Realisierung der Gliederung durch Bündeln im Unterricht entwickelte Z.P. DIENES eine Reihe von Materialien, deren erstes in folgender Aufgabe vorgestellt wird.

Aufgabe 15.1
Zählelernente seien Plättchen in Form von gleichseitigen Dreiecken. Aus ihnen können nach folgender Anleitung zusammengesetzte Figuren gebaut werden:

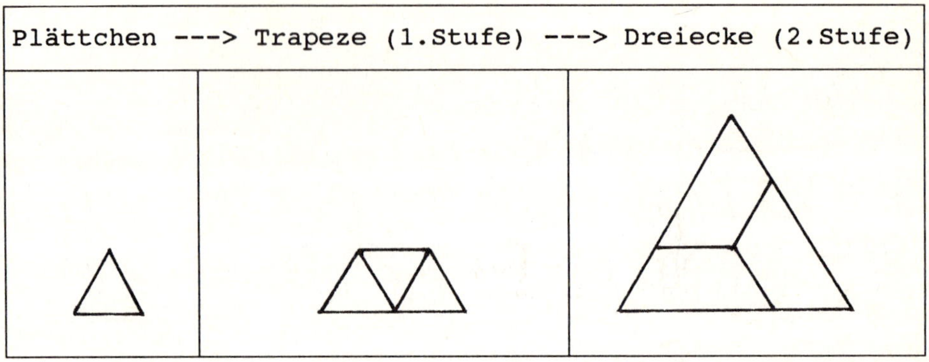

a) *Wie viele Trapeze (Bündel 1. Stufe) lassen sich aus 6 (8, 10, 20, 100) Plättchen bauen? Wie viele Plättchen bleiben dabei jeweils übrig? Protokollieren Sie das Ergebnis nach folgendem Beispiel:*

Anzahl der Plättchen		Trapeze 1. Stufe	restliche Plättchen
14	----->	4	2

b) *Wie viele Dreiecke 2. Stufe lassen sich aus 20 (38, 53, 100) Plättchen bauen? Ordnen Sie die restlichen Plättchen nach Möglichkeit zu Trapezen (Bündel 1. Stufe) und protokollieren Sie auch die Anzahl der Dreiecke sowie die Zahl der dann noch verbleibenden Plättchen. Beispiel:*

Anzahl der Plättchen		Dreiecke 2. Stufe	Trapeze 1. Stufe	restliche Plättchen
25	---->	2	2	1

c) *Welche Plättchenzahlen sind durch folgende Protokolle bestimmt?*

Dreiecke 2. Stufe	Trapeze 1. Stufe	restliche Plättchen
1	0	2
1	1	2
2	1	0
2	2	2

■

Gliederungen und Gruppierungen der hier gezeigten Art ermöglichen bzw. erleichtern das anzahlmäßige Erfassen von Gegenstandsmengen.
Beim vorausgehenden Aufgabenbeispiel handelt es sich um den Sonderfall eines systematischen Bündelns. Systematische Bündelungen schreiten nach einem sich stets wiederholenden Konstruktionsverfahren von Stufe zu Stufe weiter. Es werden immer wieder gleiche Anzahlen von Einheiten einer Stufe zu einer Einheit der nächsten Stufe zusammengefaßt bzw. gebündelt. Die Gliederung erfolgt also immer wieder nach ein und derselben Zahl, die dann zur Grundzahl oder Basis des Zahlsystems wird.

Aufgabe 17.1
Zählelemente seien Plättchen in Form von gleichseitigen Dreiecken. Die jeweils höhere Stufe soll jetzt nach folgendem Schema gebaut werden:

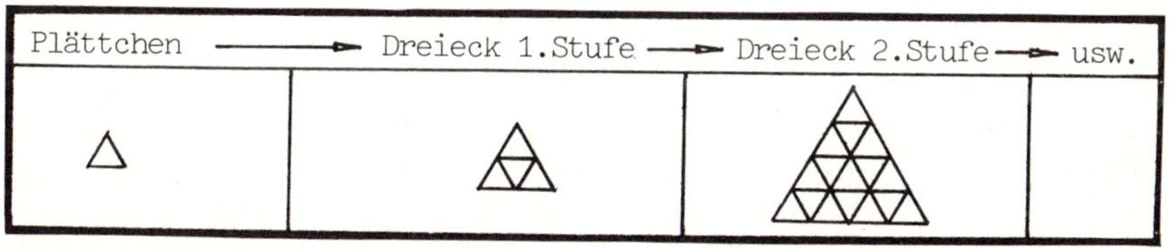

a) *Wie viele Plättchen sind somit in einem Dreieck erster Stufe enthalten?*
b) *Wie viele sind es in einem Dreieck zweiter (dritter, vierter, usw.) Stufe?*
c) *Wie lassen sich die so gewonnenen Stufenzahlen algebraisch charakterisieren?*
d) *Protokollieren Sie wieder die Anzahlen der Dreiecke verschiedener Stufen, die sich aus 10, (15, 22, 56, 100, 521, 1000) Plättchen bauen lassen, wobei die Dreiecke in jedem Fall möglichst groß sein sollen.* ■

Die in dieser wie in der vorausgehenden Aufgabe zugrundegelegten Materialien von DIENES stehen insofern für die Idee des Bündelns, als in jeder Einheit höherer Stufe die Anzahl der Grundeinheiten voll sichtbar (und damit nachzählbar) ist. Andererseits sind diese Grundeinheiten aber doch zu neuen Objekten also gleichsam zu neuen Individualzeichen zusammengefaßt. Das führt zur Idee des Tauschens. Wir können nämlich auch sagen, drei Plättchen werden gegen ein Trapez und drei Trapeze gegen ein großes Dreieck getauscht oder umgekehrt. Der Umgang mit mehreren Individualzeichen kann im Unterricht aber auch durch Tauschspiele mit anderen Materialien vorbereitet werden.

Aufgabe 18.1
Es werden Plättchen als Wertmarken benutzt, nämlich runde Plättchen, welche die Einheit darstellen, dreieckige Plättchen, welche fünf Einheiten vertreten sollen, und viereckige Plättchen mit einem Wert von 20 Einheiten. Es gelten also nebenstehende Tauschregeln.

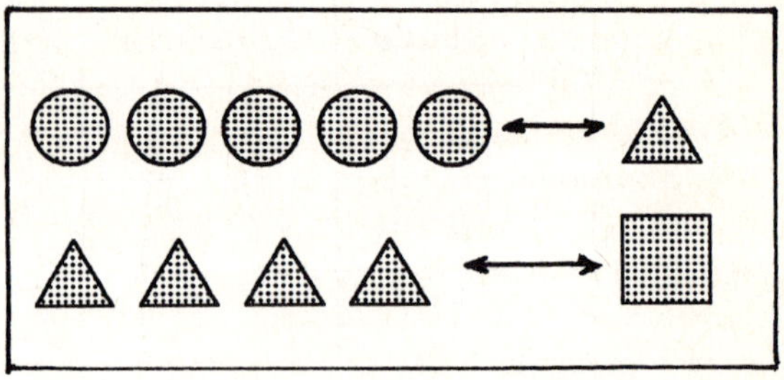

"Beträge" (Zahlen) können mit runden Einheitsmarken ausgezählt oder aber unter Einbezug von höherwertigen Marken dargestellt werden. Insbesondere gibt es eine Darstellung mit möglichst wenig Marken. Für den Betrag 56 ist dies die Darstellung die wir im Protokollstreifen mit [2 | 3 | 1] *festhalten, wobei hier die Anzahlen der benötigten Marken pro Markenart in bestimmter Reihenfolge notiert sind.*

a) *Wie werden die "Beträge" 16, 41, 75, 197 mit so wenigen Wertmarken wie möglich "ausbezahlt"?*

b) *Welche "Beträge" stellen folgende Protokolle dar?*

[1 | 0 | 0]   [3 | 3 | 4]   [6 | 3 | 2]   [5 | 0 | 4] ■

2.4 Abakus - Ziffern und Stellenwerte

Kulturgeschichtlich wie fachlich interessante Beispiele einer konkreten Zahldarstellung finden wir in verschiedenen Rechengeräten vor. Bei diesen Geräten handelt es sich um Tafeln mit Feldabgrenzungen zum Einlegen von Steinen bzw. Rechenpfennigen ("Rechenbrett", "Abakus") oder aus eingespannten Stäben, auf denen sich "Perlen" hin und her schieben lassen ("Zählrahmen", "Russische Rechenmaschine"). Die Steine, Pfennige oder Perlen erhalten verschiedenen Wert, je nachdem, in welche Rubrik bzw. auf welchen Stab sie gelegt werden. Sie haben also einen "Stellenwert", und dieser ist durch die Beschriftung der Spalten bzw. Zeilen eindeutig festgelegt.

Aufgabe 19.1

a) Die nachfolgend aufgezeichneten Rechengeräte zeigen alle die Darstellung der Zahl 3746. Lassen sich daraus die jeweils zugrundeliegenden Prinzipien für die Zahldarstellung erschließen?

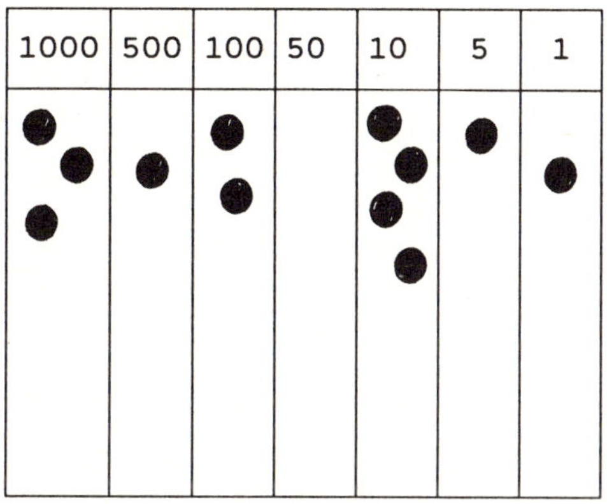

Salamonische Rechentafel

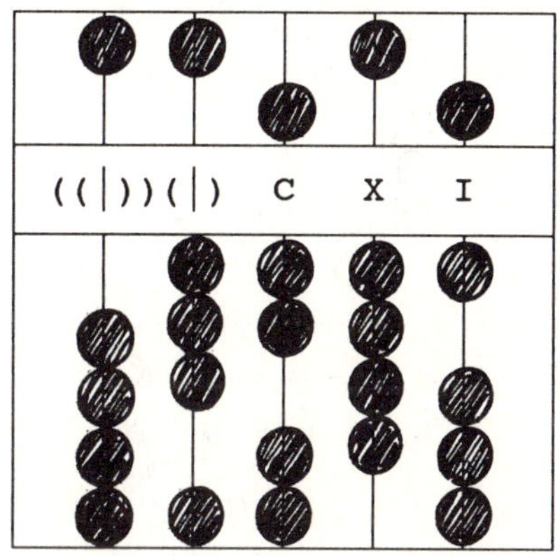

Römischer Handabakus

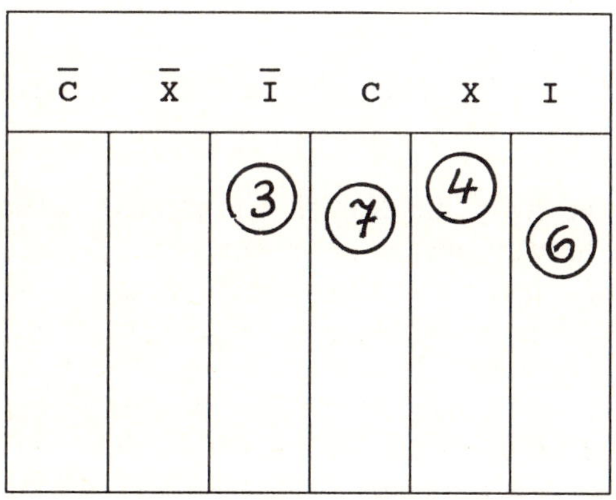

Abakus des Mönchs Gerbert

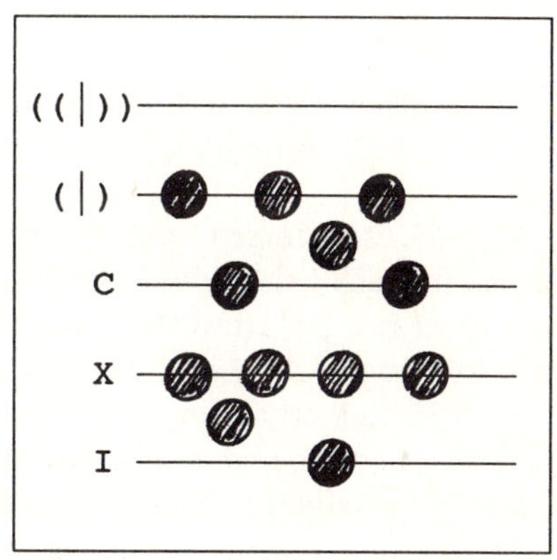

Spätmittelalterl. Abakus

b) Wie würde die Darstellung der Zahl 7604 auf den einzelnen Geräten aussehen? ■

Wenn nun aber bei Rechengeräten gleiche Objekte verschiedenen Zahlwert erhalten, je nachdem, an welchem Ort sie sich befinden, läßt sich diese Idee nicht auf die symbolische Zahldarstellung übertragen? In einer kulturgeschichtlich äußerst frühen Zeit haben die alten Babylonier dies bereits verwirklicht. Für die Zahldarstellung genügten ihnen, wie bereits erwähnt, zwei in der Keilschrift übliche Schriftzeichen, nämlich Keile und Winkelhaken. Die Bedeutung einer solchen "Ziffer" hängt dann nicht allein von ihrer geometrischen Gestalt ab, sondern zusätzlich von der Position im gesamten Zahlzeichen.

Aufgabe 20.1

a) Versuchen Sie, aus der folgenden Gegenüberstellung die babylonischen Zahldarstellungen zu interpretieren.

babylonische Darstellung	unsere Darstellung
	47
	94
	822
	240

b) Wie werden wohl die Zahlen 53, 192, 709, 3600, 5000 in Keilschrift dargestellt? Welche Schwierigkeiten treten auf? ▪

Wie konnte es gelingen, mit zwei Zifferntypen die Zahlen eines relativ umfangreichen Bereichs übersichtlich darzustellen? Die Antwort liegt in der bedeutsamen Idee, den beiden Ziffern nicht nur Ziffernwerte, sondern zusätzlich Stellenwerte zuzuordnen. So kann der Keil, je nach Stellung in der Liste, die Werte 1, 60 ($= 60^1$), 3600 ($= 60^2$), 216000 ($= 60^3$),... vertreten. Der Winkel erhält in den entsprechenden Positionen die Werte 10, $10 \cdot 60^1$, $10 \cdot 60^2$, $10 \cdot 60^3$ usw. In der babylonischen Zahlnotation ist demnach die Liste der Ziffern bei der Interpretation in Abschnitte ("Stellen") zu unterteilen und der Ziffernwert vor dem Aufsummieren mit dem jeweiligen Stellenwert zu multiplizieren. Beispiele:

(1) 	(2) 
$11 \cdot 60^2 + 1 \cdot 60 + 13 = 39\ 673$	$1 \cdot 60^2 + 30 \cdot 60 + 5 = 5405$

Offenbar weist diese Zahldarstellung den erheblichen Mangel auf, daß sie nicht eindeutig ist. Es könnten nämlich die beiden Listen auch so interpretiert werden:

(1) $12 \cdot 60 + 13 = 733$ und (2) $1 \cdot 60 + 35 = 95$

oder so:

(1) $12 \cdot 60^2 + 13 = 43213$ und (2) $1 \cdot 60^2 + 35 \cdot 60 = 5700$

Es fehlt in der babylonischen Zahlnotation eine präzise Auskunft über den Stellenwert. Er mußte wohl aus jenem sachlichen Kontext erschlossen werden, in dem eine Zahlnotation stand.

Waren nun der Mangel an Eindeutigkeit oder das hohe Abstraktionsniveau Schuld daran, daß das Prinzip der Stellenwerte viele Jahrhunderte hindurch auf den orientalischen Kulturraum beschränkt blieb? Im Abendland wurde dieses Prinzip jedenfalls nicht in Verbindung mit der Zahlschrift, sondern zuerst im Zusammenhang mit Rechengeräten aufgegriffen. Erst als die römische durch die arabische Zahlschrift abgelöst wurde, hielt der Gedanke der unterschiedlichen Bewertung von Ziffern je nach ihrer Stellung in der Ziffernfolge in unseren Kulturkreis Einzug. Dabei wurde die Eindeutigkeit der Zahldarstellung durch eine wesentliche Ergänzung erreicht. Man sorgte dafür, daß alle Positionen, die bei entsprechender Abakusdarstellung leer blieben, als unbesetzte Stellen ausdrücklich gekennzeichnet wurden. Diese Kennzeichnung erfolgte mit Hilfe eines eigenen Zeichens für leerbleibende Stellen, nämlich mit Hilfe der "Null".

Das begriffliche und symbolische Erfassen der Zahl Null muß als bedeutsamer Schritt auf dem Weg zur Zahldarstellung in einem Positionssystem gesehen werden. Das indische Wort "sunya" für "das Leere" vertrat die Null (5. Jhd.). Im Arabischen wurde daraus "alsifr", das zum Ausdruck "cifra" und schließlich "Ziffer" führte (vgl. französisch: "chiffre"). Die ursprüngliche Begrenzung des Wortes auf die Bedeutung "Null" bzw. "Zeichen für Null" fiel im Laufe der Zeit weg; alle zehn Zahlzeichen wurden nun Ziffern genannt. Zur graphischen Darstellung von Null benutzten bereits die Inder die Kreisfigur (7. Jhdt.).

Der Gebrauch von Ziffern in einem Positionssystem war von Anfang an mit einer dezimalen Gliederung im Aufbau der Zahlenfolge gekoppelt. Diese Entwicklung führte zum heute üblichen dezimalen Positionssystem. Jeder Ziffer kommt, je nach Stellung (Position) in der Zahldarstellung, über den Ziffernwert hinaus, ein bestimmter Stellenwert zu.

2.5 Das dekadische Stellenwertsystem

Das bei uns gebräuchliche System der Zahldarstellung basiert wohl auf der Zahl "decem". Die Dekade ("Zehnheit") wird durch die Anzahl der Finger an beiden Händen repräsentiert; der Zusammenhang der Wortbildung mit dem Begriff "Hand" ist möglich, aber nicht unbestritten; wie überhaupt die Etymologie der indogermanischen Zahlwörter nicht gesichert ist. Sicher ist jedoch, daß sich bei den Indogermanen in langer Entwicklung das dekadische System der Zahldarstellung geformt und gefestigt hat. Der Entwicklung scheinen ältere Systeme vorgelagert - insbesondere eine Gliederung nach vier, so daß sich in manchen Bezügen ein Einschnitt zwischen vier und fünf abzeichnet -, während weitere Systeme das indogermanische Dezimalsystem gelegentlich durchkreuzen (z.B. das Duodezimalsystem babylonischer Herkunft). Eine moderne Durchkreuzung der gewohnten Fixierung auf "zehn" ergab sich im Zusammenhang mit den Rechenautomaten, wo insbesondere das Dualsystem, d.h. der Bezug auf die Grundzahl zwei, große Bedeutung erlangte.

Die Kenntnis der Darstellung von Zahlen im gewohnten dekadischen System darf hier vorausgesetzt werden. Der Vollständigkeit halber seien einige Merkmale erwähnt. Sie finden sich später wieder eingebettet in die formale Beschreibung des allgemeinen Stellenwertsystems.

a) Die natürlichen Zahlen werden mit Hilfe von zehn Zifferntypen dargestellt, nämlich mit den indisch-arabischen Individualzeichen für die ersten neun Zahlen und zusätzlich mit dem "Nullsymbol" zur Kennzeichnung von unbesetzten Stellen. Es gibt also (Null ausgeschlossen!) neun einstellige Zahldarstellungen, während alle weiteren Darstellungen mehrstellig (mit mehreren Ziffern) erfolgen.

b) Ein mehrstelliges Zahlzeichen besteht aus der linearen Anordnung von einzelnen Ziffern (Ziffernfolge). Jeder Ziffer kommt innerhalb der Aneinanderreihung zusätzlich zu ihrem Ziffernwert ein dekadischer Stellenwert zu, d.h. ein Wert, der einerseits durch die Stellung der Ziffer innerhalb des Zahlzeichens und andererseits durch die Basiszahl "zehn" bestimmt ist.

c) Die Stellenwerte des dekadischen Systems sind die Potenzen der Grundzahl zehn: $10^0 = 1$; $10^1 = 10$; $10^2 = 10 \cdot 10 = 100$; $10^3 = 10 \cdot 10 \cdot 10 = 1000$; usw. Dabei ist die Potenz 10^0 der äußersten Stellung rechts zugeordnet, und für jede nach links folgende Stellung ist der Exponent der Zehnerpotenz um eins zu vergrößern. Im schulischen Unterricht werden die Stellenwerte häufig mit sogenannten Stufenbezeichnungen und Stufenzeichen belegt: Einer ($E = 10^0$), Zehner ($Z = 10^1$), Hunderter ($H = 10^2$), Tausender ($T = 10^3$) usw.

d) Die mehrstellige dekadische Darstellung ist als Summe zu verstehen. Die zugehörigen Summanden bestimmen sich aus den einzelnen Ziffern der Darstellung durch Multiplikation ihres Ziffernwertes mit dem zugehörigen Stellenwert. Die mit Null besetzten Positionen tragen zur Summe nichts bei, da ein Produkt mit einem Faktor Null stets selbst den Wert Null hat.

Das beschriebene System entspricht einem Bündelungsverfahren nach der Zahl zehn. Nehmen wir an, eine noch unbekannte Anzahl von Gegenständen sei zu bestimmen. Wir sondern zunächst in gleichförmiger Weise immer wieder zehn Gegenstände aus und bilden so Bündel zu zehn Elementen. Dabei mögen sechs Gegenstände übrig bleiben; sie liefern kein volles Bündel im verlangten Sinne mehr. Werden nun je zehn der Bündel erneut zusammengefaßt, so können vielleicht 4 der Bündel übrigbleiben, da sie ja keine weitere "Bündel-Dekade" mehr liefern. Eine weitere Zusammenfassung nach zehn könnte aufgehen und ohne Rest zu einer einzigen Großbündelung Anlaß geben. Die beschriebene Situation läßt sich folgendermaßen veranschaulichen:

Bündel 3.Stufe (T)	Bündel 2.Stufe (H)	Bündel 1.Stufe (Z)	Gegenstände (E)
1	0	4	6

Offenbar waren vor der letzten Bündelung 10 Bündel 2. Stufe, vor der vorletzten Bündelung 104 Bündel 1. Stufe und zu Beginn 1046 Gegenstände gegeben. Mithilfe der Stufenzeichen ausgedrückt, ist diese Zahldarstellung im Sinne der stufenweisen Bündelungen so zu verstehen:

$$1046 = 1\ T + 0\ H + 4\ Z + 6\ E$$

Denken wir an die Berechnung der Stellenwerte als Zehnerpotenzen, so schreiben wir:

$$1046 = 1 \cdot 10^3 + 0 \cdot 10^2 + 4 \cdot 10^1 + 6 \cdot 10^0$$

Mit ausgerechneten Potenzen und schließlich ausgerechneten Summanden heißt das:

$$1046 = 1 \cdot 1000 + 0 \cdot 100 + 4 \cdot 10 + 6 \cdot 1 = 1000 + 0 + 40 + 6$$

Während die Bezeichnung des Stellenwertes 10^2 auf eine gemeinsame indogermanische Wurzel ("kantam") zurückgeht, sind höhere Stellenwerte mit einzelsprachlich ganz verschiedenen Wortformen belegt, d.h., daß diese Begriffe erst relativ spät voll ausgebildet und verbindlich bezeichnet wurden. Das Wort "Million" für 10^6 hat als Lehnwort das lateinische mille und taucht in der übertragenen Bedeutung im 14. Jhd. auf. Adam Riese schreibt aber noch im 16. Jhd. lieber "Tausend mal Tausend". Weit jüngeren Datums sind die Bezeichnungen für noch höhere dekadische Einheiten; es hat sich sogar bis zum heutigen Tag keine international verbindliche Benennung eingebürgert. Während in Mitteleuropa zum Beispiel 10^{12} "Billion" genannt wird, ist diese Bezeichnung andernorts bereits für 10^9 üblich.

Aufgabe 23.1
Die folgende Übersicht deutet die für das Lesen großer Zahlen maßgebende Gliederung und die zugehörigen Benennungen an (Mitteleuropa):

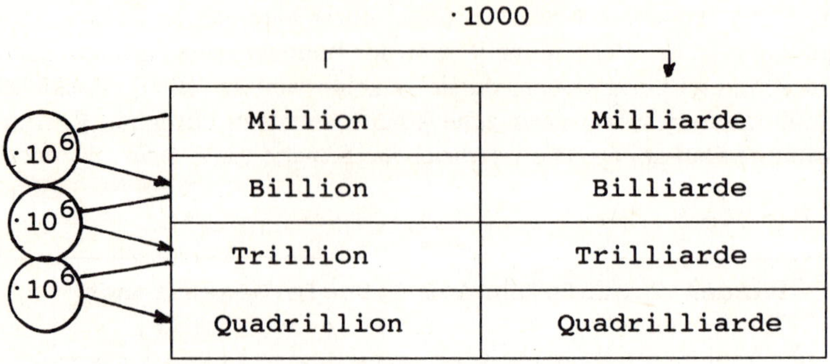

a) *Ordnen Sie den Bezeichnungen die ihnen zukommenden Zehnerpotenzen zu; desgleichen den Wörtern "Quintillion", "Sextilliarde", "Dezillion".*

b) *Der Erfinder des Schachspieles soll sich als Belohnung die Weizenkörner erbeten haben, die auf ein Schachbrett kämen, wenn man auf das erste Feld ein Korn legt, auf das zweite 2, auf das dritte 4 usw., nämlich immer wieder doppelt so viele Körner wie vorher. Das wären 36910106866439903231 Körner. Wie lesen Sie diese Zahl?* ■

2.6 Nichtdekadische Stellenwertsysteme

Schon Pascal hat im Jahre 1654 darauf hingewiesen, daß das Dezimalsystem nicht auf einer natürlichen Notwendigkeit, sondern auf einer Konvention beruht, und daß man jede natürliche Zahl größer als eins zur Basis eines Positionssystems wählen kann. So können wir etwa vereinbaren, daß die Grundzahl nicht mehr durch die Anzahl der Finger an beiden Händen, sondern nur durch ihre Anzahl an einer einzigen Hand repräsentiert sein soll. Wir ersetzen damit das Dezimalsystem durch ein Pentalsystem. Als "Bündelungseinheit" ist nunmehr die Grundzahl fünf ("pente") zu interpretieren. Sie wird dementsprechend innerhalb des Systems als 10 (lies: eins-null) notiert, wobei "1" nun aber eben mit dem Stellenwert "fünf" versehen ist. Es sind in diesem System somit nur fünf Zifferntypen erforderlich, nämlich (bei weiterer Verwendung der indisch-arabischen Zeichen) 0 für den Ziffernwert Null, 1 für den Ziffernwert eins, 2 für zwei, 3 für drei und 4 für vier. Diese Ziffernwerte sind je nach Stellung der Ziffer innerhalb der Zahldarstellung mit Stellenwerten zu koppeln, die sich jetzt aber als Potenzwerte der Basis "fünf" berechnen. Die Stellenwerte heißen dementsprechend (dezimal geschrieben): $5^0 = 1$; $5^1 = 5$; $5^2 = 25$; $5^3 = 125$; usw.

Aufgabe 25.1
Führen Sie die Folge der natürlichen Zahlen in pentaler Notation ein Stück weiter: 1, 2, 3, 4, 10, 11, 12, 13, 14, 20, 21, ... Beachten Sie dabei, daß fünf Einheiten immer wieder zu einem "Fünfer" gebündelt werden und daß dann auch fünf "Fünfer" zu einem "Fünfundzwanziger" verschmolzen werden. Der Zahl 44 folgt somit in dieser Darstellungsform die Zahl 100. ■

Wenn wir verschiedene Systeme vergleichen wollen - etwa das Pentalsystem mit dem gewohnten Dezimalsystem -, so müssen wir natürlich bei jeder einzelnen Zahldarstellung deutlich machen, welchem System sie zuzuordnen ist. Eine Möglichkeit der Unterscheidung besteht darin, daß wir auch die graphischen Zeichen für die Ziffernwerte verschieden wählen und so die Andersartigkeit gegenüber der gewohnten dekadischen Darstellung besonders augenfällig machen. Es besteht ja grundsätzlich keinerlei Notwendigkeit für den Gebrauch der indisch-arabischen Zeichen; vielmehr läßt sich die Idee einer andersartigen "Geheimschrift" auch auf die Ziffern ausdehnen.

Aufgabe 25.2
Wir betrachten ein Pentalsystem mit folgenden Ziffern: `0` *für null,* `I` *für eins,* `X` *für zwei,* △ *für drei,* □ *für vier.*

a) *Führen Sie die Folge der natürlichen Zahlen in dieser Notationsform bis* X△□ *weiter:*
   I, X, △ ,□ , IO, II, IX, I△, I□, XO, XI, XX, ...
b) *Welche Zahlen sind hier dargestellt?*
   XO□, △XX, IOOO, IO□X, △□△X, IOO△□?
   Übersetzungsbeispiel:
   X□△I $= 2 \cdot 5^3 + 4 \cdot 5^2 + 3 \cdot 5^1 + 1 \cdot 5^0$
   $= 2 \cdot 125 + 4 \cdot 25 + 3 \cdot 5 + 1 \cdot 1$
   $= 250 + 100 + 15 + 1 = 366$

c) *Wie sind die folgenden, in gewohnter Dezimalschreibweise gegebenen Zahlen in der "pentalen Geheimnotation" darzustellen: 47, 80, 205, 648, 1000, 2221, 3125, 4888?*
Übersetzungsbeispiel:

$$1779 = 2\cdot 625 + 529$$
$$529 = 4\cdot 125 + 29$$
$$29 = 1\cdot 25 + 4$$
$$4 = 0\cdot 5 + 4$$
$$1779 = 2\cdot 625 + 4\cdot 125 + 1\cdot 25 + 0\cdot 5 + 4$$
$$= 2\cdot 5^4 + 4\cdot 5^3 + 1\cdot 5^2 + 0\cdot 5^1 + 4\cdot 5^0 =$$ X□IO□ ■

Im Dual- oder Binärsystem mit Grundzahl zwei, auf das schon früher aufmerksam gemacht wurde, benutzt man bei rechentechnischen Anwendungen häufig die Ziffern O und L. Es entsteht folgende Darstellung der Zählfolge: L, LO, LL, LOO, LOL, LLO, ... Offensichtlich wächst die Stellenzahl sehr schnell an, wogegen aber außer der Null nur noch ein Ziffernwert in Frage kommt. Die Zweiwertigkeit für die Belegung der einzelnen Positionen ist in der technischen Anwendung des Systems von großer Bedeutung; sie entspricht der Gegenüberstellung von zwei alternativen Möglichkeiten: ja oder nein, wahr oder falsch, Strom oder Stromunterbrechung, usw.
Bei der Rückführung einer vielstelligen Dualdarstellung in die dezimale Schreibweise bedient man sich gern einer Unterteilung der Dualziffernfolge in Triaden und damit einer zwischengeschalteten Verwandlung ins Oktalsystem (gemäß $2^3 = 8$). Es ist nämlich so, daß sich die einstelligen Oktalzahlen in eindeutiger Weise durch dreistellige Folgen von Dualziffern wiedergeben lassen; auch gilt die Umkehrung hiervon, falls wir die Zahl Null mit einbeziehen. Wir erhalten diese duale Verschlüsselung beispielsweise durch die Beantwortung folgender Fragen:
(A) Ist die Zahl größer als 3?
(B) Ist der Viererrest der Zahl größer als 1?
(C) Ist die Zahl ungerade?
Wenn wir diese Fragen für Zahlen 0, 1, 2 usw. bis 7 mit L für "Ja" bzw. 0 für "Nein" beantworten und die dabei anfallenden Antwortziffern in der Reihenfolge "ABC" notieren, so sind folgende Zuordnungen gegeben:

Oktalziffer	0	1	2	3	4	5	6	7
Dual-Triade	OOO	OOL	OLO	OLL	LOO	LOL	LLO	LLL

Für die Dualzahl LLL LOO LOO OLL ergibt die Dekodierung der einzelnen Triaden demnach die Oktalzahl 7443, aus der sich die Dezimaldarstellung so berechnet:

$$7 \cdot 8^3 + 4 \cdot 8^2 + 4 \cdot 8^1 + 3 \cdot 8^0 =$$

$$7 \cdot 512 + 4 \cdot 64 + 4 \cdot 8 + 3 \cdot 1 =$$

$$3584 + 256 + 32 + 3 = 3875$$

Aufgabe 27.1
Welche Zahlen sind hier dual dargestellt?
a) L OLO b) LO OLL c) LOO OOO d) LLL OLO e) LLL OOL OLL
f) LO OOL LOL OLL OLO ▪

Für die Verwandlung ins Dualsystem orientiert man sich jeweils mit Vorteil am Bündelungsgedanken: Stufenweise Bündelung nach zwei führt jeweils zu einer Halbierung der Anzahl, wobei allerdings bei ungerader Ausgangszahl zuerst ein Restelement auszusondern ist. In diesem Fall kommt der betreffenden Dual-Position die Ziffer L zu; andernfalls, das heißt bei gerader Ausgangszahl, die Ziffer O. Das folgende Beispiel der Verwandlung von 762 mag den gesamten Vorgang illustrieren:

```
            START: 762       Dualrest:  O   (letzte Ziffer)
                   381       Dualrest:  L
                   190       Dualrest:  O
                    95       Dualrest:  L
 Dualrest           47       Dualrest:  L
 aussondern         23       Dualrest:  L
 und dann           11       Dualrest:  L
 halbieren           5       Dualrest:  L
                     2       Dualrest:  O
                     1       Dualrest:  L   (erste Ziffer)

    Ergebnis:      762 = OOL OLL LLL OLO
```

Natürlich könnte auch hier das Oktalsystem dazwischengeschaltet werden. Es ergäbe sich dann folgender Verfahrensverlauf:

```
                 START:   762     Oktalrest: 2 = OLO
                   |       95     Oktalrest: 7 = LLL
  -----------------|       11     Oktalrest: 3 = OLL
 | Oktalrest aus-  |        1     Oktalrest: 1 = OOL
 | sondern und     |
 | durch 8 divi-   |
 | dieren          |
  -----------------|
                   v
-------------------------------------------------------
          Ergebnis: 762 = OOL OLL LLL OLO
```

Aufgabe 28.1
Wie heißen die Dualdarstellungen folgender dezimalnotierter Zahlen?
a) 12 b) 29 c) 60 d) 100 e) 206 f) 417 g) 699 h) 100 i) 2531 ▪

Wir greifen jetzt die Frage nach der Unterscheidung von Zahldarstellungen in verschiedenen Systemen wieder auf, und zwar für den Fall, daß durchgängig die vertrauten indisch-arabischen Ziffern verwendet werden. Es liegt nahe, das System durch Nennung der jeweiligen Grundzahl in der Darstellung kenntlich zu machen. Wir tun das z.B. dadurch, daß wir einen eingekreisten (und damit von der Darstellung doch deutlich abgesonderten) Index am Schluß der Ziffernfolge anbringen, welche die Zahl markieren soll. Wo dieser Index fehlt, soll die Darstellung stets dezimal gedeutet werden. Es gilt somit:

$$121_{(3)} = 1\cdot 3^2 + 2\cdot 3^1 + 1\cdot 3^0 = 9 + 6 + 1 = 16$$

$$1403_{(6)} = 1\cdot 6^3 + 4\cdot 6^2 + 0\cdot 6^1 + 3\cdot 6^0 = 216 + 144 + 0 + 3 = 363$$

$$725_{(8)} = 7\cdot 8^2 + 2\cdot 8 + 5 = 448 + 16 + 5 = 469$$

Aufgabe 28.2
Dekodieren Sie folgende Zahldarstellungen durch Überführung in die dezimale Notation:

a) $220_{(9)}$ b) $313_{(4)}$ c) $623_{(7)}$ d) $1000_{(3)}$ e) $4204_{(5)}$
f) $706_{(9)}$ g) $2413_{(6)}$ h) $102201_{(3)}$ i) $32212_{(4)}$ j) $7073_{(8)}$ ▪

Falls wir eine Grundzahl wählen wollen, die größer als zehn ist, so müssen weitere Zifferntypen hinzugezogen werden. So ist zum Beispiel im Duodezimalsystem die Ziffernfolge 10 als Darstellung der Zahl zwölf zu verstehen, so daß die beiden vorangehenden Zahlen zehn und elf noch einstellig geschrieben werden müssen. Setzen wir a für zehn und b für elf, weiter bei Bedarf c für zwölf, d für dreizehn, usw. so ergeben sich folgende Darstellungen und Umrechnungen:

$9a6_{(12)} = 9\cdot 12^2 + 10\cdot 12^1 + 6\cdot 12^0 = 1296 + 120 + 6 = 1422$

$ab6_{(12)} = 10\cdot 144 + 11\cdot 12 + 6 = 1582$

$6d24_{(15)} = 6\cdot 15^3 + 13\cdot 15^2 + 2\cdot 15^1 + 4\cdot 15^0 = 23209$

Aufgabe 29.1

Dekodieren Sie folgende Zahldarstellungen durch Überführung in die dezimale Notation:

a) $20a_{(12)}$ *b)* $1abb_{(12)}$ *c)* $dada_{(15)}$ *d)* $a0e_{(20)}$ ■

Im alten Babylon wie auch im späteren arabischen Kulturkreis spielt das sexagesimale Positionssystem (Grundzahl sechzig) eine wichtige Rolle. Auswirkungen davon finden sich in unserem Maßsystem für Winkelgrößen oder in unserem Zeitmaß. Wir markieren beispielsweise eine Zeitangabe in folgender Weise: 4.13.49 (4 Stunden, 13 Minuten und 49 Sekunden). Wir können das als dreistellige Sexagesimalzahl deuten, wobei als "Ziffern" aber einfach die gewohnten dezimalen Notationen der Zahlen unterhalb sechzig dienen. Die sexagesimalen Positionen müssen dann zusätzlich - etwa durch einen Trennungspunkt - deutlich gemacht werden. Die Umrechnung (Berechnung der Sekundenzahl) erfolgt nach altem Muster:

$4.13.49_{(60)} = 4\cdot 60^2 + 13\cdot 60^1 + 49 = 15229.$

Der systematische Aufbau der Stellenwertsysteme prägt auch einen Großteil anderer geläufiger Maßsysteme (Systeme von Maßeinheiten). Es gibt jedoch auch weniger systematische Maßsysteme, für deren Umrechnung man die Maßzahlen nicht als Potenzen schreiben kann.

Aufgabe 29.2

a) Stellen Sie die Anzahl der Sekunden einer Stunde, eines Tages und einer Woche jeweils als Produkt dar.

b) Wie viele inch hat eine englische Meile, wenn folgendes gilt: 1 foot (ft) = 12 inches (in); 1 yard (yd) = 3 ft; 1 pole = 5 1/2 yd; 1 chain = 4 pole; 1 furlong= 10 chain; 1 mile = 8 furlong. ■

Aufgabe 29.3

Dem System unserer Autonummern liegt ein gemischtes Zahl-Buchstaben-Alphabet zugrunde. Wie viele verschiedene Autonummern können zu einem Ortskennzeichen ohne Berücksichtigung spezieller Gesichtspunkte theoretisch gebildet werden, wenn

a) ein Buchstabe in Verbindung mit einer mindestens einstelligen und höchstens dreistelligen Ziffernfolge,

b) zwei Buchstaben in Verbindung mit einer höchstens dreistelligen Ziffernfolge,

c) ein Buchstabe in Verbindung mit einer höchstens vierstelligen Ziffernfolge,

d) zwei Buchstaben in Verbindung mit einer höchstens vierstelligen Ziffernfolge verwendet werden? ■

Was die Umrechnung einer Zahl vom dekadischen System in ein anderes betrifft, so gibt es dazu ein einfaches Verfahren, das am Beispiel der "Umrechnung" der Zahl 753 (in dekadischer Darstellung) in das Vierersystem erläutert werden soll:

4^5	4^4	4^3	4^2	4^1	4^0
	2	3	3	0	1

```
753 : 4 = 188 + (1 : 4)
188 : 4 =  47 + (0 : 4)
 47 : 4 =  11 + (3 : 4)
 11 : 4 =   2 + (3 : 4)
  2 : 4 =   0 + (2 : 4)
```

Kern des Verfahrens ist also eine fortgesetzte Division durch die Grundzahl jenes Systems, in dem die dekadisch dargestellte Zahl codiert werden soll. Neben der oben erklärten Notationsform wird häufig auch eine Darstellung gewählt, die im folgenden Beispiel zur Codierung der Zahl 17 951 im Duodezimalsystem angedeutet ist:

```
17 951 = 12·1495 + 11    Zwölferrest: 11
 1 495 = 12·124  +  7     Zwölferrest:  7
   124 = 12· 10  +  4     Zwölferrest:  4
    10 = 12·  0  + 10     Zwölferrest: 10
```

Ergebnis: 17 951 = $10.4.7.11_{(12)}$

Aufgabe 30.1
Führen Sie folgende Umrechnungen durch:
a) 1111 ins Fünfersystem;
b) 248 ins Dreiersystem;
c) 987 ins Achtersystem. ▪

2.7 Formale Beschreibung des Stellenwertsystems

In mathematischer Form läßt sich das Stellenwertsystem allgemein in folgender Weise entwickeln und beschreiben: es sei **Z** eine endliche Menge von mindestens zwei "Individualzeichen", die wir Ziffern nennen. Eine der Ziffern soll ausgezeichnet sein und fortan auch mit 0 bezeichnet werden dürfen; sie vertritt die Zahl Null. Die Menge **F** enthalte alle jene endlichen Folgen von Elementen aus **Z**, deren Anfangsglied von 0 verschieden ist. Wir nennen die Elemente von **F** zulässige Ziffernfolgen und schreiben sie gewöhnlich durch Aneinanderreihung der sich folgenden Ziffern von links nach rechts.
Die Stellenwertschreibweise beruht nun auf der Tatsache, daß sich die Menge **N** der natürlichen Zahlen bijektiv, d.h. umkehrbar eindeutig auf die Menge **F** abbilden läßt. Die natürlichen Zahlen können somit durch die zulässigen Ziffernfolgen vollständig und unverwechselbar dargestellt werden und dies unter Zugrundelegung irgendeiner Ziffernmenge **Z** von zwei oder mehr Elementen.
Unserer gewohnten Dezimalschreibweise liegt die Menge **Z** = { 0; 1; 2; 3; 4; 5; 6; 7; 8; 9 } zugrunde. Dabei sollte man vorerst an die indisch-arabischen Ziffern und nicht etwa schon - wie die Gewohnheit nahelegen könnte - an die damit bezeichneten Zahlen denken. Tatsächlich haben wir uns derart an die bijektive Zuordnung zwischen diesen Ziffern und den damit gebildeten zulässigen Ziffernfolgen einerseits und der natürlichen Zahlen andererseits gewöhnt, daß wir bei Vorgabe einer solchen Zahldarstellung sofort an die damit gemeinte Zahl denken und uns über die Darstellungsweise wenig Rechenschaft ablegen. Das geht so weit, daß wir zum Beispiel bei 592 von einer dreistelligen Zahl sprechen, obwohl das Adjektiv "dreistellig" sich nicht auf die Zahl, sondern auf die dezimale Darstellung bezieht. Im Pentalsystem ist die gleiche Zahl vierstellig ($4332_{(5)}$), im Dualsystem zehnstellig ($1\,001\,010\,000_{(2)}$). Ebenso reden wir etwa auch von der Quersumme 16 der Zahl 592, obwohl die Bildung der Quersumme als Summe der in der betreffenden Ziffernfolge vertretenen Ziffernwerte wiederum in Abhängigkeit von der Zahldarstellung geschieht. Die Quersumme der Pentalzahl wäre $22_{(5)}$, die der Dualzahl $11_{(2)}$.

Aufgabe 31.1
Beantworten Sie folgende Fragen in Bezug auf mehrere Grundzahlen g (z.B. zehn, zwei, drei, vier, fünf und zwölf) und vergleichen Sie die jeweiligen Ergebnisse miteinander.
a) Wie heißt die kleinste Zahl, die im g-adischen System vierstellig geschrieben wird?
b) Wie viele Zahlen werden im g-adischen System dreistellig geschrieben?
c) Die Summe der Ziffernwerte einer Zahldarstellung heißt Quersumme. Wie groß ist die Quersumme der Zahl zwanzig in ihrer Darstellung nach der Grundzahl g? ▪

Es sei nun g die Mächtigkeit von **Z**, d.h die Anzahl der Ziffern, aus denen Ziffernfolgen gebildet werden. Von den g Ziffern in **Z** ist eine bereits als Zeichen für Null ausgezeichnet; die restlichen (g - 1) Ziffern können den ersten (g - 1) Zahlen aus **N** bijektiv zugeordnet werden.
Aufgrund einer solchen Zuordnung stellt nun jede einelementige Folge aus **F** genau eine Zahl aus **N** dar. Wir sprechen dabei auch von einstelligen Zahldarstellungen. Sie betreffen im vorliegenden Fall der g-adischen Zahldarstellung die ersten (g - 1) Zahlen aus **N**. Für die weiteren natürlichen Zahlen ergibt sich die mehrstellige Darstellung aus folgender Abbildungsvorschrift: das Element $a_1a_2a_3...a_n$ aus **F** ist Bild jener natürlichen Zahl, die

durch das Polynom $a_1 \cdot g^{n-1} + a_2 \cdot g^{n-2} + \ldots + a_{n-1} \cdot g + a_n$ algebraisch bestimmt ist. Dabei ist die Variable a_i (für i = 1, 2, 3...n) einerseits als Ziffer der g-adischen Darstellung eingeführt, andererseits nun aber in der Bedeutung ihres Ziffernwertes (d.h. der einstelligen Zahlangabe) als Koeffizient des Polynoms in g zu verstehen. Der einzelne Summand $a_i \cdot g^{n1}$ des Polynoms setzt sich multiplikativ aus dem Ziffernwert a_i und dem zugehörigen Stellenwert g^{n-i} zusammen. Für $i = n$ ergibt sich der Stellenwert $g^0 = 1$ ("Einer"-Stellenwert der letzten Ziffer a_n), für $i = n - 1$ ergibt sich der Stellenwert $g^1 = g$ ("Basis"-Stellenwert der zweitletzten Ziffer a_{n-1}).
Zusammenfassend hält die folgende Formel die Bedeutungsgleichheit zweier verschiedener Darstellungsformen (g-adische Stellenwertschreibweise und algebraische Polynomdarstellung) fest:

$$a_1 a_2 a_3 \ldots a_{n(g)} = \sum_{i=1}^{n} a_i \cdot g^{n-i}$$

Aufgabe 32.1
Gegeben sei die Ziffernmenge Z = { 0; I, X; H } mit der Bedeutungszuordnung: 0 für null, I für eins, X für zwei, H für drei. XIOH stellt eine zulässige Ziffernfolge dar, die wir unter Rückgriff auf die gewohnten Ziffern auch so schreiben dürfen: $2103_{(4)}$. Hierbei ist die Basiszahl vier des Systems als Index beigefügt. Nach der Abbildungsvorschrift gilt:
$2103_{(4)} = 2 \cdot 4^3 + 1 \cdot 4^2 + 0 \cdot 4^1 + 3 \cdot 4^0 = 128 + 16 + 3 = 147$
Übersetzen Sie ebenso in die gewohnte Dezimaldarstellung:
a) HI b) HHO c) XOII d) HOOO e) IOOOO f) HOOIX
g) XXIOH h) XOOOOO i) XHOIHI ■

Die Übersetzung irgendeiner g-adischen Zahldarstellung $a_1 a_2 \ldots a_n$ ins gewohnte Dezimalsystem geschieht durch Berechnung eines Polynoms in der Variablen g. Diese Berechnung kann vorteilhaft nach dem sogenannten Hornerschema erfolgen, das eine "fortlaufende Verwandlung von links nach rechts" vornimmt. Beispiel:

$$3401_{(5)} = 3 \cdot 5^3 + 4 \cdot 5^2 + 0 \cdot 5^1 + 1 \cdot 5^0 = [(3 \cdot 5 + 4) \cdot 5 + 0] \cdot 5 + 1$$

Tabellarische Umrechnung:

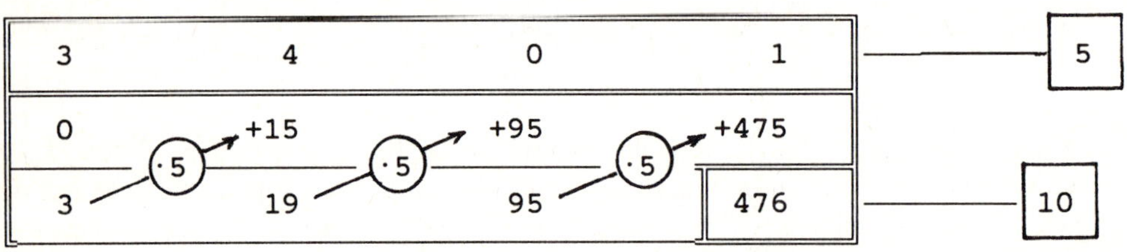

Das Rekursionsverfahren zur Bestimmung der dekadischen Darstellung A_n von $a_1 a_2 a_3 \ldots a_n$ nach einer von zehn verschiedenen Grundzahl g läßt sich theoretisch so beschreiben:

$A_1 = a_1$ und $A_k = a_{k-1} \cdot g + a_k$ für $k = 2$ bis $k = n$

Aus diesem Ansatz folgt:

$A_2 = a_1 \cdot g + a_2$; $A_3 = (a_1 \cdot g + a_2) \cdot g + a_3 = a_1 \cdot g^2 + a_2 \cdot g + a_3$;

$A_4 = ((a_1 \cdot g + a_2) \cdot g + a_3) \cdot g + a_4 = \ldots$; usw.

Die Induktionsvoraussetzung $A_{k-1} = \sum_{i=1}^{k-1} a_i \cdot g^{k-1-i}$ liefert:

$$A_k = \left(\sum_{i=1}^{k-1} a_i \cdot g^{k-1-i}\right) \cdot g + a_k = \sum_{i=1}^{k} a_i \cdot g^{k-i}$$

Somit ist $A_n = \sum_{i=1}^{n} a_i \cdot g^{n-i}$, d.h. A_n ist die gesuchte Zahl.

Sie wird im Hornerschema in folgender tabellarischen Anordnung berechnet:

a_1	a_2	a_3	...	a_k	....	a_n
↓	$A_1 \cdot g$	.....	...	$A_{k-1} \cdot g$	$A_k \cdot g$	$A_{n-1} \cdot g$
A_1	A_2	.....		A_k	....	A_n

Aufgabe 33.1
Im folgenden Hornerschema ist $21302_{(4)}$ gemäß der vorstehenden theoretischen Erörterung ins Dezimalsystem übersetzt:

a_1	a_2	a_3	a_4	a_5
2	1	3	0	2
	8	36	156	624
2	9	39	156	626
A_1	A_2	A_3	A_4	A_5

a) *Verfolgen Sie den Umrechnungsprozeß anhand des Schemas und im Vergleich mit der allgemeinen Theorie und verifizieren Sie so die Gleichheit $21302_{(4)} = 626$.*

b) *Erstellen Sie das Hornerschema für die Umrechnung von $302313_{(4)}$.*

c) *Wie lautet das Hornerschema für die Umrechnung von $41032_{(5)}$?*

d) *Führen Sie die Umrechnung von $4521_{(6)}$ nach dem Hornerschema mit einem Taschenrechner aus. Das Rechenschema, das keine Zwischenresultate festhalten muß, kann so dargestellt werden:*

$$4 \xrightarrow{\cdot 6} \xrightarrow{+5} \xrightarrow{\cdot 6} \xrightarrow{+2} \xrightarrow{\cdot 6} \xrightarrow{+1} x$$ ■

Durch Umkehrung der Hornerschen Rekursion $A_k = A_{k-1} \cdot g + a_k$ läßt sich für eine dezimal gegebene Zahl $x \in \mathbf{N}$ die zugehörige g-adische Darstellung $a_1 a_2 \ldots a_n$ finden. Der Ziffernwert a_k ist offenbar der g-Rest von A_k, nämlich die mit der Bedingung $0 = \leq a_k < g$ eindeutig bestimmte Zahl a_k, für die der Quotient $(A_k - a_k) : g$ einen ganzzahligen Wert A_{k-1} hat. Wir berechnen also im Umkehrverfahren:

$$A_{k-1} = \frac{A_k}{g} - r, \text{ wobei } r = \frac{a_k}{g} < 1, \text{ somit } a_k = g \cdot r$$

Beispiel:

$753 = ?_{(4)}$

$$\begin{aligned} 753 &= 188 \cdot 4 + 1 \\ 188 &= 47 \cdot 4 + 0 \\ 47 &= 11 \cdot 4 + 3 \\ 11 &= 2 \cdot 4 \end{aligned}$$

$$753 = \{[(2 \cdot 4 + 3) \cdot 4 + 3] \cdot 4 + 0\} \cdot 4 + 1$$

(Vgl. mit den Bearbeitungen des gleichen Beispiels im vorhergehenden Abschnitt 2.6.)

Der erste Rest bei der Division durch die Basiszahl vier ergibt die letzte Ziffer der Darstellung von 753 im Vierersystem, der zweite Rest die zweitletzte Ziffer, usw. Dieser Umrechnungsalgorithmus wird oft tabellarisch in folgender Form notiert:

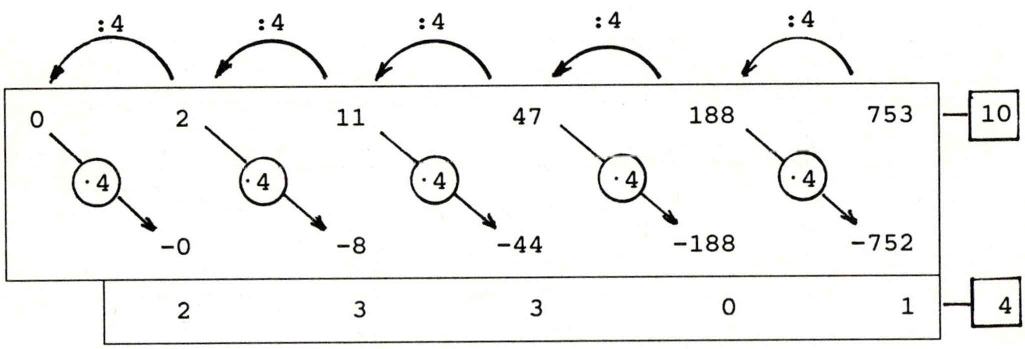

Aufgabe 35.1
Das folgende Muster zeigt die Rückverwandlung von 626 ins Vierersystem (g = 4).

	:4
$A_5 = 626$	156 Rest 2 $\Longrightarrow a_5 = 2$
$A_4 = 156$	39 Rest 0 $\Longrightarrow a_4 = 0$
$A_3 = 39$	9 Rest 3 $\Longrightarrow a_3 = 3$
$A_2 = 9$	2 Rest 1 $\Longrightarrow a_2 = 1$
$A_1 = 2$	0 Rest 2 $\Longrightarrow a_1 = 2$

$$\Longrightarrow 626 = 21302_{(4)}$$

a) *Verfolgen Sie den Umrechnungsprozeß anhand des Schemas und im Vergleich mit der allgemeinen Theorie sowie mit dem "direkten" Hornerschema in der vorangehenden Aufgabe.*
b) *Übersetzen Sie die Dezimaldarstellung 435 in die Stellenwertschreibweise nach der Basis vier.*
c) *Der Term 125 bestimmt eine Zahl x, welche in Stellenwertschreibweise nach den Basiszahlen drei, vier, fünf und sechs dargestellt werden soll. Man beachte dabei insbesondere auch, daß sich mit größerer Basiszahl eine Verringerung in der Zahl der Stellen ergibt. Die Darstellung wird kürzer, benutzt aber mehr verschiedene Ziffern.* ▪

Betrachten wir jetzt auch kurz die gewohnte Dezimaldarstellung im Blick unserer Theorie der Stellenwertsysteme. Es gilt g = 10 und somit die Polynomentwicklung

$$a_1\ a_2\ \ldots\ a_n = \sum_{i=1}^{n} a_i \cdot 10^{n-i}$$

Die Stellenwerte sind hier Zehnerpotenzen; sie werden gelegentlich auch mit bestimmten Buchstaben als sogenannten Stufenzeichen symbolisiert: E für 10^0, Z für 10^1 (zehn), H für 10^2 (hundert) usw. Die dezimale Stellenwertschreibweise 307159 ist somit eine Kurzdarstellung für die Polynomentwicklung

$3 \cdot 10^5 + 7 \cdot 10^3 + 1 \cdot 10^2 + 5 \cdot 10 + 9$ bzw. für 3 HT 7 T 1 H 5 Z 9 E.

Wie bereits im Abschnitt 2.7 angedeutet wurde, benötigen wir im Fall g > 10 über die gewohnten zehn Ziffern hinaus weitere "Individualzeichen" für Zahlen. Möge jetzt etwa z für zehn und e für elf stehen. Die Ziffernfolge 2e5z im Duodezimalsystem, d.h. bezüglich der Basis g = 12, vertritt dann das Polynom

$2 \cdot 12^3 + 11 \cdot 12^2 + 5 \cdot 12 + 10$ und somit die Zahl 5110.

Aufgabe 36.1:
Benutzen Sie die Ziffernmenge { 0, 1, 2, 3, 4, 5, 6, 7, 8, 9, z, e, w, d, v } wobei die indisch-arabischen Ziffern in der gewohnten Weise die Zahlen von null bis neun darstellen, während z für zehn, e für elf, w für zwölf, d für dreizehn und v für vierzehn stehen soll.

a) Welche Zahlen sind durch folgende "fremden" Stellenwertschreibweisen festgelegt? Man übersetze in die dezimale Darstellung: $7e_{(12)}$, $z0_{(14)}$, $1w_{(13)}$, $4v1_{(15)}$.

b) Die dezimal festgelegten Zahlen 57, 481, 1000 und 5283 sind in den Stellenwertschreibweisen nach den Grundzahlen acht, neun, elf, zwölf und fünfzehn zu notieren.

c) A bezeichne die Zahl, welche durch die Stellenwertschreibweise $40w_{(15)}$ *festgelegt ist; B sei die Zahl* $6621_{(8)}$. *Gesucht ist die Darstellung des Summenwertes A + B im Duodezimalsystem. Zur Addition übersetzt man vorteilhaft ins Dezimalsystem.* ■

Natürlich steht es uns frei, irgendwelche Zeichen als Ziffern zu benutzen. Bei großen Systemzahlen können wir zum Beispiel auch die gewohnten Dezimaldarstellungen für alle Zahlen kleiner als g kurzerhand zu Ziffern erklären. Es muß dann aber irgendwie deutlich gemacht werden, welche Ziffernfolgen dezimal und welche g-adisch zu verstehen sind. Das kann dadurch geschehen, daß die g-adischen Ziffern stets durch Punkte voneinander getrennt werden. An die Stelle der früher betrachteten Ziffernfolge $2e5z_{(12)}$ tritt dann die Darstellung $2.11.5.10_{(12)}$. Dieses Verfahren, das auch schon im Abschnitt 2.7 zur Sprache kam, ist insbesondere bei nichtdezimalen Maßeinheiten gebräuchlich.

Aufgabe 36.2

a) Wenn wir die Zeitspanne von 11556 Sekunden in Stunden, Minuten und Sekunden angeben wollen, müssen wir die Maßzahl 11556 ins Sechzigersystem übersetzen: x Stunden, y Minuten, z Sekunden = $x.y.z_{(60)}$. *Wie heißen die "Ziffernwerte" x, y und z dieser Darstellung?*

b) Welche Zahl wird durch $15.42.23_{(60)}$ *dargestellt, wenn die dezimalen Angaben 15, 42 und 23 als Ziffern im Sechzigersystem zu verstehen sind?*

c) Notieren Sie die Zahl 105 im Sechzigersystem. ■

Die Rechenverfahren, die sich auf die dezimale Darstellung stützen, können weitgehend auf alle g-adischen Darstellungen übertragen werden. Insbesondere gelten folgende Übergänge:

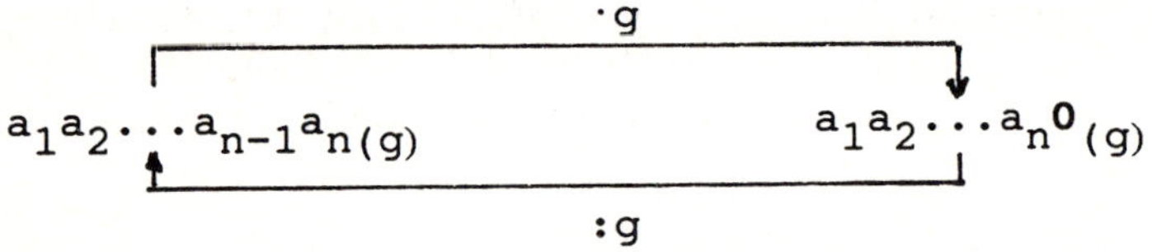

Die Idee der wiederholten, sukzessiven Division einer Zahl durch g leitet über zum Thema der Systembrüche.

2.8 Dezimalbrüche

Geschichtlich erfolgte in der Mathematik eine systematische Behandlung der Dezimalbruchdarstellung gegen Ende des 16. Jahrhunderts, insbesondere in den Arbeiten von Simon Stevin (1548 bis 1620). Seit etwa 1630 ist die Dezimalbruchtheorie allgemein in den einschlägigen Lehrbüchern zu finden. Beim Umgang mit diesen Brüchen spielten Größen eine wichtige Rolle.
Der praktische Umgang mit Größen und ihren Maßzahlen legt die Idee der Vergröberung und Verfeinerung des Maßsystems durch Zusammenfassung mehrerer Einheiten zu einer höheren bzw. durch Zerlegung der Einheit in Untereinheiten nahe. Für die Längenmessung beispielsweise ist der Meter als Einheit normiert. Zur Messung längerer Strecken, vor allem von Landwegen, bildet man aus 1000 Metern die Einheit Kilometer. Kürzere bzw. sehr kurze Strecken mißt man besser mit einer der Untereinheiten Dezimeter (1 dm = 1/10 Meter = 10^{-1} m), Zentimeter (1 cm = 1/100 Meter = 10^{-2} m), Millimeter (1 mm = 10^{-3} m), Mikrometer (1 μm = 10^{-6} m), Nanometer (1 nm = 10^{-9} m) und Pikometer (1 pm = 10^{-12} m).
Vielfach ist es nun so, daß Messungen mit einer bestimmten Einheit einen Rest lassen, der nur mit einer Untereinheit gemessen werden kann. Auch bei dieser Messung kann sich dann wiederum ein Rest ergeben, den man mit einer noch kleineren Untereinheit messen muß, usw. So hat vielleicht die Längenmessung für eine Strecke das Ergebnis 3 m + 4 dm + 5 cm. (Eventuell wären auch noch Meßreste für weitere Untereinheiten geblieben, aber die durch die Einheit cm gegebene Genauigkeit schien dem Messenden ausreichend.)
Mithilfe von Dezimalbrüchen lassen sich nun Meßergebnisse der o. g. Art vereinfacht darstellen. Man schreibt 3,45 m (mit dem Dezimalbruch 3,45 und der Längeneinheit m) und liest diese Größenangabe als 3 m + 45 cm bzw. 3 m + 4 dm + 4 cm oder, wenn man die Untereinheiten als Bruchteile der Einheit m auffaßt, als 3 45/100 m bzw. als (3 + 4/10 + 5/100) m.
Die Dezimalbrüche erweitern die Stellenwertschreibweise auf gebrochene Zahlen. Das erfordert nun eine neue Markierung der Stellenwerte. Man kann nicht mehr so einfach von der äußersten Position rechts seinen Ausgang nehmen. Vielmehr setzt sich die Folge der Stellenwerte jetzt sowohl nach links als auch nach rechts beliebig fort: nach links im Sinne des Übergangs zur Obereinheit (Bündelung), nach rechts im Sinne des Übergangs zur Untereinheit ("Entbündelung" oder Zerlegung). Die folgende Tabelle zeigt einen Ausschnitt aus der Skala der dezimalen Stellenwerte. In der ersten Zeile finden sich die Wortbezeichnungen der Stellenwerte, in der zweiten Zeile die in der Schule häufig verwendeten Stufenbezeichnungen, in der dritten Zeile die elementaren Berechnungsformen für die Stellenwerte und in der vierten Zeile ihre Darstellungen als Zehnerpotenzen.

...	Hunderter	Zehner	Einer	Zehntel	Hundertstel
	H	Z	E	z	h
	$10 \cdot 10$	10	1	1/10	1/100
	10^2	10^1	10^0	10^{-1}	10^{-2}

Man muß nun also bei der Positionsschreibweise einer Zahl, die auch Bruchteile enthält, die Zuordnung der Stellenwerte zu den Ziffern neu kenntlich machen. Dies geschieht üblicherweise dadurch, daß zwischen den Stellen der Einer und der Zehntel ein Trennungszeichen - zumeist ein Komma oder ein Punkt - eingesetzt wird. Dieses trennt den ganzzahligen Teil vom "zusätzlichen Bruchteil". Man spricht von der Darstellung der Bruchzahl durch einen Komma- oder Systembruch. (Im Falle des Dezimalsystems ist insbesondere die Bezeichnung "Dezimalbruch" gebräuchlich.) Sie dient zur Unterscheidung von der Darstellung durch einen Quotienten ganzer Zahlen, die man als "gewöhnlichen Bruch" oder auch "gemeinen Bruch" bezeichnet. Schließlich gilt es noch zu beachten, daß bei fehlendem ganzzahligen Teil die Einerstelle mit einer Null zu belegen ist, damit die Stellenwertzuordnung durch ein eingeschobenes Komma markierbar ist. Die dezimalen Untereinheiten lassen sich demnach folgendermaßen in Kommabrüche überführen:

$$\frac{1}{10} = 10^{-1} = 0{,}1; \quad \frac{1}{100} = 10^{-2} = 0{,}01; \quad \frac{1}{1000} = 10^{-3} = 0{,}001; \quad \text{usw.}$$

Für die Ziffernfolge 13,625 mit eingeschobenem Komma ergibt sich folgende Entwicklung, wobei wir für die Stellenwerte verschiedene Ausdrucksmöglichkeiten aufzeigen (Stufenzeichen, Zehnerpotenzen, gewöhnliche Brüche, Kommabrüche):

$$\begin{aligned}
13{,}625 &= 1\,\mathrm{Z} + 3\,\mathrm{E} + 6\,\mathrm{z} + 2\,\mathrm{h} + 5\,\mathrm{t} \\
&= 1\cdot10^{1} + 3\cdot10^{0} + 6\cdot10^{-1} + 2\cdot10^{-2} + 5\cdot10^{-3} \\
&= 1\cdot10 + 3\cdot1 + 6\cdot\frac{1}{10} + 2\cdot\frac{1}{100} + 5\cdot\frac{1}{1000} \\
&= 1\cdot10 + 3\cdot1 + 6\cdot0{,}1 + 2\cdot0{,}01 + 5\cdot0{,}001
\end{aligned}$$

Es handelt sich bei der dargestellten Zahl um jene Bruchzahl, die auch durch den Quotienten 109 : 8 wiedergegeben wird. Die Verwandlung des Dezimalbruches in den gewöhnlichen Bruch ist leicht ersichtlich; als Ergebnis wird ein gekürzter Bruch angestrebt:

$$13{,}625 = 13 + \frac{625}{1000} = 13 + \frac{5}{8} = \frac{104}{8} + \frac{5}{8} = \frac{109}{8}$$

In der Schule und in praktischen Anwendungen wird die Summe 13 + 5/8 häufig in der verkürzten Form 13 5/8 geschrieben. Dabei sind wie beim Kommabruch ganzzahliger Teil und echter Bruchteil ohne Trennungs- oder Verbindungszeichen nebeneinandergestellt. Es wird bei dieser "gemischten Zahl" also stillschweigend eine additive Zusammensetzung verlangt, im Gegensatz zur üblichen algebraischen Konvention, nach der bei fehlendem Operationszeichen multipliziert wird (2a bedeutet 2•a).

Die Verwandlung des gewöhnlichen Bruches 109/8 in den Dezimalbruch 13,625 wird mithilfe des schriftlichen Divisionsverfahrens vorgenommen. Der bekannte Algorithmus vollzieht sich im Sinne des folgenden Schemas:

```
109  :  8    =      1 3, 6 2 5
10  ------- :8 -----↑ ↑  ↑ ↑ ↑
-8                    |  | | |
---                   |  | | |
 29 ------- :8 -------┘  | | |
-24                      | | |
---                      | | |
  50 ------ :8 ----------┘ | |
- 48                       | |
----                       | |
   20 ----- :8 ------------┘ |
 - 16                        |
 ----                        |
    40 ---- :8 --------------┘
```

Die Fortführung des Divisionsverfahrens wird dadurch gewonnen, daß die Restzahlen immer wieder auf die nächstuntere Einheit bezogen und daher um den Faktor 10 vergrößert werden.

Aufgabe 39.1

a) Man verwandle die folgenden Dezimalbrüche in gekürzte gewöhnliche Brüche:
0,75; 2,375; 1,28; 6,45; 3,188; 0,014; 0,000005; 12,225; 0,3515625; 7,989

b) Gesucht ist die Dezimalbruchentwicklung für die mit folgenden Brüchen darstellbaren Zahlen:
4/5, 317/20; 27/12, 7/2, 9/8; 713/50; 5/128; 437/400; 584/625 ▪

Wenn man den Divisionsalgorithmus auf 10 : 3 anwendet, so sieht man, daß immer wieder derselbe Rest 1 auftritt. Die Dezimalbruchentwicklung kann hier offenbar nie abbrechen und ist darum auch nicht vollständig angebbar. Da jedoch der Dezimalbruch <u>periodisch</u> ist, genügt es, die Periode anzugeben. Bei der Verwandlung von 5/11 entsteht eine Periode, die zwei Ziffern umfaßt.

Aufgabe 39.2
Untersuchen Sie die Dezimalbruchentwicklungen folgender Bruchzahlen:
5/9; 7/33; 25/37; 893/333; 14/999 ▪

Bei der Dezimalbruchentwicklung von 5/6 stellt sich die Periode nicht sogleich nach dem Komma ein, sondern beginnt erst in der zweiten Stelle nach dem Komma. Dasselbe gilt für die Entwicklung von 9/22. Man spricht darum von <u>gemischt-periodischen</u> Dezimalbrüchen im Gegensatz zu den <u>rein-periodischen</u> Entwicklungen, bei denen die Periode gleich nach dem Komma einsetzt.

Aufgabe 40.1
Suchen Sie einige weitere gewöhnliche Brüche, die auf eine gemischt-periodische Dezimalbruchentwicklung führen. ■

Wir unterscheiden also zwischen endlichen oder abbrechenden Dezimalbrüchen der Form 0,5 oder 6,281 und unendlichen oder nichtabbrechenden Dezimalbrüchen. Diese können reinperiodisch oder gemischt-periodisch, aber auch nicht-periodisch sein. Die Periode wird oft durch Überstreichen markiert.

Beispiele für rein-periodische Entwicklungen:

$1/3 = 0{,}3333\ldots = 0{,}\overline{3}$

$5/9 = 0{,}5555\ldots = 0{,}\overline{5}$

$17/11 = 1{,}5454\ldots = 1{,}\overline{54}$

Beispiele für gemischt-periodische Entwicklungen:

$11/12 = 0{,}91666\ldots = 0{,}91\overline{6}$

$997/990 = 1{,}00707\ldots = 1{,}0\overline{07}$

Nicht periodische Dezimalbrüche ergeben sich beispielsweise bei manchen Radizierungen oder bei der Dezimalbruchentwicklung der Kreiszahl π:
$\sqrt{2} = 1{,}414213562\ldots; \quad \pi = 3{,}141592654\ldots$
Natürlich bedarf die Behauptung, daß dabei keine Perioden auftreten werden, eines Beweises, der hier für π nicht gegeben werden kann. Für $\sqrt{2}$ wurde der Beweis schon in der Antike erbracht. Es handelt sich dabei um die Entdeckung von irrationalen Zahlen als Zahlen, die nicht in abbrechende oder periodische Dezimalbrüche entwickelt werden können. Demgegenüber sind Bruchzahlen rationale Zahlen in dem Sinne, daß sie sich in Dezimalbrüchen vollständig beschreiben lassen (Angabe der endlichen Ziffernfolge oder der Periode).
Der Beweis für die Irrationalität von $\sqrt{2}$ kann in unserer heutigen Symbolik so ausgeführt werden:
$x = \sqrt{2}$ ist jene Zahl, die mit sich selbst multipliziert 2 ergibt, also folgt $x^2 = 2$. Es soll nun gezeigt werden, daß die Annahme, x lasse sich durch einen Bruch a/b darstellen, zu einem logischen Widerspruch führt. Dabei dürfen wir annehmen, daß a/b schon vollständig gekürzt sei, und können ansetzen:

(1) $a/b = \sqrt{2} \rightarrow a^2/b^2 = 2 \rightarrow a^2 = 2 \cdot b^2$
a^2 wäre demnach eine gerade (durch 2 teilbare) Zahl. Dann muß aber auch a gerade sein, denn nur beim Quadrieren einer geraden Zahl kann sich wieder eine gerade Zahl ergeben. Als gerade Zahl läßt sich a als das Doppelte irgendeiner Zahl k schreiben (a = 2 k) und wir können ansetzen:

(2) $a^2 = 2 \cdot b^2 \rightarrow (2 \cdot k)^2 = 2 \cdot b^2 \rightarrow 4 \cdot k^2 = 2 \cdot b^2 \rightarrow 2 \cdot k^2 = b^2$
Demnach müßte auch b^2 und damit auch b eine durch zwei teilbare (gerade) Zahl sein.

(3) Das Ergebnis, daß a und b gerade Zahlen sind, steht im Widerspruch zu der oben getroffenen Annahme, daß a/b ein vollständig gekürzter Bruch ist. (Er wäre ja durch 2 kürzbar.) Damit gilt als erwiesen, daß sich $x = \sqrt{2}$ nicht durch einen gewöhnlichen Bruch, und damit auch nicht durch einen periodischen Dezimalbruch darstellen läßt.

Aufgabe 41.1
Beweisen Sie in entsprechender Weise, daß $y = \sqrt{7}$ eine irrationale Zahl ist. ▪

Ebenso wie Brüche in endliche oder periodische Dezimalbrüche übergeführt werden können, so lassen sich auch diese überschaubaren Dezimalbruchentwicklungen als Bruchzahlen identifizieren, d.h. in die Quotientenform mit ganzzahligem Zähler und Nenner überführen. Die Begründung hierfür muß sich hier mit dem Hinweis begnügen, daß die periodischen Dezimalbrüche (zu denen man auch die abbrechenden zählen kann, da sie von einer bestimmten Stelle an die Periode 0 aufweisen) geometrische Reihen sind, deren Summen sich in Form gewöhnlicher Brüche schreiben lassen. Die praktische Umrechnung kann sich eines Verfahrens bedienen, das im folgenden an zwei Beispielen erläutert wird.

1. Beispiel:
Die Zahl $0{,}3\overline{18}$ soll als gewöhnlicher Bruch geschrieben werden. Man setzt $x = 0{,}3\overline{18}$ und gewinnt daraus - ohne daß die Zulässigkeit der Umformung hier im einzelnen fachlich begründet werden könnte - die Gleichungen $1000\,x = 318 + 0{,}\overline{18}$ und $10\,x = 3 + 0{,}\overline{18}$; somit $990\,x = (318 + 0{,}\overline{18}) - (3 + 0{,}\overline{18}) = 315$. Es folgt: $x = 315/990 = 7/22$. Der entscheidende Punkt des Verfahrens besteht darin, daß in der ersten Vervielfachung von x eine Periode vor das Komma geschoben wird, während in der zweiten Vervielfachung die erste Periode gleich hinter dem Komma beginnt. Die Bruchteile sind beide Male gleich und heben sich bei der Subtraktion weg.

2. Beispiel (in Kurzform):

$$\begin{aligned} x &= 0{,}41\overline{6}; \\ 1000\,x &= 416{,}\overline{6} \\ 100\,x &= 41{,}\overline{6} \\ \hline 900\,x &= 375 \text{ und somit } x = 375/900 = 5/12 \end{aligned}$$

Aufgabe 41.2

a) *Versuchen Sie, den rein-periodischen Dezimalbruch 0,148148148... in eine Bruchstrichdarstellung umzuformen.*
b) *Verwandeln Sie auch den gemischt- periodischen Dezimalbruch 0,53333... in einen gewöhnlichen Bruch.*
c) *Die folgenden periodischen Dezimalbrüche sind in gekürzte gewöhnliche Brüche zu verwandeln: $0{,}\overline{5}$; $0{,}\overline{27}$; $1{,}0\overline{2}$; $0{,}958\overline{3}$*
d) *Beschreiben Sie allgemein das Verfahren zur Umwandlung des Dezimalbruchs $0{,}a_1a_2...a_v\overline{b_1b_2b_3...b_p}$ in einen gewöhnlichen Bruch.* ▪

Aufgabe 42.1:

a) *Wie heißen die Dezimalbruchentwicklungen der Stammbrüche 1/b für 2 < b < 20? Welche Entwicklungen sind abbrechend? Sehen Sie einen Zusammenhang mit der Primfaktorzerlegung der Nennerzahl? Prüfen Sie auch die Fälle 1/50, 1/125, 1/32.*

b) *Versuchen Sie, anhand der Entwicklungen in Aufgabe a) eine Vermutung über die Periodenlänge anzustellen. Hinweis: Man zerlege den Nenner in die Form $2k \cdot 5l \cdot n$, wobei n eine zu 10 teilerfremde Zahl ist, und betrachte die Anzahl der zu n teilerfremden Zahlen zwischen 1 und n.*

c) *Wenden Sie die in b) gefundene Regel auf die Brüche 1/3, 1/8, 1/13 an. Welche Periodenlänge ist jeweils zu erwarten? Prüfen Sie die Vermutungen jeweils durch Berechnung der Dezimalbruchentwicklungen.* ■

2.9 Nichtdekadische Systembrüche

Im Zusammenhang mit Astronomie und insbesondere mit Zeit- und Winkelmessung hat sich bis heute das sexagesimale Zahlsystem (Grundzahl 60) erhalten. Die Herkunft aus dem babylonischen Kulturbereich wurde bereits erwähnt. Die Griechen und die Juden beschränkten - im Gegensatz zu den Arabern - die sexagesimale Darstellung auf Bruchzahlen, insbesondere im Zusammenhang mit astronomischen Berechnungen. Die Unterteilung von Graden ("Einer" bzw. "Ganze") in Minuten ("erste Sechzigstel") und Sekunden ("zweite Sechzigstel") ist uns von der traditionellen Winkelmessung her vertraut. Die Unterteilung wurde weitergeführt in Terzen ("dritte Sechzigstel"), Quarten usw. Auch die Verwendung von "Gradkreis" und "Akzenten" als Stufenzeichen ist uns noch in beschränktem Umfang geläufig. Die folgende Tabelle deutet einen Gesamtaufbau des Sexagesimalsystems an, wie er vor allem bei den Arabern entwickelt wurde. Die Stufenzeichen in der zweiten Zeile entstammen der griechischen Tradition, während die Angabe der Stellenwerte in der dritten Zeile in der heute üblichen Potenzschreibweise erfolgt:

... ...	zweimal Erhöhtes	einmal Erhöhtes	Grad	Minute	Sekunde	Terz
...	...	...	o	'	"	"'
...	60^2	60^1	60^0	60^{-1}	60^{-2}	60^{-3}

Aufgabe 43.1:
Es wird berichtet, daß die Babylonier um 600 v. Chr. folgende Näherung für $\sqrt{2}$ benutzten (die babylonischen Schriftzeichen sind als Lesehilfe in die Stellenwert- Tabelle eingesetzt; der Winkel bedeutet zehn, der Keil steht für eins.):

Grad	Minute	Sekunde	Terz
	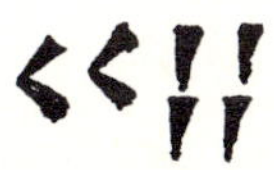	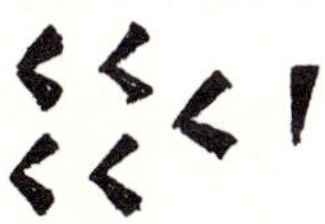	

Vergleichen Sie diese Näherung mit dem gesicherten Näherungswert 1,414213562! ■

Die Sexagesimalangabe 15° 23' 51" kann durch direkte Berechnung in eine Dezimalbruchentwicklung übergeführt werden: 15 + 23/60 + 51/3600 = 15 + 0,383 + 0,01416 = 15,397516. Man kann sie auch zuerst mit dem Verfahren nach Abschnitt 2.7 ("Horner") in Sekunden umrechnen und dann durch Division in den gleichwertigen Dezimalbruch verwandeln:

	15°	23'	15"
$\cdot 60$		900	55380
	15	923	55431

$\xrightarrow{:\ 3600} 15{,}3975^{\circ}$

Aufgabe 44.1
Verwandeln Sie folgende Sexagesimalangaben in Dezimalbrüche: 4° 12' 27", 0° 18' 45" 54"', 0° 17' 52" 21"' ▪

Nun kann man natürlich nicht nur die sexagesimale, sondern auch jede andere g-adische Zahldarstellung auf Kommabrüche ausweiten. Dem sexagesimalen Minuten-Stellenwert 60^{-1} = 1/60 entspricht im allgemeinen Fall der Stellenwert $g^{-1} = 1/g$, und analog sind die weiteren "Bruchstellenwerte" zu bilden. Die dualen Kommabrüche L,OLL und LO,LLOL mit den beiden Ziffern L für eins und O für null haben somit folgende - in üblicher dezimaler Schreibweise angegebene - Bedeutungen:

$$\text{L,OLL} = 1\cdot 2^{0} + 0\cdot 2^{-1} + 1\cdot 2^{-2} + 1\cdot 2^{-3} = 1 + 1/4 + 1/8 = 1 + 3/8$$
$$= 1{,}375$$

$$\text{LO,LLOL} = 1\cdot 2^{1} + 1\cdot 2^{-1} + 1\cdot 2^{-2} + 1\cdot 2^{-4} = 2 + 13/16 = 2{,}8125$$

Man kann bei der Umrechnung zuerst das Komma vernachlässigen und die vorgelegte Ziffernfolge im ersten Beispiel folgendermaßen dekodieren:

$$\text{L,OLL} = \frac{\text{LOLL}}{\text{LOOO}} = \frac{11}{8} = 1{,}375$$

Der Dezimalbruch ergibt sich hier durch die zugehörige Division L,OLL = LOLL : LOOO, das entspricht, dezimal geschrieben 11/8 = 1,375 bzw. für das zweite Beispiel mithilfe des Hornerschemas:

	L	O	L	L	O	L
$\cdot 2$		2	4	10	22	44
	1	2	5	11	22	45

$\xrightarrow{:\ 16} 2{,}8125$

Allgemein haben g-adische Systembrüche folgendes Aussehen und folgende Bedeutung:

$$a_n a_{n-1} \ldots a_2 a_1 a_0 , a_m a_{m+1} a_{m+2} \ldots_{(g)} = a_n \cdot g^{n} + a_{n-1} \cdot g^{n-1} + \ldots$$
$$+ a_2 \cdot g^{2} + a_1 \cdot g + a_0 + a_m \cdot g^{-1} + a_{m+1} \cdot g^{-2} + a_{m+2} \cdot g^{-3} + \ldots$$

Das Komma trennt den ganzzahligen Teil $a_n a_{n-1} \ldots a_2 a_1 a_0$ der Zahl vom gebrochenen Teil; dieser hat die Ziffernwerte a_m, a_{m+1}, a_{m+2} und die Stellenwerte g^{-1}, g^{-2}, g^{-3} usw. Die Folge der Stellenwerte läßt sich nach rechts ("hinter dem Komma") beliebig fortsetzen. Dementsprechend können Systembrüche mit beliebig vielen Stellen nach dem Komma geschrieben werden. Der ganzzahlige Teil ist oben n-stellig notiert, der gebrochene Teil umfaßt unendlich viele Ziffern a_s mit $s = m, m+1, m+2, m+3$ usw. Falls ein Indexwert q existiert, so daß für $s > q$ stets $a_s = 0$ gilt, so heißt der Systembruch endlich oder abbrechend (die Ziffern rechts von a_q können weggelassen werden), andernfalls sprechen wir von einem unendlichen Systembruch. Dieser kann periodisch oder unperiodisch sein. Periodizität bedeutet, daß sich eine gewisse endliche Ziffernfolge immer wiederholt.

Beispiele:

$$3{,}1717_{(8)} = 3{,}\overline{17} = \cdot\, 3 \cdot 8^0 + \frac{1}{8^1} + \frac{7}{8^2} + \frac{1}{8^3} + \frac{7}{8^4} + \ldots$$

$$0{,}2\overline{3}_{(5)} = \frac{2}{5^1} + \frac{3}{5^2} + \frac{3}{5^3} + \frac{3}{5^4} + \ldots$$

Aufgabe 45.1

a) *Im Dualsystem (g = 2) steht der Systembruch 10,1 für das Polynom* $1 \cdot 2^1 + 0 \cdot 2^0 + 1 \cdot 2^{-1}$, *dessen Wert durch den Dezimalbruch 2,5 beschrieben wird. Deuten Sie den Systembruch 10,1 auch bezüglich der Systemgrundzahlen vier, fünf, acht, zwölf und zwanzig.*

b) *Der Dezimalbruch 0,72 ist eine Kurzschrift für das Polynom* $7 \cdot 10^{-1} + 2 \cdot 10^{-2}$ *mit dem Wert 18/25 = 3/5 + 3/25. Der zugehörige Systembruch nach der Grundzahl 5 heißt somit* $0{,}33_{(5)}$. *Versuchen Sie, den Dezimalbruch 0,1875 in einen Systembruch mit Grundzahl acht umzuformen!* ■

In gleicher Weise lassen sich die Umrechnungen aus anderen Systemen durchführen, wie dies das folgende Beispiel zeigt:

$$21{,}3123_{(4)} = \left|\frac{213123}{10000}\right|_{(4)} = \left|\frac{2523}{256}\right| = 9{,}85546875$$

Wie im Dezimalsystem läßt sich in jedem g-adischen System der Übergang vom gewöhnlichen Bruch zum Kommabruch mittels Division vollziehen. Allerdings fällt es uns im allgemeinen schwer, im fremden System zu dividieren. Wir versuchen das beispielsweise für den Pentalbruch $[24/13]_{(5)}$. Dabei beachten wir, daß $[24 : 13]_{(5)}$ der dezimalen Division $14 : 8 = 1 + 6/8$ entspricht, so daß wir formal so schriftlich dividieren können:

```
[24 : 13 = 1,333...](5)
-13
———
 110
- 44
————
  110
 - 44
 ————
   110...
```

Offenbar ergibt das Verfahren immer wieder denselben Rest $11_{(5)}$ und damit die Periode 3 im pentalen Systembruch $24/13 = 1{,}\overline{3}_{(5)}$.

Wenn wir zur Kontrolle die Zahl $x = 1{,}\overline{3}_{(5)}$ dezimal bestimmen wollen, so läßt sich das so ausführen:

$$5\,x = 13{,}\overline{3}_{(5)} \rightarrow 4\,x = [13{,}\overline{3} - 1{,}\overline{3}]_{(5)} = 12_{(5)} = 7$$

$$\text{Es folgt} \quad x = 7/4 = 14/8 = [24/13]_{(5)}$$

Günstiger als das Rechnen in fremden Systemen ist im allgemeinen das Zurückgreifen auf die gewohnte Dezimaldarstellung. Wenn wir etwa $[20/34]_{(7)}$ in einen Kommabruch mit Grundzahl 7 verwandeln wollen, so gehen wir auf den gleichwertigen Bruch 14/25 mit dezimal geschriebenen Zahlen zurück und entwickeln ihn in eine Summe von Brüchen mit Siebenerpotenzen im Nenner.

Aufgabe 46.1
Führen Sie die soeben besprochene Entwicklung nach Siebenerpotenzen für den Bruch 14/25 durch und beachten Sie die dabei auftretenden Reste. ■

Das Umrechnungsverfahren vom Dezimalbruch 0,56 in einen Systembruch mit anderer Basis läßt sich in folgendem Schema vollziehen:

Umrechnung von 0,56 in einen einen Systembruch zur Basis 7

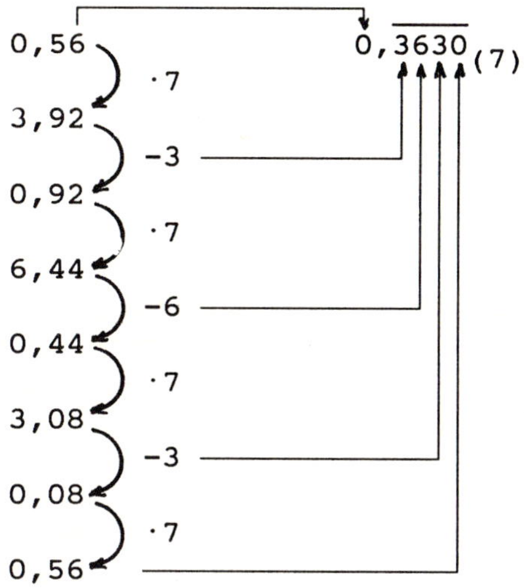

Umrechnung von 0,56 in Systembruch zur Basis 6

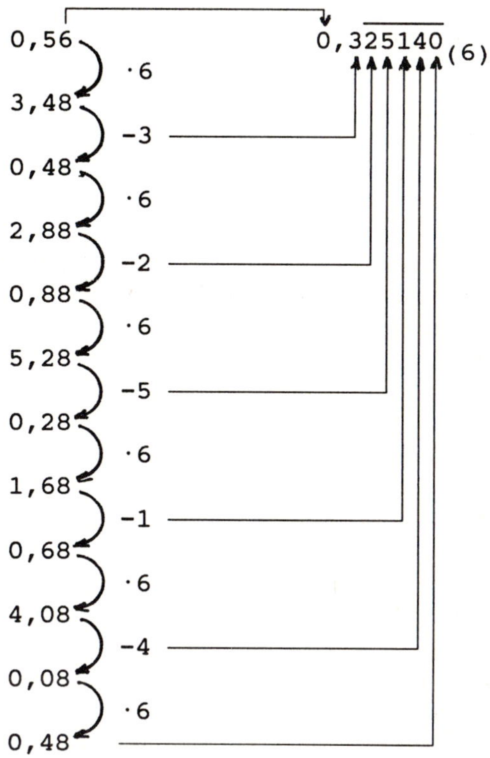

Aufgabe 47.1

a) *Die folgenden nichtdekadischen Kommabrüche sind zu dekodieren (d.h., es ist eine Dezimaldarstellung der Bruchzahl gesucht):*
$13{,}47_{(8)}$; $0{,}11101_{(2)}$; $0{,}1_{(3)}$; $0{,}2_{(5)}$; $0{,}43_{(6)}$; $0{,}51_{(7)}$; $7{,}8_{(9)}$; $0{,}12_{(3)}$

b) *Wie heißen die g-adischen Kommabrüche für g = 2; 3; ... ;9, welche den gewöhnlichen Brüchen 1/2, 1/3, 2/3, 3/4 entsprechen?*
Beispiel: $1/2 = 0{,}1_{(2)} = 0{,}1_{(3)} = 0{,}2_{(4)} = 0{,}2_{(5)} = \ldots$

c) *Verwandeln Sie die gegebenen Brüche in Kommabrüche je gleicher Grundzahl:*
$[101/10000]_{(2)}$; $[102/130]_{(5)}$; $[15/7]_{(8)}$.

d) *Es sei a eine Ziffer vom Wert zehn und b eine Ziffer vom Wert elf. Wie heißt der zu* $[a1/bb]_{(12)}$ *gehörige Duodezimalbruch?* ■

Aufgabe 47.2

Versuchen Sie, das im Abschnitt 2.8 erarbeitete Abbruchkriterium für Dezimalbruchentwicklungen auf g-adische Systembrüche zu verallgemeinern. ■

2.10 Zusammenschau

Beenden wir den Abschnitt über fachliche und kulturhistorische Informationen mit einem kurzen Rückblick. Es ist deutlich geworden, daß das Stellenwertsystem in der Kulturgeschichte nicht plötzlich in ausgereifter, vollendeter Form da war. Die Idee der Darstellung von Zahlen in Stellenwertschreibweise ist in einem jahrhundertelangen Entwicklungsprozeß gewachsen. Der Bogen spannt sich von einfachen Anzahlmarkierungen bis zur Ziffernschreibweise, von ungegliederten Strichlisten bis zur positionellen Zahldarstellung, von mechanischen Handrechenapparaten bis zu elektronischen Rechenanlagen. Es waren verschiedene geistige Wurzeln, die erst in ihrem Aufeinandertreffen und Zusammenwirken zur heutigen, uns bekannten Form des Stellenwertsystems führten. Im Rückblick werden allgemeine Entwicklungslinien, Tendenzen und Prinzipien sichtbar, die über das Problem der Zahldarstellung hinaus auch für die Entstehung anderer mathematischer Ideen und Bereiche charakteristisch sind. Im folgenden seien einige dieser Tendenzen hervorgehoben, insbesondere solche, die für den nächstfolgenden Abschnitt über curriculare und methodische Entscheidungen bedeutsam erscheinen:

a) Symbolisierung
Ganz zu Beginn der Entwicklung steht das materialgebundene Operieren mit realen, physikalischen Objekten (Steine, Hölzer,...). Das Anbringen von Markierungen und Zeichen auf Gegenständen zur Fixierung von Zählvorgängen stellt bereits einen ersten Schritt der Symbolisierung dar. Die Verwendung künstlicher Schriftzeichen ebnet schließlich den Weg zur Symbolsprache. Damit ist eine der wesentlichen Voraussetzungen für eine ökonomische Darstellung von Zahlen geschaffen.

b) Formalisierung
Die ursprünglich verwendeten Zahlzeichen sind konkreter Natur. Man kann aus ihrer äußeren Form oft bereits Informationen über ihre Bedeutung entnehmen. Im Zusammenhang mit der Ausführung von Rechenoperationen entsteht das Bedürfnis nach Anwendung regelhafter Verfahren (Algorithmen, Kalküle). Konkrete Zeichen waren dabei oft hinderlich. Man ersetzt sie daher immer mehr durch symbolhafte Zeichen wie z.B. Ziffern, da diese die Kalkülisierung des Rechnens begünstigten. Ziffern kann man ja, falls erforderlich, formal auffassen, d.h., man kann bei ihrem Gebrauch von inhaltlich-konkreten Bedeutungen bzw. anschaulichen Vorstellungen absehen und mit ihnen rein syntaktisch umgehen.

c) Systematisierung
Bei der Darstellung von Zahlen strebte man einerseits nach Einfachheit, andererseits aber auch nach Eindeutigkeit der gewählten Notationen. Einen entscheidenden Fortschritt bringt diesbezüglich die Idee der Bildung von Einheiten und der fortgesetzten Gliederung bzw. Bündelung von Anzahlen nach einer gewählten Grundzahl. Wesentlich ist weiterhin das Prinzip der Bewertung von Zahlzeichen (Ziffern) nach ihrer Position. Mit der Einführung der Null zur Besetzung leerer Positionen ist schließlich die Grundlage für eine systematische Wiederholung der Zahlzeichen geschaffen und gleichzeitig ein einheitliches, grundsätzlich beliebig oft anwendbares Prinzip zur eindeutigen Darstellung von Zahlen gefunden. Besonders deutlich zeigt sich die Tendenz zur Systematisierung beim Aufbau der Stellenwerte mittels einer Folge von Potenzen beliebig hoher Ordnung.

d) Abstraktion und Generalisierung

In verschiedenen Kulturkreisen werden teilweise verschiedene Zahlen als Grundzahl für das Stellenwertsystem verwendet (z.B. 10, 12, 60). Als man daran ging, die Zahldarstellung in den verschiedenen Systemen zu vergleichen, führte dies zu einem tieferen Verständnis des Stellenwertsystems. Ein solcher Vergleich enthüllt stets Gemeinsamkeiten und Unterschiede. Durch Hervorheben von Gemeinsamkeiten der Systeme und Vernachlässigen der Unterschiede ("Abstrahieren") kristallisiert sich der abstrakte, von unwesentlichen Merkmalen losgelöste Begriff des g-adischen Stellenwertsystems heraus, der das vorläufige Endprodukt des Bemühens um eine ökonomische, eindeutige Darstellung von Zählvorgängen und ihrer Ergebnisse ist. Was als das den Systemen mit verschiedener Grundzahl Gemeinsame erkannt ist, kann dann auf Systeme mit beliebiger Basis übertragen, also verallgemeinert werden ("Generalisieren"). Neben eine Verallgemeinerung der Stellenwertschreibweise auf andere Grundzahlen sei auch auf jenen Generalisierungsprozeß hingewiesen, der sich auf die Art der darzustellenden Zahlen bezieht. Gemeint ist die Erweiterung der Stellenwertschreibweise auf Bruchzahlen.

Inwiefern können nun historische Entwicklungslinien für curriculare umd methodische Probleme und Entscheidungen bedeutsam sein? Es wurde bereits betont, daß das Stellenwertsystem in der Geschichte langsam gewachsen und gereift ist. Der Begriff ist - dies hat der zurückliegende Abschnitt gezeigt - sehr komplex und abstrakt. Sein Verständnis und die Beherrschung der positionellen Zahldarstellung sind hohe Ziele, die man im Unterricht wohl nicht in einem Zugriff erreichen kann. Es scheint einleuchtend zu sein, daß die Schüler langsam und in wohlüberlegten Schritten an das Thema herangeführt werden müssen. Sicher wird man dabei nicht verlangen können und wollen, daß in der Phylogenese die Ontogenese getreu und lediglich zeitlich gerafft abgebildet wird. Es empfiehlt sich aber, im Unterricht an das in alltäglichen Situationen verwurzelte Vorverständnis des Zählvorgangs anzuknüpfen, dieses dann schrittweise zu präzisieren und immer mehr nach mathematischen Gesichtspunkten auszudifferenzieren. Die zuvor beschriebenen Linien der historischen Entwicklung können dabei als fachbezogener Orientierungsrahmen dienen.

3 Ziele für den Unterricht

Bei der Zahldarstellung in Stellenwertsystemen handelt es sich um eine relativ geschlossene fachliche Thematik. Sie stellt heute in den Lehrplänen aller allgemeinbildenden Schulen einen zentralen Lehrinhalt dar, und nicht zuletzt deshalb, weil sie als eine unverzichtbare Voraussetzung für das Rechnen gelten kann, das wegen seiner lebenspraktischen Bedeutung zu den unumstrittenen Unterrichtsgebieten zählt. Abstriche bzw. Ergänzungen scheinen allenfalls möglich und diskutabel hinsichtlich der Arbeit mit nichtdekadischen Zahlsystemen sowie einer eingehenderen Behandlung der Periodizität von Dezimalbrüchen bzw. Systembrüchen. Die Abgrenzung der Lehrinhalte steht in engem Zusammenhang mit den darauf bezogenen Unterrichtszielen. Die Diskussion der Ziele ermöglicht jedoch, vor allem in Verbindung mit deren psychologischer Komponente, Differenzierungen, die bei bloßer Erörterung der Inhalte nicht zum Vorschein kommen. Dieser Diskussion sollen die Ausführungen dieses Kapitels gewidmet sein.

3.1 Lesen und Schreiben von Zahlen

Vordergründig kann man als wichtigstes Ziel die Fähigkeit bzw. Fertigkeit der Schüler im Ablesen von Zahlnotationen und im Niederschreiben von verbalen Zahlangaben betrachten. Dabei erscheint vielfach mit Blick auf den alltäglichen Gebrauch eine Beschränkung auf das dekadische Zahlsystem sinnvoll.

Das Lesen und Schreiben von dekadischen Zahldarstellungen könnte grundsätzlich als rein assoziative Gedächtnisleistung erlernt werden. Für einstellige Zahlnotationen würde schon ein sehr einfacher Reiz-Reaktions-Mechanismus genügen, der im Gedächtnis beim Wahrnehmen einer Ziffer ein Zahlwort und beim Wahrnehmen eines Zahlworts eine Ziffer aufruft. Nach der Hierarchie von GAGNÉ ist das Reiz-Reaktionslernen nach dem Signallernen der zweitniedrigste Lerntypus. Er ist dadurch charakterisiert, daß nur eine einzige, allerdings sehr enge Verbindung zwischen einem Reiz und einer Reaktion herzustellen ist. Das Kind muß verschiedene Reize voneinander unterscheiden, um die richtige Reaktion hervorzubringen.

Schon für das Lesen bzw. das Auffassen der Verbaldarstellung zweistelliger Notationen braucht man die Kenntnis von drei Grundregeln:

(1) Auf der linken Position wird 1 als "zehn", 2 als "zwanzig" und 3 als "dreißig" gelesen, während es für die Ziffern 4, 5, 6, 7, 8 und 9 genügt, dem Zahlwort die Nachsilbe "-zig" anzuhängen (vier-zig, fünf-zig, usw.)

(2) Steht auf der rechten Position die Ziffer 0, so wird nur die linke Position gemäß Regel (1) gelesen.

(3) Ist die rechte Ziffer von 0 verschieden, so spricht man zuerst das zur rechten Ziffer gehörende Zahlwort und liest dann nach dem Einschub "und" gemäß obiger Regel die linke Ziffer ab (man liest 53 als "drei-und-fünfzig").

Zusätzlich muß man einige Ausnahmen kennen:

- 11 wird als "elf", und 12 als "zwölf" gelesen.
- Ist die linke Ziffer 1, so entfällt der Einschub "und".
- Ist die rechte Ziffer 1, so verliert das Zahlwort eins seinen letzten Buchstaben.
  Bei Anfügungen wird "sechs" zu "sech" und "sieben" zu "sieb" verkürzt.

Diese Regeln lassen sich wohl nur noch schwerlich auf der Grundlage einfacher Reiz-Reaktions-Mechanismen erlernen. Hier sind höhere Lerntypen im Sinne von GAGNÉ betroffen. Zum ersten müssen sprachliche (Assoziationen) gebildet werden, die jeweils aus mindestens zwei Reiz-Reaktions-Verbindungen bestehen. Des weiteren muß das Kind auf ein und dieselbe Ziffer - je nach Position - mit verschiedenen Reaktionen antworten, was GAGNÉ dem Lernen durch "multiple Diskrimination" einordnet. Andererseits ist auch der Typus des Begriffslernens (wieder im Sinne von GAGNÉ) im Spiel, weil einheitlich auf eine ganze Klasse von Reizen reagiert werden muß.
Schwierigkeiten bereiten beim Erlernen multipler Diskriminationen Interferenzen aufgrund der Ähnlichkeit von Reizkombinationen. So werden oft Ziffernfolgen wie 36 und 63 schlecht unterschieden, so daß es zu fehlerhaften Reaktionen kommt. Hingegen können bei allen bisher genannten Lerntypen anschauliche Vorstellungen (Zahlbilder, konkrete oder halbsymbolische Zahldarstellungen) als vermittelnde Glieder helfen, die Reiz-Reaktions-Verbindungen sowie ihre Verkettung zu verstärken.

Aufgabe 51.1
Welche zusätzlichen Regeln muß man (wenigstens implizit) beherrschen, um drei- bis neunstellige Ziffernfolgen in üblicher Weise als Zahlwort lesen zu können? Untersuchen Sie die Frage anhand des Beispiels 403284084. ▪

Abgesehen von vielleicht einigen weiteren sprachlichen Feinheiten würden die genannten Regeln im wesentlichen hinreichen, um Zahlzeichen rein formal, ohne Rückgriff auf Bedeutungsvorstellungen abzulesen bzw. sie in gleicher Weise nach Diktat zu schreiben. Ohne Zweifel läßt sich ein derartiges Regelwissen verhältnismäßig leicht speichern. Beim bloßen Hinhören sind denn auch Schüler, die Zahlwörter mechanisch reproduzieren, von solchen, die sie aufgrund der Kenntnis der Zeichenbedeutung konstruieren, nur schwer zu unterscheiden. Allenfalls geraten solche Schüler in Schwierigkeiten, wenn in der Ziffernfolge mehrere Nullen auftreten (wenn z.B. ganze Dreierblöcke nur mit Nullen besetzt sind). Gelegentlich scheitern sie auch daran, daß für die mittlere und rechte Ziffer jedes Dreierblocks die von Buchstabentexten gewohnte Ablesefolge von links nach rechts umzukehren ist.

Aufgabe 51.2
Welche Schwierigkeiten können Ihrer Meinung nach Schülern aus einem rein mechanischen Umgang mit Zahldarstellungen erwachsen? ▪

Bei allen Bedenken, die man dagegen vorbringen könnte, muß man jedenfalls festhalten: es ist möglich, das Lesen und Schreiben von Zahlen im oben beschriebenen Sinn als bloße Kenntnis von Bezeichnungen, Begriffen und Regeln zu erlernen. Generationen von Schülern haben dafür den Beweis geliefert. Erfahrungsgemäß werden die Grenzen einer Vermittlungsmethodik, die sich vorwiegend auf das Gedächtnis der Schüler stützt, jedoch spätestens dann deutlich,

- wenn der Bereich der verfügbaren natürlichen Zahlen nach und nach in den Raum größerer Zahlen hinein erweitert wird,
- wenn das Verständnis von Rechenverfahren in den natürlichen Zahlen auf den Begriff des Stellenwertsystems gegründet werden soll und

- wenn die Darstellung der Bruchzahlen und das Rechnen mit ihnen hinzukommen.

Dann erweitern sich nämlich Umfang und Vielfalt der einzuprägenden Wissenselemente so sehr, daß das Gedächtnis vieler Schüler überfordert wird, falls die zu speichernden Inhalte nicht aufgrund von Verständnis sinnvoll miteinander verbunden werden können. Ein Unterricht, der flexible Rechenfähigkeit und rechnerisches Geschick anstrebt, dürfte allein mit gedächtnismäßig gespeichertem Wissen nicht an sein Ziel kommen. Eine Erweiterung der Zielsetzung scheint hier geboten.

3.2 Verständnis des Stellenwertsystems

In seiner schon erwähnten Hierarchie der Lerntypen ordnet GAGNÉ (1964) dem Signallernen, dem Reiz-Reaktions-Lernen und dem Lernen durch Kettenbildung das Lernen durch multiple Diskrimination und das Begriffslernen über. Es geht beim letzteren um die Fähigkeit, auf einzelne Elemente einer Klasse von Reizen einheitlich zu reagieren und diese Reaktion auf alle Elemente der Klasse auszudehnen. Für diese Formen des Lernens reicht mit Sicherheit eine gedächtnismäßige Speicherung von Wissensinhalten nicht mehr aus. Um Unterschiede und Gemeinsamkeiten zu identifizieren, ist der Einsatz des erkennenden und verstehenden Denkens nötig.

Für AEBLI (1981/II, S. 84) leistet die Begriffsbildung folgendes:

- "Distanzierung von der Situation"; im Fall des Begriffs Stellenwertsystem heißt das wohl vor allem Distanzierung von der speziellen konkreten oder symbolischen Darstellung einer bestimmten Zahl;
- "Isolierung der in ihr enthaltenen Elemente und Beziehungen"; im Fall des Stellenwertsystems heißt das vor allem Isolierung der Zahl- und der Positionswerte der Ziffern und ihrer additiven Verknüpfung;
- "reine, durchsichtige Fassung der Struktur (der 'Ordnung'), Abgrenzung aus dem Kontext, bei gleichzeitiger Klärung der Beziehungen zu diesem"; im vorliegenden Fall ist hier die Struktur der positionellen, systematischen Zahldarstellung im Unterschied zu anderen Formen der Zahlnotation betroffen.

"Die Beziehung, die den Kern des Begriffs ausmacht, wird in relativer Reinheit vergegenwärtigt, wenn sich der Mensch den Begriff vor Augen führt." Dies ist ein hohes Ziel, das mit Schülern, zumindest bezüglich der dekadischen Darstellung der Zahlen, erreicht werden soll. "Die Struktur des Ganzen" soll dem Lernenden bewußt werden.

Nun entstehen Begriffe nach AEBLI durch einen schrittweisen Aufbau. Dieser vollzieht sich nicht auf der Ebene der Begriffsumfänge, sondern auf der des Begriffsinhalts. Ein neuer Begriff wird durch Verknüpfung aus bekannten Elementen erzeugt, die ihrerseits schon begrifflich-abstrakter Natur sein können. Zwei Bilder scheinen AEBLI geeignet, den Prozeß bzw. das Produkt des Begriffsaufbaus zu beschreiben: Das Bild der Pyramide und das Bild des Netzes. Zunächst vollzieht sich der Begriffsaufbau, gemäß dem Bild von den Stufen einer Pyramide hierarchisch, wie die folgende Formulierung von Grobzielen zeigen soll: Es gibt "unterste" Elemente, im vorliegenden Fall

(1) das Verständnis realitätsbezogener (an Gegenständen vollzogener) und formaler Zählprozesse und

(2) an die elementaren Zahlzeichen (Ziffern 0 - 9) gebundene Zahlvorstellungen. Auf diese Schicht bauen dann weitere Elemente auf, vor allem

(3) ein vertieftes Verständnis für die Reihung und Gliederung von Zählprozessen und
(4) das Verständnis der Bildung von Einheiten verschiedener Stufe zu einer vorgegebenen Grundzahl (Bündeln und Tauschen). Eine dritte Schicht kann dann
(5) die Fähigkeit umfassen, Ziffern- und Stellenwerte zu unterscheiden sowie
(6) das Verständnis der Bedeutung des Nullsymbols in der positionellen Zahldarstellung. Die Spitze der Begriffspyramide wird gebildet von dem Grobziel
(7) Fähigkeit, Ziffernfolgen als Polynome zu deuten und aufzufassen.

Hinzu tritt die Fähigkeit, Zahlen aufgrund ihrer Darstellung zu ordnen sowie den Begriff des Stellenwertsystems auf Dezimalbrüche bzw. Systembrüche auszudehnen.

Aufgabe 53.1
Die genannten Grobziele sind für einzelne Jahrgangsstufen altersspezifisch zu deuten und zu verfeinern:
a) Wie würden Sie diese Ziele für jene Klassen formulieren, in denen Sie Praktikums- bzw. Unterrichtserfahrung haben?
b) Entwickeln Sie zu wenigstens einem der genannten Grobziele eine jahrgangsspezifische Feinzielfolge! ■

Sobald nun ein Begriff wie der des Stellenwertsystems bis zum höchsten Grad an Komplexität aufgebaut ist, wird nach AEBLI die hierarchische Ordnung "eingeebnet". Was bleibt, ist ein Netz von Beziehungen, die den Kern des Begriffs ausmachen. Die ursprüngliche Spitze der Hierarchie stellt dann nur noch einen mnemotechnisch bedeutsamen Standort für die Betrachtung dieses Netzes dar. Beim Begriff des Stellenwertsystems läßt sich z.B. in der Auffassung von Ziffernfolgen als Polynome das gesamte begriffsbedeutsame Wissen einprägsam miteinander verknüpfen. Der prozeßhafte Aufbau nach Schichten kann sich in ihr "objektivieren". An einem speziellen Beispiel gesagt: in der Ziffer 4 der Folge 3462 soll der Schüler erkennen:

- Der Zahlwert 4 steht für eine Anzahl von Einheiten.
- Der Stellenwert 10^2, der sich aus der 3. Position (von rechts) der 4 in der Ziffernfolge ergibt, liefert die Größe der Einheiten.
- Die Anzahl der Einheiten ist mit der Größe der Einheiten zu multiplizieren, damit man den Wert erhält, den die Ziffer tatsächlich repräsentiert.
- Die Werte aller Ziffern ergeben sich entsprechend.
- Diese Werte sind alle zu addieren, damit man den Wert der gesamten Zahldarstellung bzw. die Bedeutung des gegebenen Zahlzeichens erkennt.

Folgt man bei der Suche nach der Entstehung der "Knoten" dieses Begriffsnetzes den von der PIAGETschen Psychologie, so hat man den Aufbau von "Operationen" ins Auge zu fassen. Es geht dann vor allem darum, daß Handlungen des Bündelns und Entbündelns, des Tauschens und Ersetzens, des Ab- und Auszählens "verinnerlicht" werden und sich zu reversiblen und beweglichen Gesamtsystemen verbinden. Solche Handlungen vermitteln Erfahrungen, die z.B. für das Verständnis der Stellenwerte und der zwischen ihnen bestehenden Beziehungen grundlegend sind. Bedeutsam sind in diesem Fall aber auch semiotische Aktivitäten wie das Notieren von Zahldarstellungen in Stellenwerttabellen oder das Entnehmen des Stellenwerts einer Ziffer aus ihrer Position in der Ziffernfolge.

Aufgabe 54.1
Wie läßt sich prüfen, ob die Schüler über das assoziative Lesen und Schreiben von Zahlen hinausgelangt und zum Verständnis des Stellenwertsystems vorgedrungen sind? Entwerfen sie einige geeignete Aufgaben oder Fragestellungen. ▪

3.3 Arbeit mit nichtdekadischen Stellenwertsystemen

Eine spezielle Frage beim Abstecken des Inhalts- bzw. Zielrahmens zum Thema Zahldarstellung betrifft die Einbeziehung nichtdekadischer Stellenwertsysteme in die Unterrichtsplanung. Zugunsten einer solchen Einbeziehung lassen sich folgende Argumente ins Feld führen:

a) Kleinere Grundzahlen wie zwei, drei und vier erlauben beim Bündeln die Konkretisierung mehrerer Bündelungsstufen, sodaß den Schülern auch die Bildung von Einheiten höherer Stufe und die Werte höherer Potenzen sowie deren Zahlbeziehung mittels Handlungserfahrungen erschlossen werden kann. (Bei der Bündelung nach zehn sind schon mindestens einhundert Objekte nötig, damit sich die zweite Bündelungsstufe realiseren läßt.)
b) Wenn die veränderbaren Kennzeichen des Stellenwertsystems auch tatsächlich variiert werden, so treten die begriffsbestimmenden und damit unveränderlichen Merkmale um so deutlicher hervor: die Idee der verschiedenen Stellenwerte von Zahlzeichen und der Aufbau der Stellenwerte nach Potenzen. Die Variation der Grundzahl kann das Begriffsverständnis der Schüler vertiefen und den Vereinbarungscharakter unserer dekadischen Zahldarstellung verdeutlichen.
c) Die nichtdekadischen Systeme haben z. T. auch ein praktisches Anwendungsfeld, insbesondere im Bereich der Zeit- und Winkelmaße, aber auch im Bereich der Codierung und Verarbeitung von Informationen, z. B. für die Arbeit mit Computern. Je beweglicher das Systemdenken der Schüler ist, um so leichter lassen sich diese Anwendungsfelder für sie erschließen.
d) Die Arbeit mit nichtdekadischen Systemen eröffnet zusätzliche Möglichkeiten, allgemeine mathematische Lernziele zu verfolgen. Die Schüler können beispielsweise den Begriff der lexikographischen Ordnung verstehen lernen und Einblicke in Kennzeichen mathematischen Denkens und Arbeitens gewinnen, wie sie in der Zusammenschau des zweiten Abschnitts herausgestellt worden sind. Stärker generalisierte Begriffe erhöhen die Möglichkeit des Transfers erworbener Kenntnisse auf andere Gegenstandsbereiche.

Gegen die Arbeit mit nichtdekadischen Systemen werden vor allem folgende Argumente genannt:

a) Der Gebrauchswert nichtdekadischer Systeme ist gering, so daß sich einschlägige Lernziele vom Prinzip der Lebensnähe des Unterrichts her nicht rechtfertigen lassen.
b) Für Schüler mit Lernschwierigkeiten und für langsam lernende Schüler stellt diese Arbeit eine unnötige Belastung, wenn nicht gar eine Überforderung dar.
c) Für den mit dieser Arbeit verknüpften generalisierenden Begriffsaufbau steht im Rahmen der Lehrpläne die nötige Unterrichtszeit nicht zur Verfügung.

Aufgabe 55.1
Prüfen Sie die genannten Argumente pro und contra die Arbeit mit nichtdekadischen Stellenwertsystemen zum einen für den Bereich Grundschule, zum anderen für den Bereich Hauptschule! Differenzieren Sie dabei jeweils nach konkret-veranschaulichender und formal-rechnerischer Arbeit! ■

Die oben genannten Gegenargumente lassen sich weitgehend entkräften, wenn der Arbeit in nichtdekadischen Systemen folgende Beschränkungen auferlegt werden:
- Diese Zahldarstellungen bleiben stets an konkrete Modelle gebunden; sie werden nicht formalisiert und damit zu einem gesonderten Unterrichtsinhalt gemacht. Vielmehr wird den nichtdekadischen Systemen ausschließlich eine funktionale Bedeutung zugewiesen: sie dienen zur Vorbereitung und Vertiefung für das Verständnis der Zahldarstellung nach dem dekadischen Positionssystem.
- Soweit die Schüler gefordert sind, Zahldarstellungen von einem System in ein anderes zu übertragen, ist stets eines der beiden Systeme das dekadische.
- Auf das Rechnen in nichtdekadischen Systemen wird verzichtet.

Auf solche Beschränkungen kann ganz oder zum Teil wieder verzichtet werden, sofern es um Ziele für ältere Schüler oder um Zusatzangebote für rasch lernende bzw. leistungsstarke Schüler geht. Hier können dann auch Aufgaben gestellt werden, welche eine formale Arbeit mit nichtdekadisch dargestellten Zahlen verlangen, z.B. Rechnen in nichtdekadischen Zahlsystemen, Fragen der Teilbarkeit von Zahlen in nichtdekadischen Systemen usw.

3.4 Analytisches Verständnis des Stellenwertsystems

In der Lernzieltaxonomie von BLOOM sind dem Verständnis und der Anwendung noch die Lernzielklassen "Analyse" und "Synthese" übergeordnet. Auf das Thema Stellenwertsystem bezogen, könnte man diesen Kategorien etwa folgende Grobziele zuordnen: dem Schüler ist bewußt (und er kann auch sprachlich formulieren),
- daß jeder Ziffer in einer Zahldarstellung ein Ziffern- und ein Stellenwert zugeordnet ist,
- daß die Stellenwerte durch Ziffernpositionen symbolisiert werden,
- daß in einer Zahldarstellung die Stellenwerte nach Exponenten geordnete Potenzen zu einer konstanten Grundzahl sind,
- daß für verschiedene Zahldarstellungen grundsätzlich verschiedene Grundzahlen gewählt werden können, und
- daß die positionelle Zahldarstellung nach dem Stellenwertsystem nur eine unter vielen Möglichkeiten der Darstellung von Zahlen ist.

Solche Ziele dürften allerdings nur in höheren Jahrgangsstufen zu verwirklichen sein. Setzen sie doch jenes von konkreten Vorstellungen losgelöste Operieren mit mathematischen Symbolen und Sprachzeichen voraus, das Jean PIAGET der Stufe des formalen Denkens zuordnet. Diese wird in der Regel nicht vor dem 11. Lebensjahr erreicht.

Aufgabe 56.1:
Verdeutlichen Sie die oben genannten Ziele zum formalen Verständnis des Stellenwertsystems durch Aufgaben, mit denen ihr Erreichen geprüft werden könnte. ■

4 Unterrichtsmethodische Konzepte

Wenn sich das Arbeitsbuch nunmehr der methodischen Aufbereitung des Themas "Stellenwertsystem" zuwendet, so stellt sich als erstes die Frage nach der Gestaltung dieses Unterrichtsstoffes in den die bisherige Praxis bestimmenden didaktischen Konzepten. Zur Beantwortung dieser Frage werden im vorliegenden Kapitel vier Konzepte referiert, welche gewissermaßen als methodische Grundpositionen verstanden werden können. Dabei möge dahingestellt bleiben, ob die Auswahl dieser vier Konzepte alle einschlägigen didaktischen Bemühungen umgreift bzw. repräsentativ genug vertritt. Die Geschichte der Rechen- bzw. Mathematikdidaktik zeigt, daß über solche Fragen unablässig gestritten werden kann. Die Kenntnisnahme der vier hier beschriebenen Konzepte mag dem Leser jedenfalls helfen, die einschlägige didaktische Situation zu überblicken und sich in Fragen der Beurteilung eine eigene Meinung zu bilden.

4.1 Traditionelle Aufgabenmuster

Der Rechendidaktiker Johannes KÜHNEL empfahl für die erste Begegnung der Schüler mit zwei- und dreistellig notierten Zahlen vor allem zwei Hilfsmittel:

- das sog. rhythmische Zählen, d.h. ein akustisch nach Abschnitten zu je zwei, drei, fünf oder zehn Zahlnamen strukturiertes Rezitieren der Zahlwortreihe;
  Beispiel: 1, 2, 3 - 4, 5, 6 - 7, 8, 9
- das sog. Lesen von Zahlbildern, d.h. eine Zuordnung von Zahlnamen bzw. Zahlzeichen zu Kringelbildern, die im Wesentlichen nach Zehnerpotenzen, aber auch nach den Teilern 5 und 2 strukturiert sind. Beispiele für Zahlbilder:

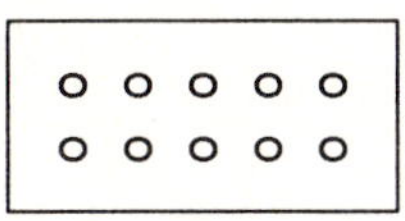

10

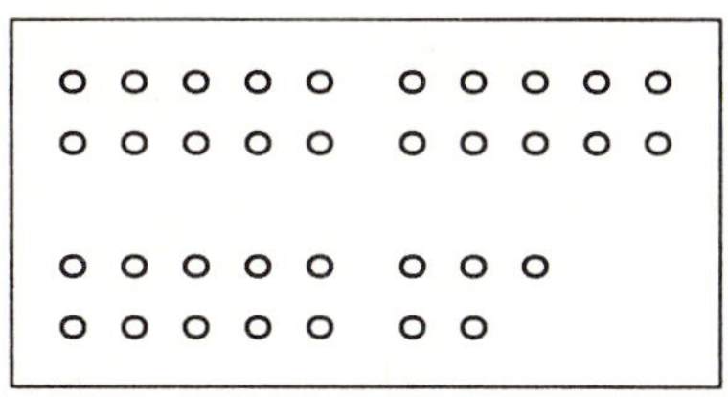

35

Die Zehnerblöcke sind im Zahlbild für 100 in 5 Zeilen zu je 2 Blöcken angeordnet. Im Zahlbild für 1000 sind jedoch die Hunderterblöcke in 2 Zeilen zu je 5 Blöcken aufgezeichnet. Bei der Arbeit mit diesen sog. "Hunderter-" bzw. "Tausendertafeln" zeigen die Schüler die Darstellung für bestimmte Zahlen durch geeignetes Abdecken der restlichen Kringel.

Eine lange methodische Tradition hat das Darstellen von Zahlen mit Geldsorten, wobei man sich zumeist auf Sorten mit dekadischer Umrechnung beschränkt. 35 wird z.B. in Spielgeld mit 3 Zehnpfennig- und 5 Einpfennigstücken oder auch mit 3 Zehnmarkscheinen und 5 Einmarkstücken ausgelegt. Verschiedene Aufgabenstellungen verlangen die wechselseitige Zuordnung von Zahlsymbol (Name oder Zeichen) einerseits und Spielgelddarstellung andererseits.

Nahtlos erfolgt oftmals von hier der Übergang zum sog. "Zahlenhaus". Gemeint ist die Tabelle mit Spalten für die Positionen der dekadischen Stellenwertschreibweise:

T	H	Z	E
7	0	5	8

Die Buchstaben (Positionszeichen) stehen für die Zehnerpotenzen $T = 10^3 = 1000$, $H = 10^2 = 100$, $Z = 10^1 = 10$; $E = 10^0 = 1$. Die Schüler lesen Zahlennotationen aus der Stellenwerttabelle und tragen aufnotierte oder diktierte Zahlen in diese ein. Das "Zahlenhaus" wird später für größere Zahlen erweitert und erhält dann beispielsweise folgende Gestalt:

Milliarden			Millionen			Tausender			Einer		
HMd	ZMd	Md	HM	ZM	M	HT	ZT	T	H	Z	E
	1	3	0	2	6	2	0	4	8	0	0

Beim Übergang zu Dezimalbrüchen werden die Positionszeichen z für Zehntel, h für Hundertstel und t für Tausendstel verwendet.

Eng an die Stellenwerttabelle lehnt sich in der Regel das formale Zerlegen von Zahlen nach Positionswerten an. Die Schüler üben die wechselseitigen Übergänge zwischen Darstellungen der folgenden drei Arten:

(1)

HMd	ZMd	Md	HM	ZM	M	HT	ZT	T	H	Z	E
	1	0	0	0	0	0	0	0	0	0	0
		3	0	0	0	0	0	0	0	0	0
				2	0	0	0	0	0	0	0
					6	0	0	0	0	0	0
						2	0	0	0	0	0
								4	0	0	0
									8	0	0
	1	3	0	2	6	2	0	4	8	0	0

(2) 13 026 204 800 = 10 000 000 000 + 3 000 000 000 + 20 000 000 + 6 000 000 + 200 000 + 4000 + 800

(3) 13 026 204 800 = 1 ZMd 3 Md 2 ZM 6 M 2 HT 4 T 8 H

Eine weitere Übung zur Erschließung größerer Zahlbereiche ist das sogenannte "Zählen in Sprüngen". Die Schüler zählen z.B. mit Beginn 300 in Zwanzigersprüngen, mit Beginn 3700 in Hundertersprüngen oder mit Beginn 67 000 in Siebentausendersprüngen bis zu einer vorgegebenen Endzahl. Im Grunde handelt es sich um das Bilden arithmetischer Zahlenfolgen, wobei neben dem ersten und letzten Folgeglied auch die konstante Differenz zwischen benachbarten Gliedern gegeben ist.

Manchmal wird das Zählen in Sprüngen auch auf drei Folgeglieder beschränkt. Zu einem vorgegebenen Folgeglied sind der Vorgänger und der Nachfolger zu finden. Man spricht von "Zahlnachbarn" und wählt z.B. folgende Darstellung:

	3290	
3180	3190	3200
	3090	

(sog. Zehner und Hunderternachbarn)

Häufig versucht man schließlich, den Schülern große Zahlen durch Realvorstellungen zu veranschaulichen. Da wird z.B. überlegt bzw. errechnet, was man für 1 Mill. DM kaufen könnte, wie lange ein Güterzug mit 1 Million Wagen wäre oder wie hoch ein Turm aus 1 Million Zehnpfennigstücken in den Himmel ragen würde.

Aufgabe 59.1
Untersuchen Sie die genannten traditionellen Aufgabenmuster unter dem Gesichtspunkt, welche der im Abschnitt 3.2 aufgelisteten Grobziele (1) bis (7) mit ihrer Hilfe realisiert werden könnten! ▪

Gegen die bisher genannten Versuche, die Schüler in das dekadische Zahlsystem einzuführen, kann man - jeden für sich gesehen - wenig einwenden. In ihrer Gesamtheit ergeben sie auch eine eindrucksvolle Sammlung unterschiedlicher Aufgabenstellungen. Diese dürfte aber kaum ausreichen, um bei einem größeren Teil der Schüler ein gründliches Verständnis für den Begriff des Stellenwertsystems zu gewährleisten. Die Stellenwerte treten zu wenig als Folge von Zehnerpotenzen hervor, und diese wiederum werden zu wenig in ihrem Zahlwert verdeutlicht. Der Unterschied zwischen Ziffernwert und Stellenwert und der Polynomcharakter (Summe von Produkten aus Ziffernwert und Stellenwert) werden kaum deutlich. Entsprechendes gilt für die Bedeutung der Null im positionellen Zahlsystem. Die Normstruktur der Stellenschreibweise ist in den Aufgabenstellungen implizit und statisch vorgegeben; sie wird nicht expliziert und nicht genetisch entwickelt oder gar konstruktiv entdeckt. Insgesamt scheinen die genannten Maßnahmen eher auf das assoziative Lesen und Schreiben von Zahldarstellungen als Gedächtnisleistung zu zielen. Weiterreichende Unterrichtsziele machen zusätzliche Maßnahmen erforderlich. Erstmals in der deutschen Rechendidaktik erspürt und in methodische Konsequenzen umgemünzt wurde das beschriebene Defizit von Artur KERN und Hans GIEDING.

4.2 Konzept von Arthur Kern und Hans Gieding

Es ist aufschlußreich, daß KERN/GIEDING (Gestaltrechnen, Freiburg 1960) ihren Lehrgang zur Zahldarstellung für die Erweiterung des Zahlbereichs bis 1000 in der 3. Jahrgangsstufe entwickeln. Hier pflegen nämlich wegen zunehmender Komplexität der Zahldarstellung und wegen des Übergangs zum schriftlichen Rechnen die Mängel eines fehlenden begrifflichen Verständnisses für das Stellenwertsystem besonders deutlich in Erscheinung zu treten.
Die Autoren wollen den Schülern helfen, den wechselnden Wert von Zahlzeichen bei veränderter Position zu verstehen und die Beziehungen zwischen den Stellenwerten zu beachten. Daher lassen sie vor dem Ausbau des dekadischen Systems mit Positionsgittern arbeiten, deren Spalten unterschiedliche Stellenwerte repräsentieren. In die Spalten des Positionsgitters sollen die Schüler Chips, Marken, Steinchen o.ä. einlegen und auf diese Weise Zahlen darstellen. Beispiele solcher Gitter:

10	5	1
o o o	● = Null	o o o

33

Dtzd.	$\frac{1}{2}$ Dtzd.	Stück
o o	o	o o o

33 Stück

6	3	1
o o o o	o	o o

29

Std.	10 Min.	Min.
o	o	o o

72 Min.

100	20	1
o o o o o	o	o o

522

Mon.	Wochen	Tage
o	o o	o

45 Tage

Die erste Aufgabe besteht nicht darin, die dargestellten Zahlen dekadisch zu interpretieren. Zunächst soll vielmehr in die rechte Spalte eine vorgegebene Anzahl von Chips eingelegt und dann durch sukzessives Bündeln und Tauschen eine übersichtlichere Darstellung erreicht werden. Liegen z.B. im Gitter mit den Stellenwerten Stück - 1/2 Dtzd.- Dtzd. 33 Chips in der rechten Spalte, so wandert für je 6 Chips ein (vielleicht andersfarbiger) in die Spalte 1/2 Dtzd., das sind 5; drei bleiben in der Stückspalte zurück. Je zwei 1/2-Dutzend-Chips lassen sich dann gegen einen Dutzend-Chip tauschen. Sind alle durch Tausch möglichen Vereinfachungen ausgeführt, so erhalten wir für 33 Stück die oben abgebildete Darstellung. Ist dann eine Enddarstellung mit möglichst wenigen Chips erreicht, können weitere Chips hinzugefügt und nötigenfalls neue Tauschaktionen durchgeführt werden.

Als wichtigster Fall eines Positionsgitters erscheint dann schließlich das der dekadischen Zahldarstellung angepaßte:

H	Z	E

Der beschriebene Vorschlag von KERN/GIEDING stellt sicherlich einen wichtigen Schritt in Richtung auf den Versuch dar, bei den Schülern ein vertieftes Begriffsverständnis zum Stellenwertsystem aufzubauen. Nur sollte dieses Begriffsverständnis früher angebahnt werden; denn es gehört schon zu einem verständigen Umgang mit Zahlen im Bereich bis 100 in den ersten beiden Jahrgangsstufen. Daß dies möglich ist, wollte Zoltan P. DIENES zeigen (Aufbau der Mathematik, Freiburg 1965, und Menge-Zahl-Potenz, Freiburg 1966).

4.3 Konzept von Zoltan P. Dienes

DIENES geht es in erster Linie darum, die Schüler den Potenzaufbau der Stellenwerte konstruktiv entdecken zu lassen und ihn für sie erfahrbar zu machen. Zu diesem Zweck schlägt er für den Beginn Bündelungsspiele vor. Ein "Haufen" von Kindern oder Gegenständen einer vorgegebenen Anzahl (ersatzweise Plättchen oder Kringel) soll durch räumliche Bewegung nach verschiedenen Grundzahlen stufenweise zu Gruppen zusammengefaßt werden. Die Idee wird z.B. von Irma GLAUS in "Mathematische Früherziehung" (1969) aus der Praxis anhand des "Dreierspiels" folgendermaßen illustriert:
"Wir sangen ein Wanderlied und marschierten im Takt nach vorn auf den 'Spielplatz' unseres Schulzimmers. Dort waren mit Kreidestrichen 'Spielfelder' abgegrenzt. Sobald sich drei Kinder im ersten Feld befanden, schlossen sie sich zu einem Dreierkreis zusammen und wechselten ins nächste Spielfeld hinüber. Die Spielregel lautete: Es dürften nie drei gleiche Formationen bestehen. Tritt dieser Fall ein, so muß sofort eine neue "Eins", ein neuer Kreis gebildet werden, der dann ins nächste Feld vorrückt. Mit 17 Kindern einer Klassengruppe entstand so folgendes Bild:

◯	o	•
großer Kreis	kleiner Kreis	Einzelkinder

1	2	2

Diese Spiele spielten die Kinder sehr gerne, am liebsten das Zweier-, Dreier- und Vierer-Spiel. Hier konnten sie am raschesten nach vorn rücken, und das war für sie jedesmal ein Fest. - Zum Spiel gehörte auch das 'Auszählen'. Im Dreierspiel bedeutete das: Wir können nur bis 2 zählen, darum müssen wir für 3 eine neue Eins bilden. (Hier war die neue Eins eben der neue, größere Kreis). Das Zählen im Dreierspiel ging so vor sich:

Gesprochen:	Eins	zwei	eins-null	eins-eins	ein-zwei
Geschrieben:	1	2	10	11	12
	zwei-null	zwei-eins	zwei-zwei	eins-null-null	usw.
	20	21	22	100	

Wir spielten das Spiel auch rückwärts. Die Kinder mußten eines nach dem anderen das Spielfeld verlassen. Aufgepaßt: Sobald sich eines aus einem der Kreise lösen mußte, so hieß das Spielfeldwechsel für alle Kinder im gleichen Kreis."

Die folgenden Kringelbilder deuten die schrittweise Bündelung von 15 Objekten nach der Grundzahl 2 an:

1\. Bündelung: oo oo oo oo oo oo oo o

2\. Bündelung: oo oo oo oo o
oo oo oo

3\. Bündelung: oooo oo oo o
oooo oo

Das Endergebnis ist in der nachfolgenden Tabelle protokolliert, ebenso die entsprechenden Ergebnisse bei Bündelung nach den Grundzahlen 3, 4, 5 und 10.

15	Gruppen der 3.Bündelung	Gruppen der 2.Bündelung	Gruppen der 1.Bündelung	Einzelne Dinge
Zweierspiel	1	1	1	1
Dreierspiel		1	2	0
Viererspiel			3	3
Fünferspiel			3	0
Zehnerspiel			1	5

Stellenwerte können also durch Bündelung geschaffen werden, nämlich durch das Zusammenfassen von realen Gegenständen oder grafischen Zeichen in disjunkte Mengen von festgesetzter, konstanter Anzahl. Die Zerlegung eines gegebenen Objektbereichs in Bündel läßt sich allerdings im allgemeinen nicht konsequent zu Ende führen, insofern schließlich ein Rest von Objekten übrigbleibt, deren Anzahl die für ein ganzes Bündel notwendige nicht erreicht. Dieser Rest wird ausgesondert, während die gleichmächtigen Bündel nun eventuell erneut einem Bündelungsprozeß unterworfen werden. Auch hier kann sich wiederum ein Rest von Bündeln ergeben, die auszusondern sind, ehe der Prozeß fortgesetzt wird.

Die beiden nächsten Bilder zeigen diese stufenweise Bündelung in grafischer Veranschaulichung, einmal im sogenannten "Mengendiagramm", zum andern im "Baumdiagramm". Es werden je 14 Objekte ("Kreuze") nach der Grundzahl 3 gebündelt.

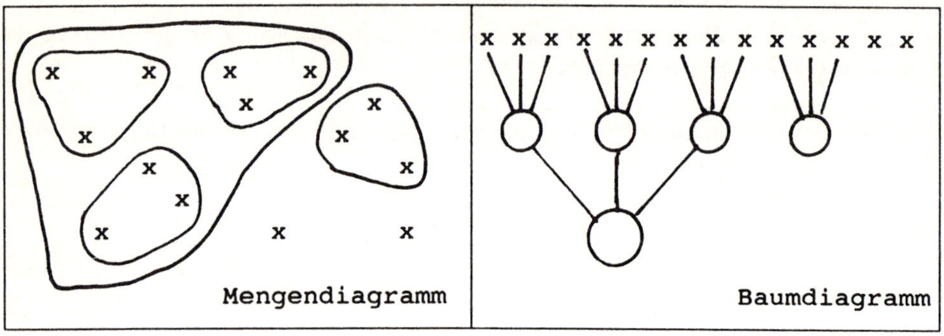

Um eingehende Erfahrungen durch konkrete Materialarbeit zu ermöglichen, werden spezifische Arbeitsmittel eingesetzt; für das Bündeln nach den Grundzahlen vier und drei beispielsweise flächenhafte Formen, wie sie bereits in den Abschnitten 2.2 und 2.3 vorgestellt wurden.

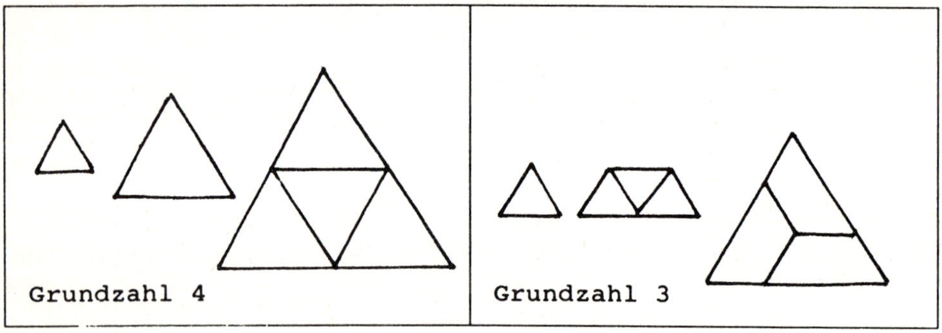

Zentrale Arbeitsmittel sind die sog. Mehrsystemblöcke, die zu den Grundzahlen g = 2, 3, 4, 5, 6 und 10 vorliegen. Es sind jeweils g Würfel zu einer Stange zusammengefügt, g Stangen zu einer Platte und g Platten zu einem Block (größeren Würfel).

Mehrsystemblöcke zur Grundzahl 3:

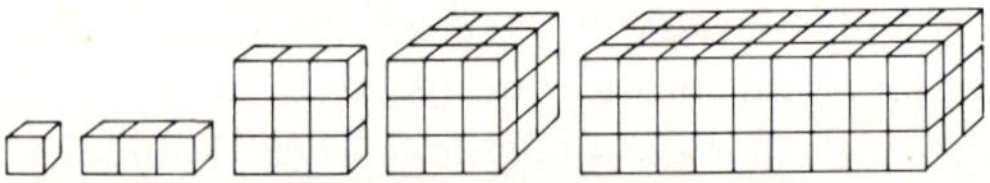

Analoge "Zählkörper" wurden auch schon früher im Unterricht benutzt, besonders für b = 10 (Zehnerstange, Hunderterwürfel). Neu ist die DIENESsche Konzeption einer systematischen Wiedergabe von Gruppierungen nach den Potenzen verschiedener Basiszahlen. Die Beschäftigung mit dem Material soll dem Kind unmittelbare Erfahrung und damit Einsicht in den Aufbau eines Positionssystems vermitteln.

Um die dem Material innewohnende Struktur zu entdecken, sollen sich die Kinder mit ihm zuerst spielerisch auseinandersetzen.

Sie erkennen die verschiedenen Blocksorten, benennen sie und vergleichen die von ihnen hergestellten Bauwerke. Das Interesse wird dabei auf die Frage gelenkt, wer "mehr Holz" gebraucht hat. Das anfängliche Auszählen von Einerwürfelchen wird bald überflüssig, wenn die Schüler die Übergänge von Einheit zu Einheit erkannt haben. Die ersten intuitiven Erkenntnisse lassen sich durch systematische Tauschübungen vertiefen und festigen: Wie viele Stangen können bei einer vorgegebenen Anzahl Einerwürfel gebildet werden? Lassen sich auch noch Platten oder gar Blöcke eintauschen?

Weitere Einsichten werden durch Spiele folgender Art vorbereitet: Eine "Einheit" wird mit Zahlen 0, 1 und 2 auf je einer Seite beschriftet und als Spielwürfel verwendet. Jeder in der Runde würfelt einmal und erhält für diesen Wurf so viele "Blöcke", wie die gewürfelte Zahl angibt. In der zweiten Runde wird um "Platten" gewürfelt, in der dritten um "Stäbe" und schließlich um die "Einheit". Das Kind "mit dem meisten Holz" hat gewonnen. Es wird bald klar, daß der erste Wurf entscheidend ist und daß derjenige, der den ersten Wurf gewinnt, schon das ganze Spiel gewonnen hat. Nach einiger Zeit kann man die Reihenfolge, in der um die verschiedenen Einheiten gewürfelt wird, umkehren, also mit den Einheiten beginnen und mit den Blöcken aufhören. Das macht das Spiel spannender, weil die Kinder dann erst beim letzten Wurf wissen, wer gewonnen hat. Jedenfalls kann ihnen aus diesen Erfahrungen klar werden, daß nicht der erste Wurf das Spiel entscheidet, sondern der Wurf um die Blöcke. Nur wenn deren Anzahl gleich ist, werden Platten bedeutsam. Liefern auch sie keine Entscheidung, muß man sich an die Stangen bzw. Einheiten halten.
Das ist ein Strukturspiel, das die Kinder die relative Wichtigkeit der Würfe lehrt. Dadurch wird in vereinfachter Form das Prinzip des Stellenwerts angesprochen.

Zum allmählichen Übergang in die nächste methodische Stufe kann der Lehrer stärker strukturierte Spiele vorschlagen. Das Kind soll erkennen, daß in der Schachtel mit der Basis 4 vier Einheiten zusammen eine Stange ergeben; entsprechend machen 4 Stangen eine Platte und 4 Platten einen Block aus. Das Denken folgt dem konstruktiven und nicht dem analytischen Weg. Dem Kind ist die Eigenschaft des 1:3-, 1:4-, 1:5-Verhältnisses, die der analytische Ausdruck seiner Konstruktion ist, vielleicht noch nicht völlig bewußt. Andererseits sind die von ihm ausgeführten Konstruktionen die wichtigsten Bestandteile der späteren Einsicht in das Verhältnis und die Eigenschaft der Verhältnisse.

Sobald die Struktur des Materials völlig vertraut ist, gehen die Kinder zu Aufgaben über, die, zunächst indirekt, auf die vier arithmetischen Operationen der Addition, Subtraktion, Division und Multiplikation hinführen. Beispiele für Fragen bzw. Aufträge:

a) Kannst du ein Quadrat zusammenlegen aus:
   - 1 Platte, 4 Stangen und 4 Einheiten?
   - 1 Platte, 6 Stangen und 9 Einheiten?

   (Für die Kinder werden im zweiten Fall Schwierigkeiten auftauchen, da sie analog zum ersten symmetrisch vorgehen und nicht bedenken, daß Länge und Breite gleich sind.)
b) Baue einen Block von der Größe des Blockes aus dem nächsten Beutel (Basis 5). Läßt sich der Block aus genau acht Stücken bauen?

Bevor man mit der Addition beginnt, muß die Gleichwertigkeit bekannt sein. Beispiel: 4 Platten können durch einen Block ersetzt werden. Durch Zusammenfügen gleicher Teile und Verwendung der früher gelernten Äquivalenzen erhält man das Resultat. Das Kind durchläuft dabei mehrere Lernstufen, die individuell verschieden rasch durchschritten werden. Als Beispiel der Addition wird etwa im Vierersystem eine Aufgabe folgender Art durchgeführt:

B	P	St	E
1	2	3	2
+	2	2	3
2	1	2	1

Die Tabelle soll anzeigen, wieviele Einheiten, Stangen, Platten und Blöcke jeweils real vorliegen.

Entsprechend wird materialgebunden subtrahiert, multipliziert und dividiert. Das Ausführen dieser Operation dient nicht unmittelbar der Einführung schriftlicher Rechenverfahren. Es soll zunächst vornehmlich dem zahlsystembezogenen Begriffsaufbau zugute kommen.

Allmählich erfolgt dann der Übergang zur Arbeit mit Symbolen. Beispiele: 2^3 bedeutet: "Gruppe" der 3. Bündelung im Zweierspiel; 3^2 bedeutet: "Gruppe" der 2. Bündelung im Dreierspiel. Die Kinder bilden "Haufen" oder beschreiben nach diesen Symbolen.

Aufgabe 66.1

a) *Vergleichen Sie die Konzepte von KERN/GIEDING und von DIENES nach verschiedenen, von Ihnen selbst gewählten Gesichtspunkten.*

b) *Könnten Sie sich eine Verbindung der beiden Konzepte vorstellen? Versuchen Sie sich in groben Zügen einen entsprechenden methodischen Aufbau zurechtzulegen!* ■

4.4 Konzept von Arnold Fricke und Heinrich Besuden

Das 1967 von FRICKE/BESUDEN entwickelte Konzept (Mathematik in der Grundschule, Stuttgart) erscheint in unserem Zusammenhang insofern bedeutsam, als hier ein spezifisches Arbeitsmittel zur Zahldarstellung eingesetzt ist. Es handelt sich um Farbenstäbe von der Art, wie sie vom belgischen Pädagogen Georges Cuisenaire in den Rechenunterricht eingeführt wurden, nämlich um Stäbe von quadratischem Querschnitt mit 1 cm Seitenlänge. Den zehn Stablängen von 1 cm bis 10 cm sind jeweils Farben gemäß folgender Zusammenstellung zugeordnet, die auch Abkürzungen für die Farben bzw. Längen enthält:

1 cm	2 cm	3 cm	4 cm	5 cm	6 cm	7 cm	8 cm	9 cm	10 cm
weiß	rot	hell-grün	lila	gelb	dunkel grün	schwarz	braun	blau	orange
w	r	h	a	g	d	s	b	u	o

Die Farbenstäbe sind vor allem als Träger der Größeneigenschaft "Länge" interessant. Das Handeln mit den Stäben vertritt sozusagen zwanglos das Operieren mit Größen. Die Farben - vorerst Anreiz und Bezeichnungshilfe - unterstützen den Abstraktionsschritt zu den "Längen". Am Längenvergleich der Stäbe kann dann auch die Erarbeitung des Zahlbegriffs und der Rechenoperation einsetzen.

Beispiel für die Darstellung der Zahlen als Längen (Züge):

Das Bild ist dahin zu deuten, daß hier entsprechende Stäbe aufgelegt werden können (Grundrißbild). Die folgende Illustration führt die Stäbe, die gemeint sind, räumlich vor Augen:

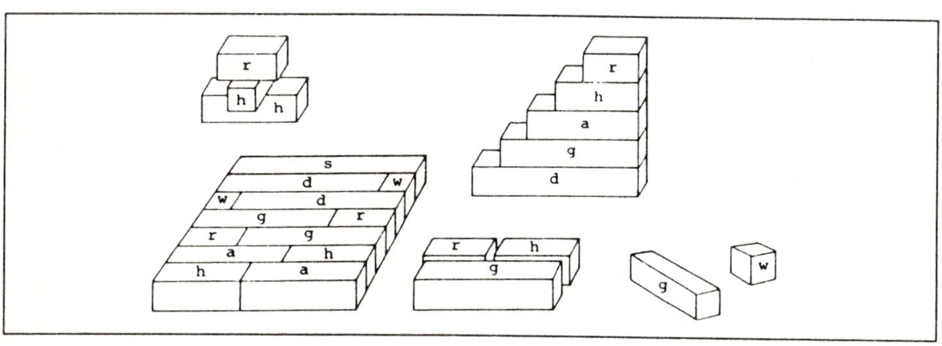

Über die nächstliegende Zahldarstellung durch Längen hinaus benutzt das "Cuisenaire-Rechnen" im ursprünglichen Konzept, das unter dem Stichwort "Zahlen in Farben" stand, wie auch in der Modifikation von FRICKE und BESUDEN weitere Darstellungen. Sie seien hier kurz angedeutet.

- Darstellung der Zahlen als Flächen: Beispiel: 34

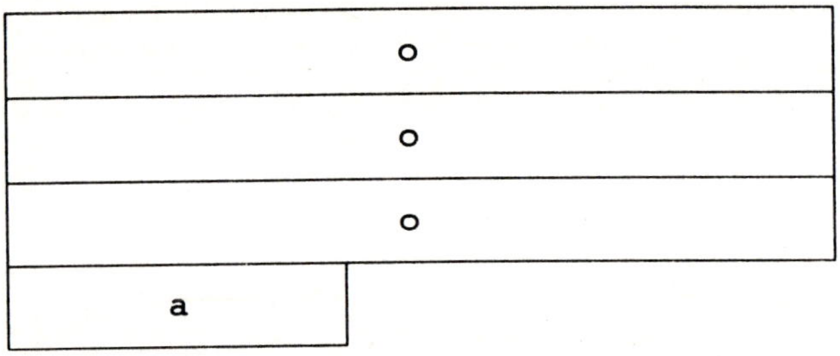

- Darstellung von Produkten als Flächen und Körper:

Beispiel: $3 \cdot 6$ | Beispiel: 5^3

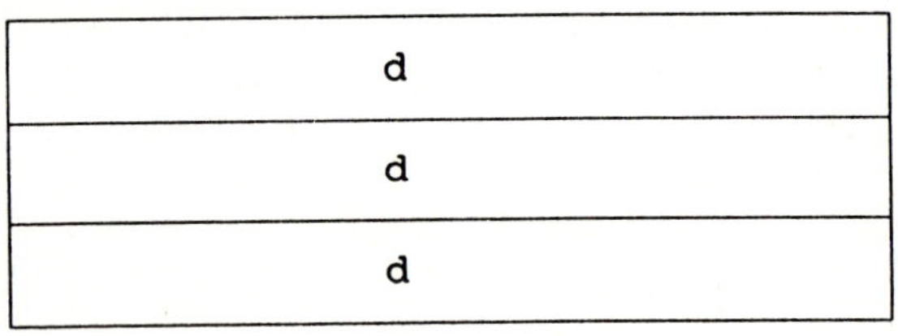

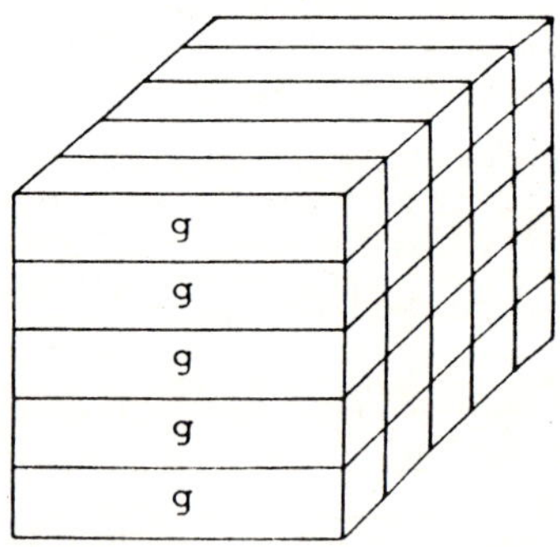

- Darstellung von Polynomen als nebeneinandergelegte Körper. Beispiel: $2 \cdot 5^3 + 4 \cdot 5^2 + 1 \cdot 5^1 + 4$ wird dargestellt als als 2 Würfel, gebaut aus gelben Stäben, 4 Platten, gebaut aus gelben Stäben, 1 gelber und 1 lila Stab.

- Darstellung von Produkten als Türme:

Beispiel: $8 \cdot 5 \cdot 2$ Beispiel: 4^3

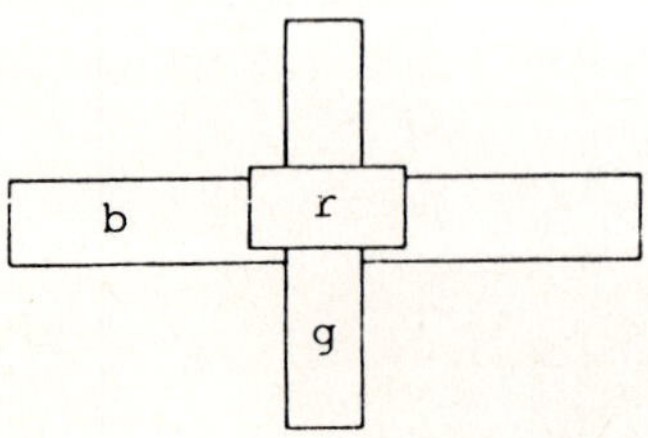

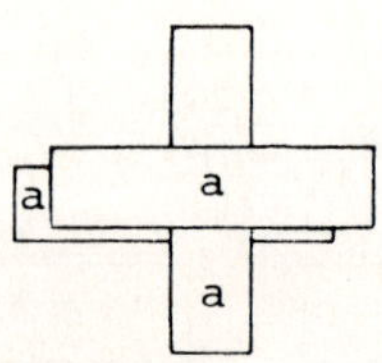

- Darstellung von Polynomen als nebeneinandergestellte Türme:
  Beispiel: $2 \cdot 10^3 + 3 \cdot 10^2 + 5 \cdot 10^1 + 8$

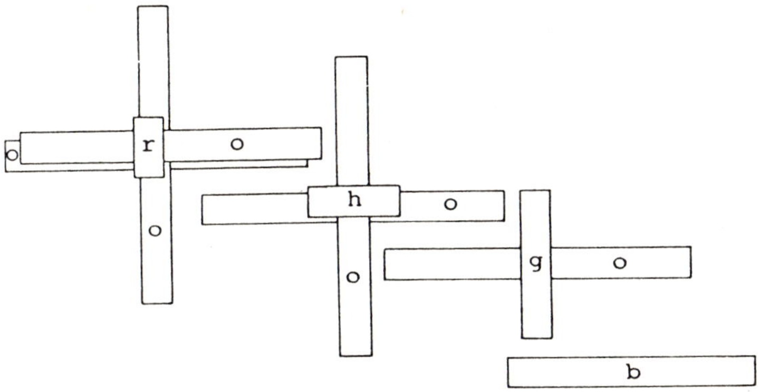

Neben der Zahldarstellung mit farbigen Stäben tritt im Konzept von FRICKE/BESUDEN auch das Bündeln mit realen Dingen, Rechenplättchen und Kringeln auf sowie die Arbeit auf dem Zahlenstrahl. Die Flächen-, Körper- und besonders die Turmdarstellung mit Stäben wurden in der Fachdidaktik kritisiert und von der Schulpraxis teilweise nicht angenommen. Diese Repräsentationen müssen als umstritten gelten. Vor allem ist zu beachten, daß sich die ihnen zugrundeliegenden Prinzipien teilweise widersprechen: z.B. die Flächendarstellung und der Längenvergleich durch Untereinanderlegen, die Flächendarstellung und die Körperdarstellung in Platten.

Aufgabe 69.1

a) *Wenn Zahlen durch Größen (wie Längen, Flächeninhalte, Volumina) dargestellt werden, haben sie den Charakter von Maßzahlen, die das Verhältnis zwischen der Größe und einer festgesetzten Größeneinheit angeben. Welche Größeneinheiten werden bei den verschiedenen obengenannten Zahldarstellungen jeweils gewählt?*

b) *Diskutieren Sie die Darstellungen von FRICKE/BESUDEN hinsichtlich ihrer Eignung zur Einführung in schriftliches Addieren und Subtrahieren.* ■

5 Unterrichtssequenzen

Ziel des Kapitels ist es, das Problem der methodischen Aufbereitung des Themas "Zahldarstellung" weiter zu konkretisieren und so einer Analyse zugänglich zu machen. Zu diesem Zweck werden Unterrichtssequenzen vorgestellt und erläutert. Das Material stammt weitgehend aus Lehrmitteln, bei deren Entwicklung der Autor maßgebend beteiligt war (Wolf-Mathematik). Zusätzlich finden sich eingestreut in die Sequenzen der Autoren Materialien aus anderen Unterrichtswerken, die dann entsprechend erwähnt sind. Bei der Beurteilung des vorgestellten Materials ist insbesondere zu beachten, daß es sich teils um Ausschnitte aus Schulbüchern handelt, teils aber um die Wiedergabe von Arbeitsblättern, d.h. um Vorlagen, die von den Schülern direkt zu bearbeiten sind.
Die im vorangehenden Kapitel referierten Konzepte werden in den Unterrichtssequenzen vielfältig aufgenommen und miteinander verwoben. Die Zuordnung zu einzelnen Jahrgangsstufen soll mehr als Hilfe denn als strenge Bindung verstanden sein. Sie zeigt das Ganze gewissermaßen als Folge zeitlich geordneter Ausschnitte aus einem methodischen Gesamtkonzept für die ersten sechs Jahrgangsstufen der Schule. Die exemplarische Auswahl erfolgt so, daß zugleich die Vielgestaltigkeit der methodischen Ideen wie auch die feine Stufung in den Abstraktions- und Formalisierungsanforderungen an die Schüler deutlich wird. Differenzierungsmöglichkeiten sind nicht explizit aufgezeigt, aber implizit leicht erkennbar.

5.1 Einführung in die Zahlen bis 20 (1. Jgst.)

Nachdem die Schüler in die Zahlen bis neun eingeführt sind und in diesem Bereich auch schon addiert und subtrahiert haben, müssen sie ein Verständnis für zweistellige Zahlnotationen aufbauen. In einem ersten Schritt geht es um die Einführung in die Zahlen 10 bis 20, die sich vor allem auf das Bündeln stützt.

(I)

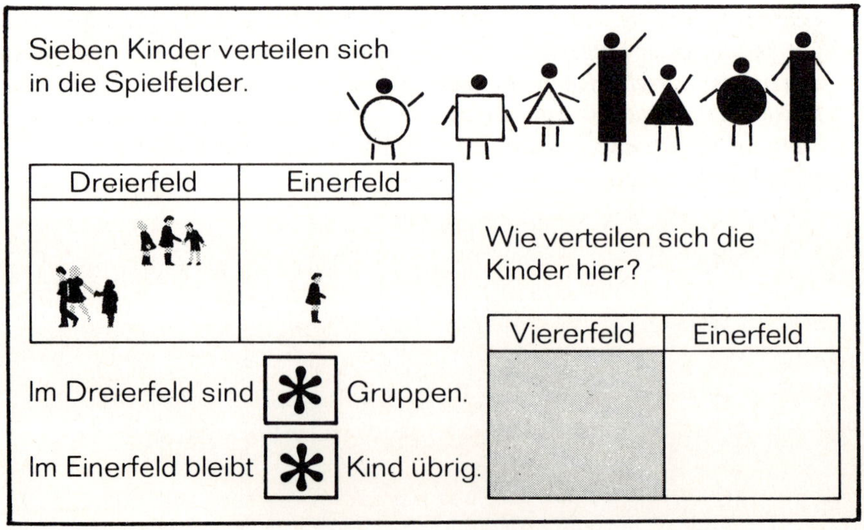

Die dargestellte Situation nimmt Bezug auf Handlungen, in denen die Kinder mitgewirkt haben sollten. Gemeint sind "Bündelspiele", in denen sich die Spieler nach bestimmten Regeln in die Spielfelder verteilen. Im Dreierfeld bilden drei Kinder stets eine Gruppe (in der sie sich an den Händen fassen), während einzelne Kinder, die bei der Gruppenbildung ("Bündelung") nicht mehr unterkommen, sich ins Einerfeld begeben sollen. Hier sind somit 0, 1 oder 2 Kinder anzutreffen; sind es mehr, so muß eine Gruppe gebildet und ins Dreierfeld gewechselt werden (vgl. die Beschreibung des Dreierspiels im Abschnitt 4.3). Wird dem Einerfeld ein Viererfeld gegenübergestellt, so muß jede Gruppe 4 Kinder umfassen usw.
Dem Spiel der Schüler folgt die Imitation mit "Symbolkindern" (farbige Formen, Würfelchen oder andere Gegenstände), die in Felder verteilt werden oder die im Buch oder auf einem Zeichenblatt vorgezeichnet sind. Die Aufmerksamkeit wird nun auf die quantitative Beschreibung gelenkt; wir bestimmen die Zahl der Gruppen sowie diejenige der restlichen Kinder im Einerfeld. In der aufgezeichneten Situation verteilen sich die 7 Symbolkinder auf 2 Dreiergruppen und 1 Kind im Einerfeld. Die Kinder halten das dadurch fest, daß sie Zahlkärtchen auf die mit * (Leerstellensymbol) gekennzeichneten Plätze legen. Anschließend wird die Verteilung auf 1 Vierergruppe und 3 einzelne Kinder besprochen.

Aufgabe 71.1
Der vorliegende Arbeitsschritt (I) wählt als Einstieg in das Thema Zahldarstellung ein Spiel mit Kindergruppen. Neben Spielhandlungen werden häufig auch Alltagssituationen beigezogen, die zu Bündelungen Anlaß geben. Beispiel (aus "Welt der Zahl/Bayern 1") ▪

Kästen	Töpfe	Schachteln	Bälle	Dreier	Einer
2	1	2	0	2	2

Sammeln Sie weitere geeignete Situationen! ▪

(II) Nachdem verschiedene Bündelungen mit Kindern durchgespielt sind, werden auch andere Dinge gebündelt. Die Schüler arbeiten mit konkretem Material und auch grafisch (Arbeitsblatt):

Zumeist sind die Bündelungs-Regeln gegeben. Manchmal müssen die Schüler diese aber auch aus der Situation finden:

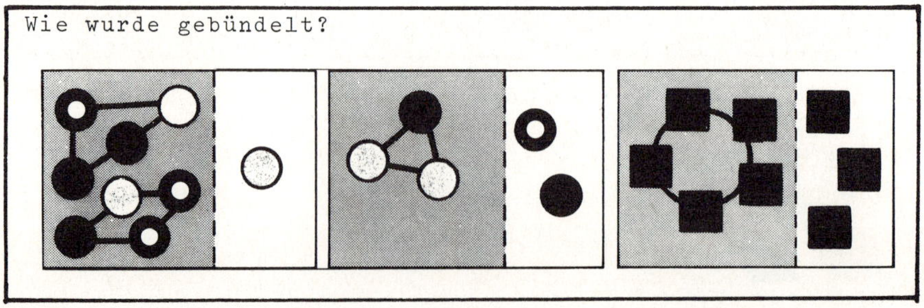

(III) Daß beim Bündeln neue Einheiten entstehen, läßt sich besonders gut anhand von Tauschhandlungen verdeutlichen. Hier können z.B. die Farbenstäbe eingesetzt werden, die im Abschnitt 4.4 beschrieben sind. Gemäß Handlungsanweisung (Dreierstäbe, Fünferstäbe) werden möglichst viele Stäbe bestimmter Länge als höhere Einheiten eingetauscht. (In den nachfolgend gezeigten Vorlagen können die Kinder Würfel und Stäbe unmittelbar auflegen.)

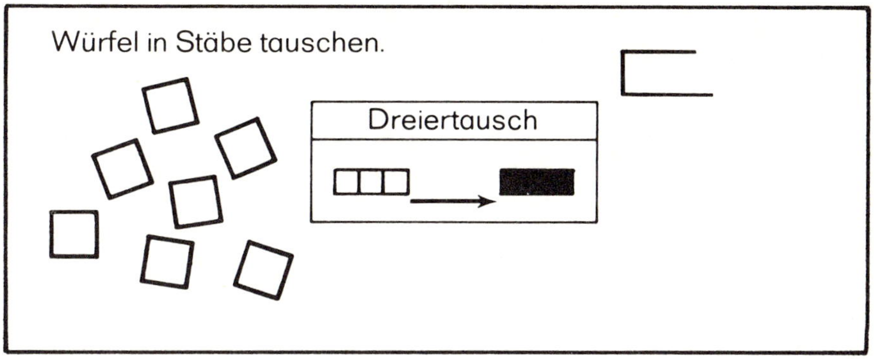

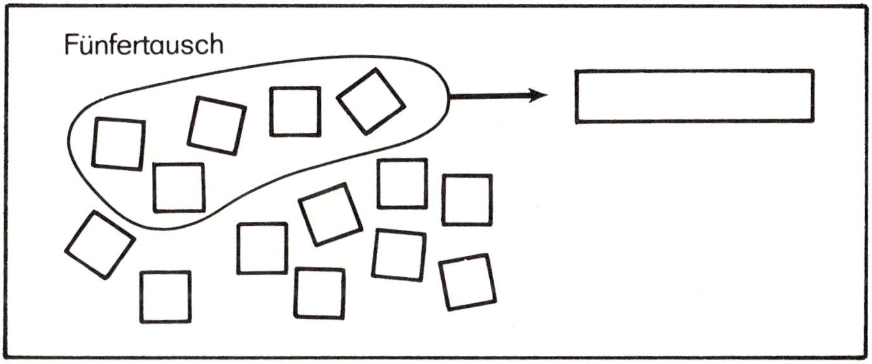

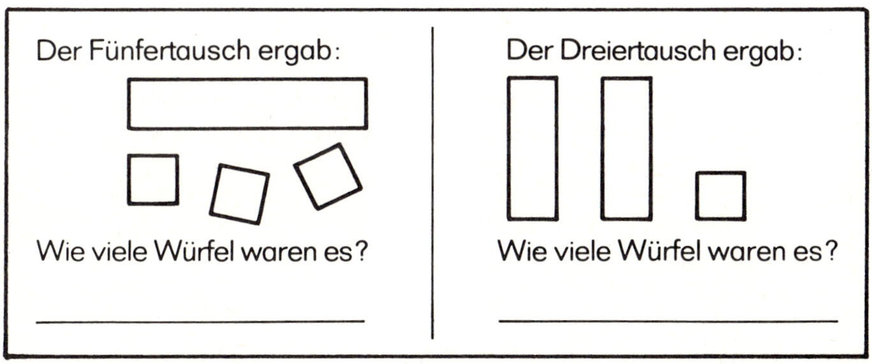

Die letzten beiden Aufgaben verlangen ein Zurücktauschen in 8 bzw. 7 Würfel.

(IV) Wenn das Bündelungs- und Tauschverfahren den Kindern geläufig sind, wird das Ergebnis nun mit zwei Ziffern angezeigt, deren erste (links) die Zahl der Bündel angibt, während die zweite (rechts) die Zahl der Restelemente nennt. Die Notation erfolgt vorerst in einer Tabelle, in der die Bedeutungen der beiden Zahlangaben symbolisch festgehalten sind.

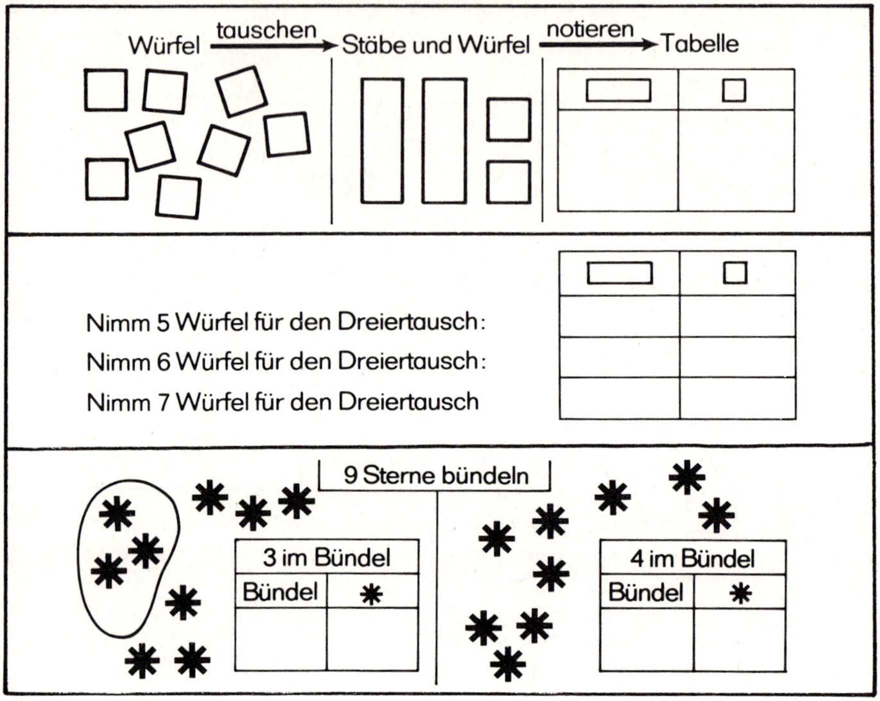

Von besonderer Art sind Bündelungen ohne Rest, wie sie die Dreier-Bündelung von 9 Dingen darstellt. Das Protokoll soll den fehlenden Rest durch eine Null anzeigen.

Aufgabe 74.1
Entwerfen Sie ein Arbeitsblatt, das Schülern in besonderer Weise die Bedeutung der Null in der Zahldarstellung bewußt machen kann! ▪

Während in den Übungen des Arbeitsschritts (IV) die Bündelungen in der Tabelle mit Ziffern beschrieben werden, zeigt der folgende Ausschnitt aus einer älteren Schulbuchseite ("Welt der Zahl - Neu 1") Vorstufen zu einer solchen Notation.

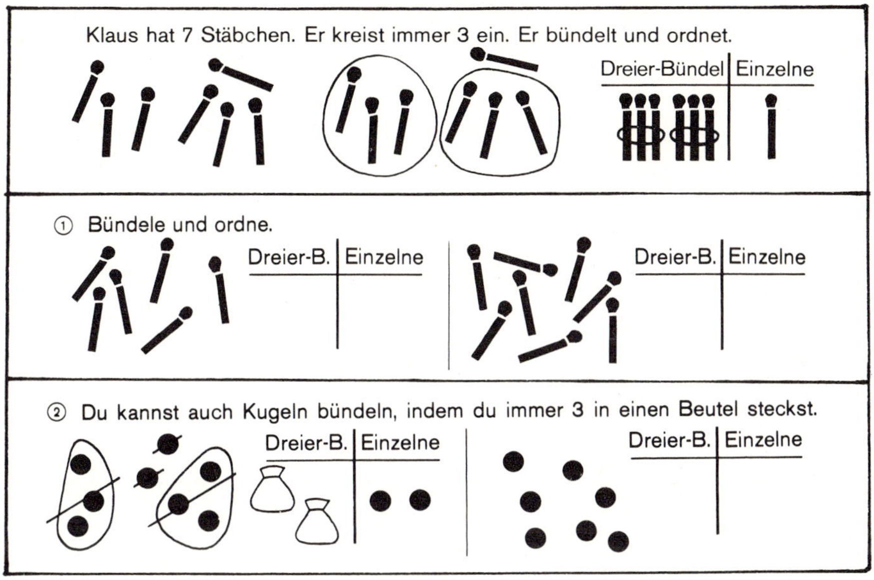

(V) Bündeln und Entbündeln gehören eng zusammen. Durch Entbündeln läßt sich die Anzahl der beteiligten Einheiten niedrigster Ordnung bestimmen. Die Illustration in der nächsten Aufgabe deutet auch den Einsatz weiterer Arbeitsmittel von der Art des Lego-Spielmaterials an.

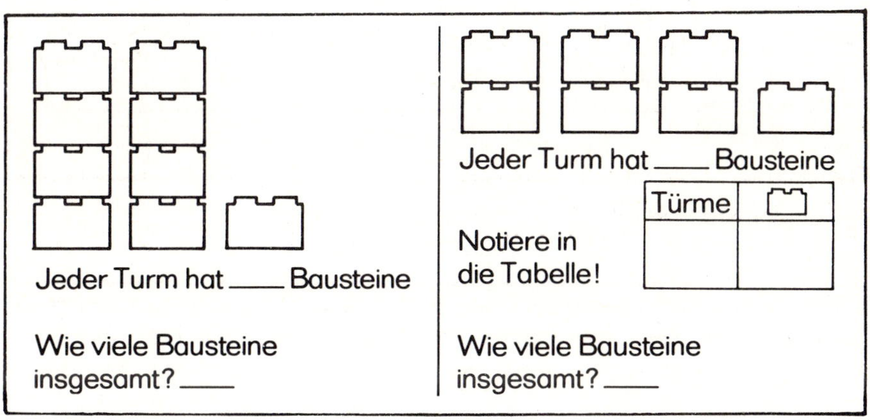

(VI) Das Protokoll in der Tabelle ist nur dann eindeutig, wenn der Zahlwert der Bündel feststeht. Dies können die Schüler anhand einer Übung folgender Art erfahren:

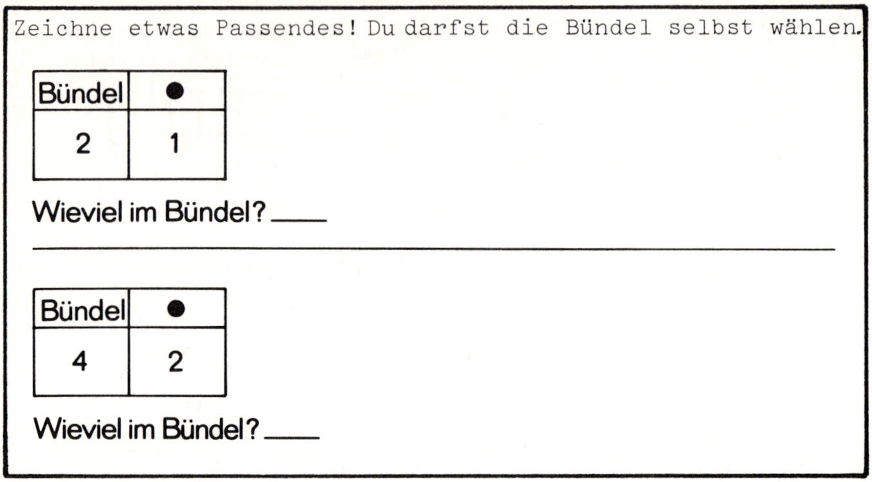
Zeichne etwas Passendes! Du darfst die Bündel selbst wählen.

Bündel	●
2	1

Wieviel im Bündel? ____

Bündel	●
4	2

Wieviel im Bündel? ____

Bei der Formalisierung der Zahlnotation stellt sich also die Frage, wie die Grundzahl der Bündelung angezeigt werden soll. In den Schulbüchern sind hierfür verschiedene Notationsformen in Gebrauch. Neben den bereits sichtbar gewordenen Möglichkeiten sollen hier noch zwei weitere vorgestellt werden.

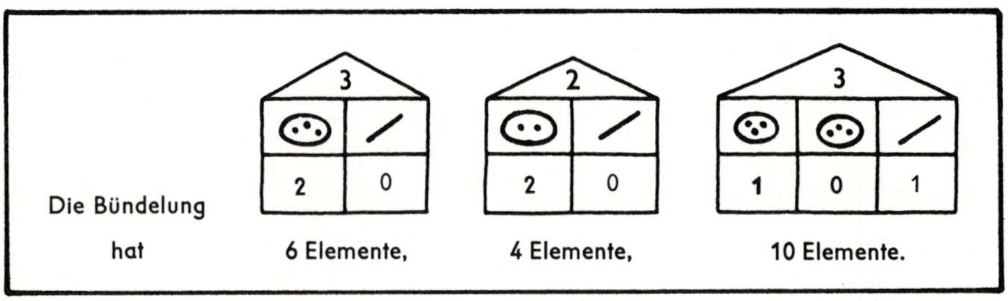

(aus "Bausteine der Mathematik 1")

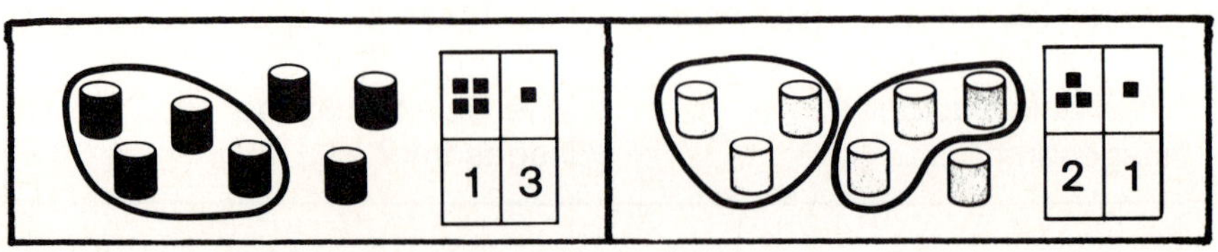

(aus "Mathematik - Denken und Rechnen 1")

(VII) Die Aktivitäten des Bündelns lassen sich nun zur Erweiterung des Zahlbereiches einsetzen. Dabei kommt der Zehnerbündelung die zentrale Rolle zu. Sie wird einerseits im Tausch von zehn Würfeln gegen den orangen Stab vollzogen, andererseits durch Bündelungsbilder sichtbar gemacht. Zugleich gilt es jetzt, die zweistelligen Zahlbilder mit den dezimalen Zahlwörtern zu koppeln.

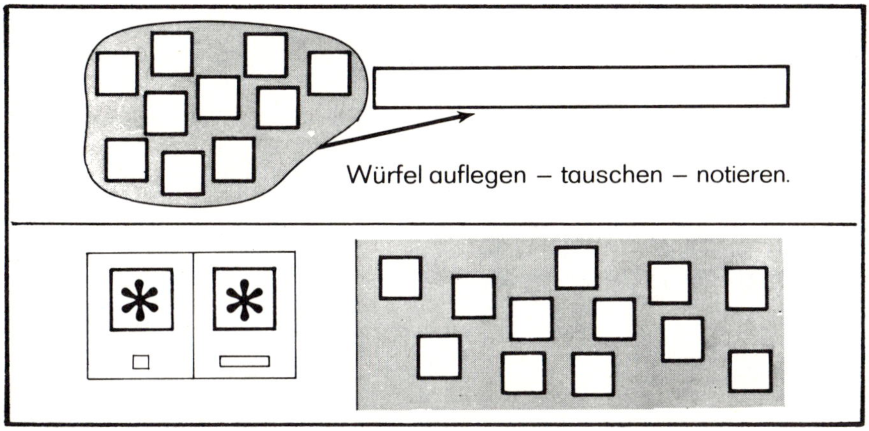

Punkte nach zehn gebündelt	◯	●	Zahlzeichen	Zahlwörter
	1	0	10	zehn
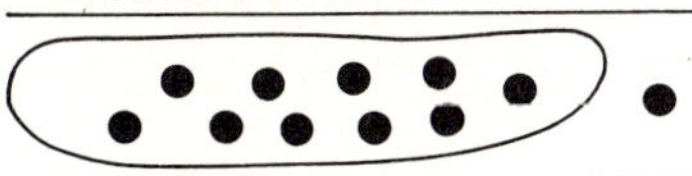	1	1	11	elf
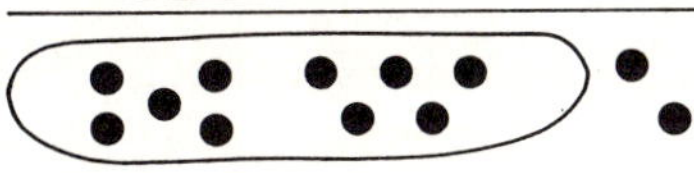	1	2	12	zwölf

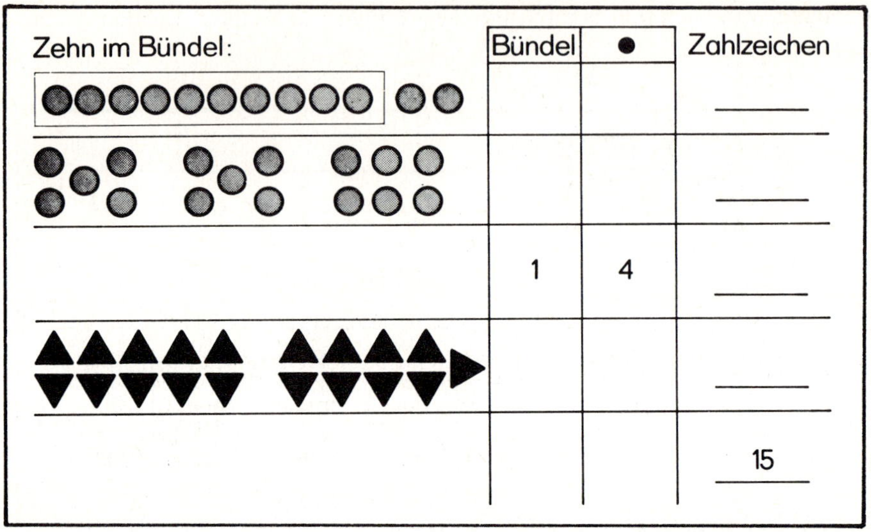

Ein weiteres beliebtes Darstellungsmodell für die Zahlen bis 20 liefert Spielgeld. Beispiel eines zugehörigen Ausschnitts aus einem Schulbuch ("Welt der Zahl/Bayern 1"):

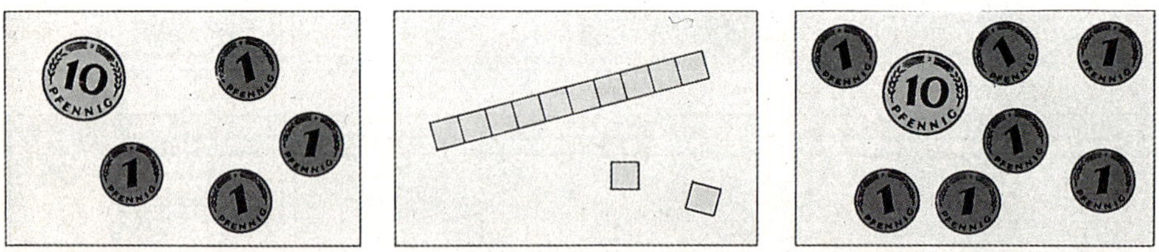

Zehner	Pfennige
1	4

Zehner	Einer
1	2

Zehner	Pfennige
1	7

Lege mit Spielgeld oder Rechenstreifen.

Z	E
1	3

Z	E
0	8

Z	E
1	7

Z	E
2	0

Z	E
0	6

Z	E
1	5

Auch Darstellungen dieser Art sind möglich (aus "Denken und Rechnen 1"):

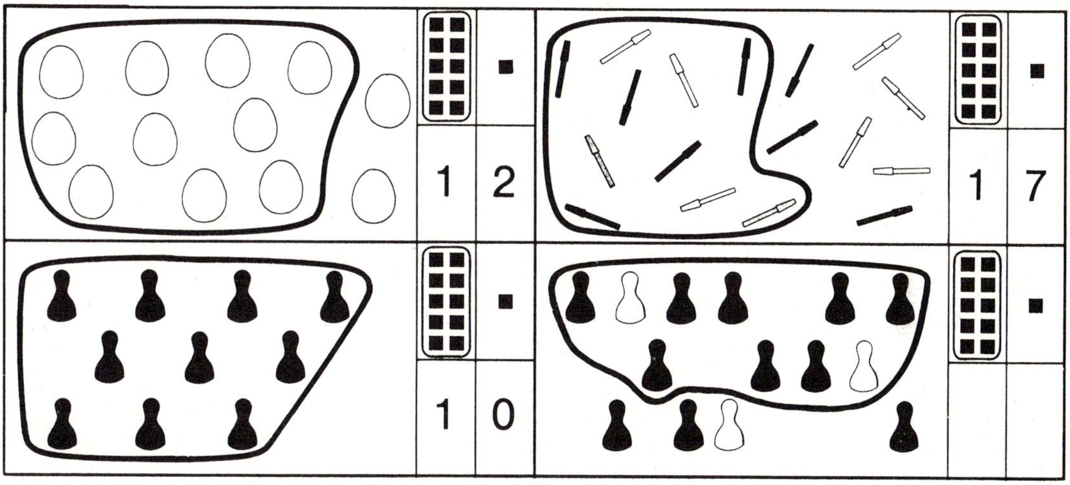

(VII) Am Ende der Sequenz stehen Aufgaben, welche die Ordnung der Zahlen bis 20 betreffen sowie formale Übungen zum Lesen und Schreiben dieser Zahlen. Beispiele:

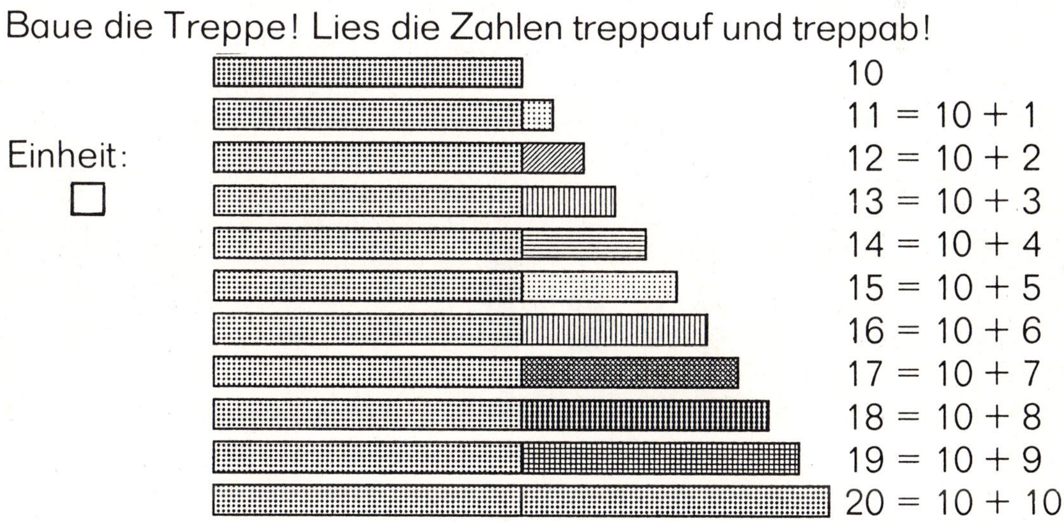

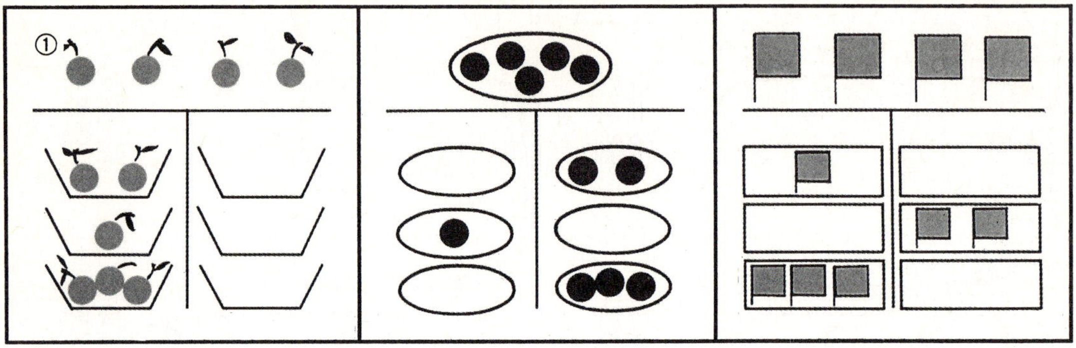

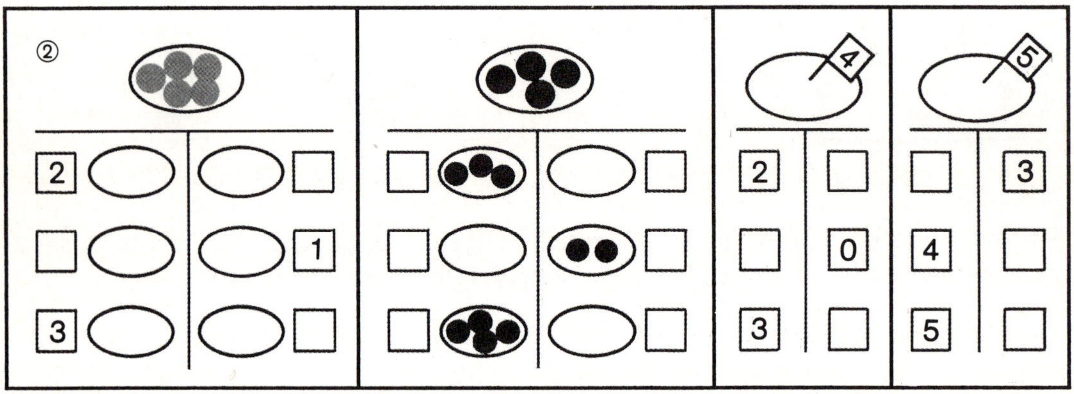

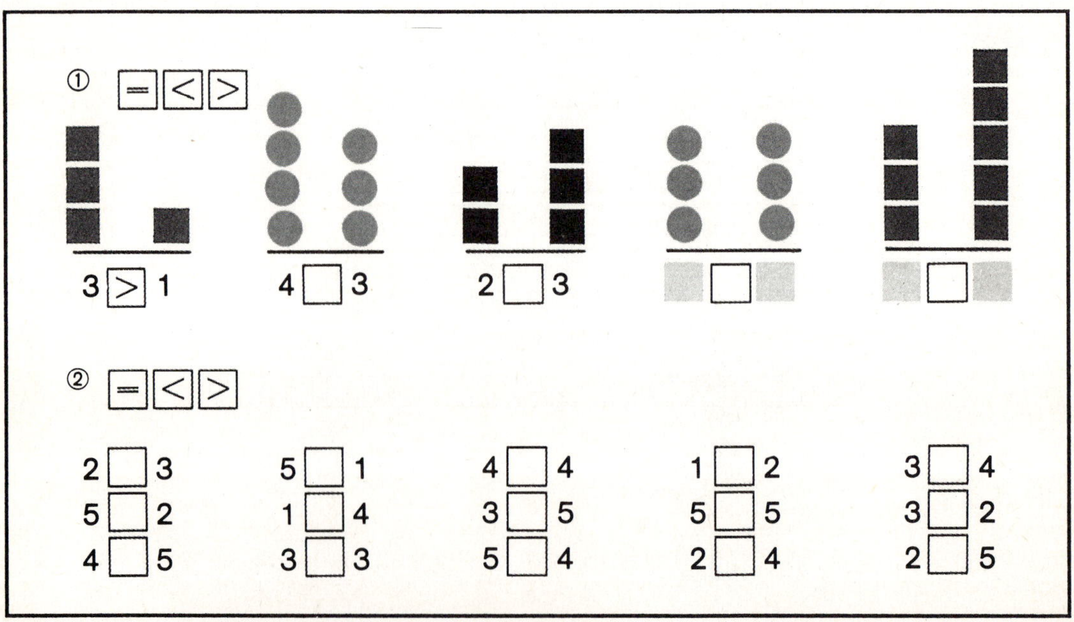

(aus den Arbeitsblättern zu "Welt der Zahl 1")

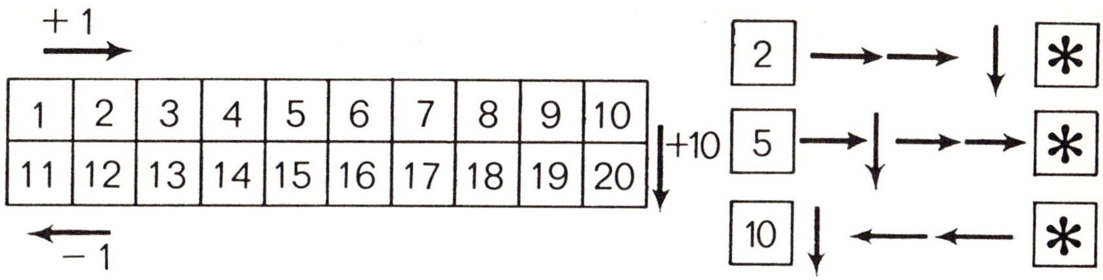

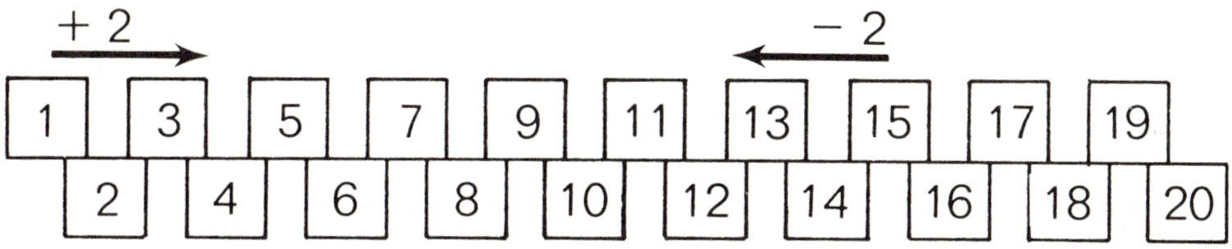

10	zehn
11	elf
12	zwölf
13	dreizehn
14	vierzehn
15	fünfzehn
16	sechzehn
17	siebzehn

	Zehner Einer
16	1Z 6E
11	
13	
14	
10	
15	
20	
19	

1Z 5E	15
1Z 3E	
1Z 2E	
1Z 7E	
2Z 0E	
1Z 1E	
1Z 8E	
1Z 9E	

(aus "Denken und Rechnen 1")

Aufgabe 81.1

a) *Suchen Sie zu jedem der Arbeitsschritte (I) bis (VII) der Sequenz eine Kurzbeschreibung (Überschrift), aus welcher die methodische Stufung hervorgeht!*

b) *Überlegen Sie für die Arbeitsschritte (II) bis (VII), durch welche konkreten Situationen die hier aufgezeigte grafische Arbeit im Unterricht vorbereitet werden könnte.* ▪

5.2 Einführung in die Zahlen bis 100 (2. Jgst.)

(I)

Das sind Zweierzüge:

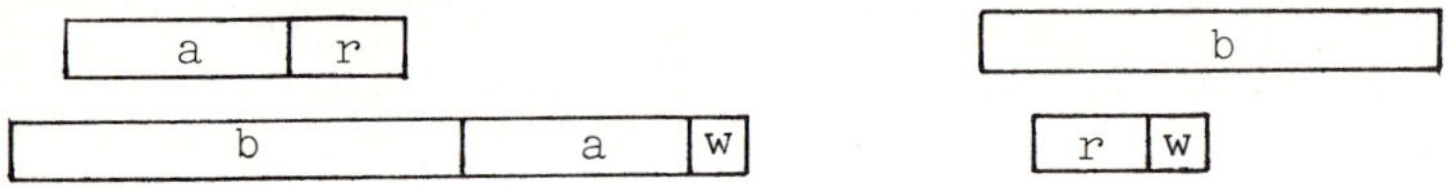

Baue auch solche Züge.

Das sind die Vorschriften:

(1) Als Wagen nur solche Stäbe:

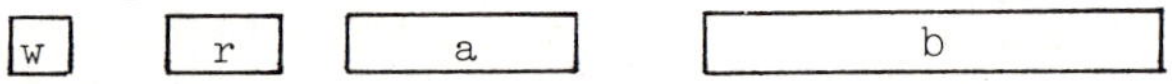

(2) Der längste Wagen eines Zuges steht vorn.

(3) Jedem Wagen dürfen nur kürzere Wagen angehängt werden.

Es ist eine erste Spielsituation beschrieben, gemäß der Züge in bestimmter Weise aus Farbenstäben zusammengestellt werden. Der Name "Zweierzüge" bezieht sich zuerst einmal auf die zugelassenen Stablängen. (Würfellänge als Einheit und die darauf bezogenen Längen 2; 4 = 2^2; 8 = 2^3). Die weiteren Vorschriften betreffen die Anordnung der die Stellenwerte vertretenden Stabtypen sowie die Beschränkung auf die Anzahlen (Ziffernwerte) 0 und 1 in jeder "Stelle". Wenn anhand von ersten gemeinsamen Übungen die Regeln erkannt sind, werden die Schüler zu systematischen Untersuchungen angehalten, z.B. beim Bau von Zügen bestimmter Länge:

Welcher Zweierzug paßt hier?

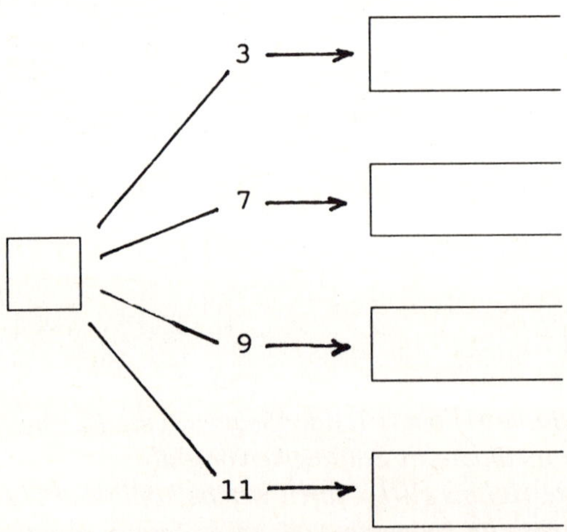

In Gruppen wird schließlich der Auftrag verfolgt, möglichst viele Zweierzüge zusammenzustellen. Es gibt Züge der Würfellängen 1, 2, ... bis 15. Kann man zwei gleich lange Züge bauen, die nicht gleich gebaut sind? Solche Denkanstöße bringen die Eindeutigkeit der Dualdarstellung (um die es sich hier ja handelt) ins Bewußtsein. Dann übertragen wir die Spielsituation auf neue Regeln:

Das sind Dreierzüge:

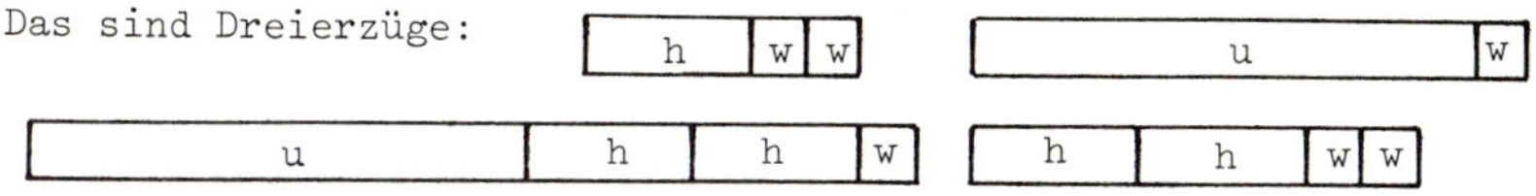

Baue auch solche Züge. Das sind die Vorschriften:

1. Als Wagen nur solche Stäbe: 

2. Lange Wagen vorne, kurze Wagen hinten.
3. Es dürfen höchstens 2 Wagen die gleiche Farbe haben.

Die Schüler vergleichen Aufbau und Länge der Züge miteinander sowie speziell mit der Einheitslänge des Würfels. Wir können das Ausmessen der Zuglängen in ein Spielgeschehen einbeziehen, indem wir z.B. sagen, daß in jedem Wagen des Zuges so viele Reisende mitfahren können, wie auf ihm Würfel Platz haben. Der Würfel ist dann ein "Einplätzer", der grüne Wagen ein "Dreiplätzer" und der blaue Wagen ein "Neunplätzer". Der längste Dreierzug unseres Spieles hat je 2 Wagen eines Typs und bietet somit 26 Plätze ($2 \cdot 9 + 2 \cdot 3 + 2 \cdot 1$).
Die systematischen Untersuchungen können jetzt so angeregt werden: wie sieht der Zug aus, den vier Reisende füllen? Was für einen Zug benötigen wir für fünf Leute? Jetzt kommt noch ein Fahrgast dazu, so daß es sechs Reisende sind. Was für einen Zug stellst du jetzt bereit?
Das Spiel kann vielfältig ausgebaut werden. Beispiele:
a) Die Züge "hellgrün - weiß" und "hellgrün - weiß - weiß" treffen beide vollbesetzt im Bahnhof ein. Es ist ein möglichst kurzer Dreierzug bereitzustellen, der aber alle Reisenden aus den beiden Zügen aufnehmen kann.
b) Aus dem vollbesetzten Zug "blau - blau" steigen Leute in den Zug "hellgrün - hellgrün - weiß" um und füllen diesen. Was für einen Dreierzug benötigen die restlichen Reisenden?
c) Der Zug "blau - hellgrün - weiß" trifft an der Grenze ein. Jenseits der Grenze fährt ein Zweierzug mit gleich vielen Plätzen weiter.
Übungen dieser Art bereiten die Addition und Subtraktion nach Stellenwerten und den Übergang von einem System ins andere vor.

(II) Ein nächster Schritt führt auf die Charakterisierung von Zügen mit Ziffernfolgen, erarbeitet anhand einer Tabelle, in der die Anzahlen eingetragen werden, in denen die Stabtypen im Zug vertreten sind.

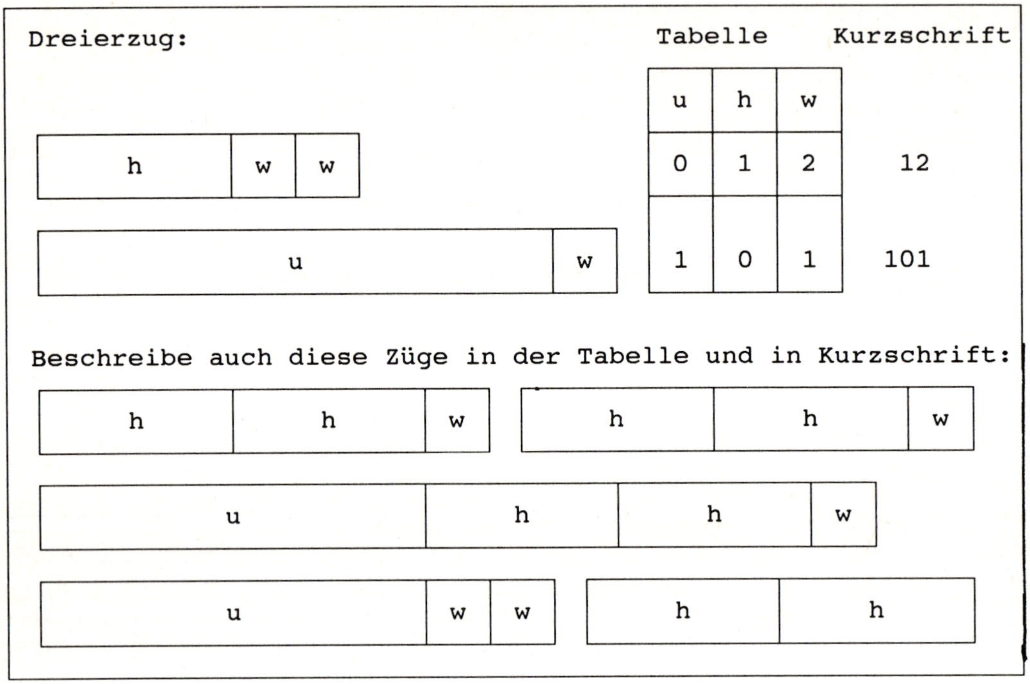

Die beiden aufgeführten Beispiele machen insbesondere darauf aufmerksam, daß im Übergang zur Kurzschrift außerhalb der Tabelle die Null zuvorderst weggelassen werden kann, während die Null in der Schreibfigur 120 eine wichtige Information liefert und keinesfalls wegfallen darf. Im Rahmen des vorher beschriebenen Spieles mit Plätzen für Reisende kann man für den dritten der aufgezeichneten Züge sagen: Es ist der Dreierzug "21" (gelesen: zwei-eins) mit 7 Plätzen. Wir haben damit eine Umsetzung der "Dreierzahl" in die dezimale Deutung gegeben. Beim nächsten Zug heißt sie so: Es ist der Dreierzug "112" mit 14 Plätzen. Wieder lassen sich vielfältige Übungsformen entwickeln. Beispiele:

	u	h	w
1. Zug	1	0	2
2. Zug		2	2
3. Zug	1	1	1
4. Zug	2	0	1
5. Zug	2	1	2

a) Baue die Dreierzüge, die in der Tabelle beschrieben sind!
Gib die Zugbeschreibung auch in Kurzschrift an.

b) Wie viele Reisende haben im Dreierzug 102 Platz?

c) Baue die Dreierzüge 11 und 21.
Sie sollen durch einen einzigen mit gleich vielen Plätzen ersetzt werden.
Wie heißt die Kurzschrift zum neuen Zug?

d) Die Kurzschrift für zwei Dreierzüge lautet 102 und 120. Welcher dieser Züge ist länger? Baue die Züge und vergleiche.

e) Vergleiche auch die Länge der Züge 201 und 210.

f) Warum kommen in unseren Zahlenangaben nur die Ziffern 0, 1, 2 vor? Wie verhält es sich, wenn wir Zweierzüge bauen und durch Zahlen beschreiben?

g) Ein Zug soll die Länge von 7 Würfeln haben (7 Plätze). Hans baut einen Dreierzug und notiert ihn mit Ziffern; Christian baut einen Zweierzug und notiert auch mit Ziffern. Wie heißen die Ergebnisse?

h) Barbara hat drei Dreierzüge so beschrieben: 021, 201, 120. Bei welcher Beschreibung hätte sie die Null weglassen dürfen?

i) Wie beschreibst du diese Züge:

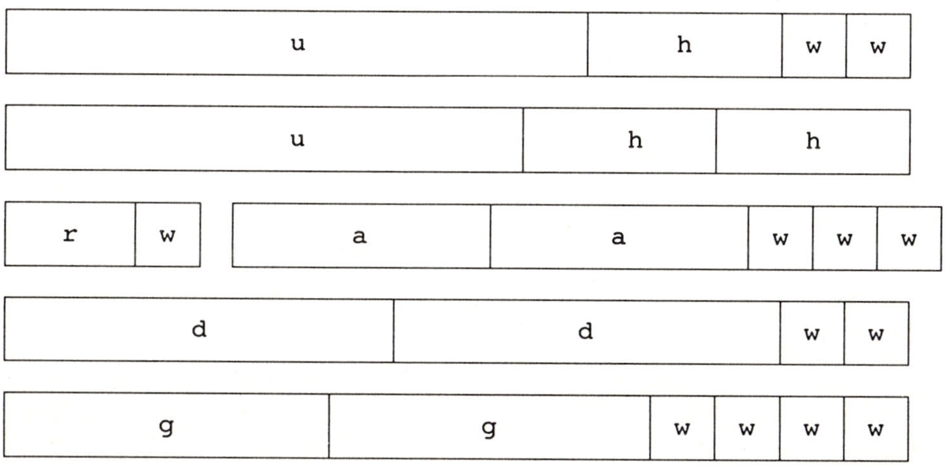

1 cm	weiß	w	5 cm	gelb	g
2 cm	rot	r	6 cm	dunkelgrün	d
3 cm	hellgrün	h	9 cm	blau	u
4 cm	lila	a			

(III) Die nächste Untersuchung betrifft das Zählen. Die Schüler müssen hier die Anordnung der Stäbe in den Schritt für Schritt verlängerten Zügen genau beachten und erhalten parallel dazu Einblick in das Wechselspiel der Ziffern 0, 1, 2 in den einzelnen Spalten der Tabelle, d.h. in den drei Positionen der Zahldarstellung, auf die wir uns beschränken.

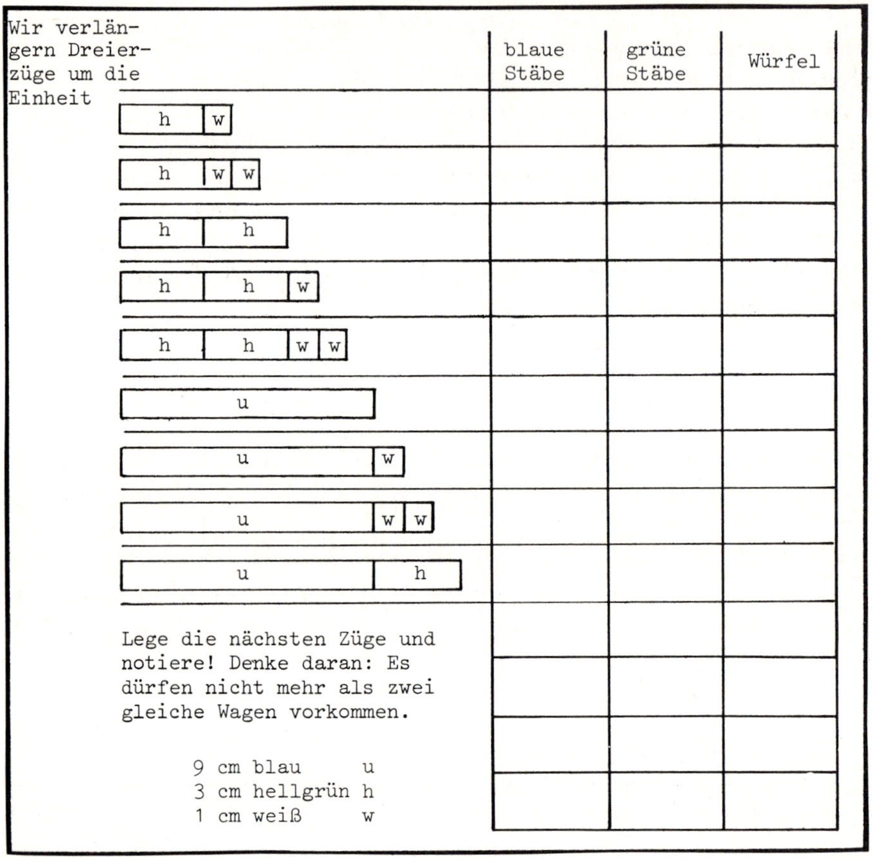

Es empfiehlt sich, die vorgeschlagene Übung auf weitere Systeme zu übertragen. Z.B. bilden wir Schülergruppen, die nebeneinander den Zählvorgang in verschiedenen Systemen protokollieren und ihre Ergebnisse ständig vergleichen. Neben das Aufbauen der Züge bzw. Vorwärtszählen tritt das schrittweise Abbauen bzw. Rückwärtszählen:

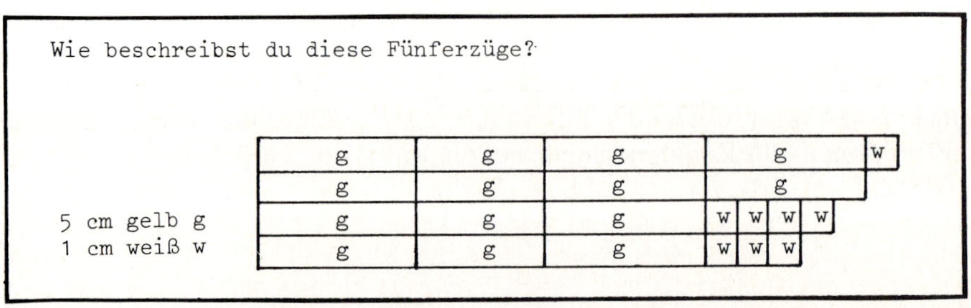

Vielleicht demonstrieren wir für ein System die Möglichkeit der Erweiterung des Spiels über den beschränkten Bereich der Farbenstäbe hinaus. Wir schneiden beispielsweise Papierstreifen für den Bau von Viererzügen. Wie lange müssen wir sie wählen? Den Farbenstäben weiß und lila entsprechend soll es Streifen der Länge 1 cm und 4 cm geben. Wir schneiden aber

auch noch längere Wagen aus, nämlich solche der Länge 16 cm (viermal die Viererlänge.) Nun werden noch zugehörige Farben vereinbart, z.B. hellblau für die Sechzehnerwagen. Unsere Viererzüge haben dann Wagen in den Farben weiß, lila und hellblau. Mit ihnen lassen sich viele und lange Züge bauen. Mögliche Aufgaben:
Wie heißt die Regel?
Wie sieht der Zug aus, der zu 123 (ein-zwei-drei) gehört?
Wer baut den Zug zu 203?
Die beiden Züge sollen zusammengesetzt werden. Dann tauschen wir Streifen aus, so daß wieder ein richtiger Viererzug entsteht. Wie lautet die Kurzschrift des neuen Zuges? (Ergebnis: 332).

(IV) In erster Linie müssen die Schüler mit den Dezimaldarstellungen der Zahlen vertraut werden. Auch dafür läßt sich die hier entwickelte Methodik des Zügebauens mit Farbenstäben einsetzen, obwohl natürlich die Züge bald zu lang und damit zu unhandlich werden. Es ist aber wichtig, daß die konventionell bevorzugte Dezimaldarstellung im Zusammenhang mit den anderen Systemen gesehen wird und daß man auch erkennt, daß alle diese Systeme ein und dieselbe Stellenwertidee verwirklichen. Die einzelnen Systeme sind durch die unterschiedlichen Grundzahlen voneinander abgehoben.

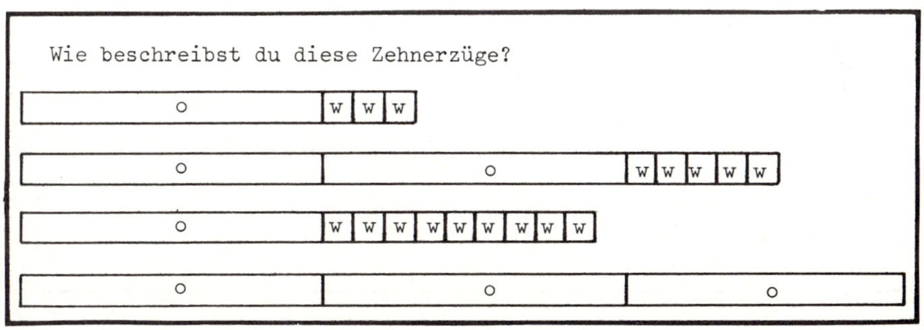

Ein Zehnerzug repräsentiert diejenige Ziffernfolge, mit der wir gewöhnlich die zugehörige Längenmaßzahl darstellen und der auch das zugehörige Zahlwort entspricht.

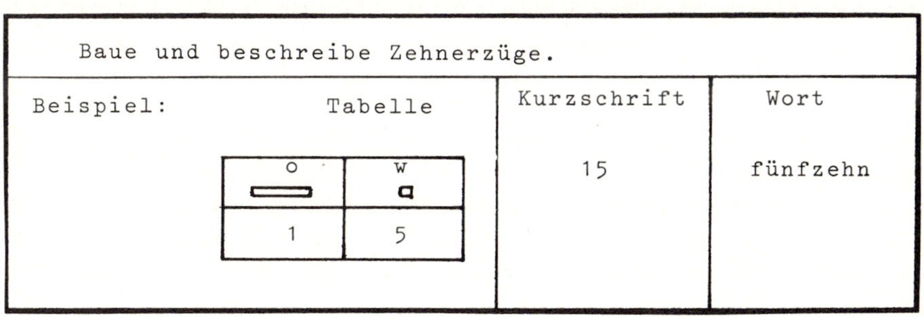

(V) Ein letzter Hinweis gilt der Möglichkeit, Zehnerzüge rechenmethodisch einzusetzen. Es geht um das Addieren und Subtrahieren von 1 bzw. von 10 zu zweistelligen Zahlen. Wir wollen sehen, wie sich diese Vorgänge in der dekadischen Zahldarstellung widerspiegeln. Die folgenden Stabbilder geben dazu eine Stütze im Konkreten.

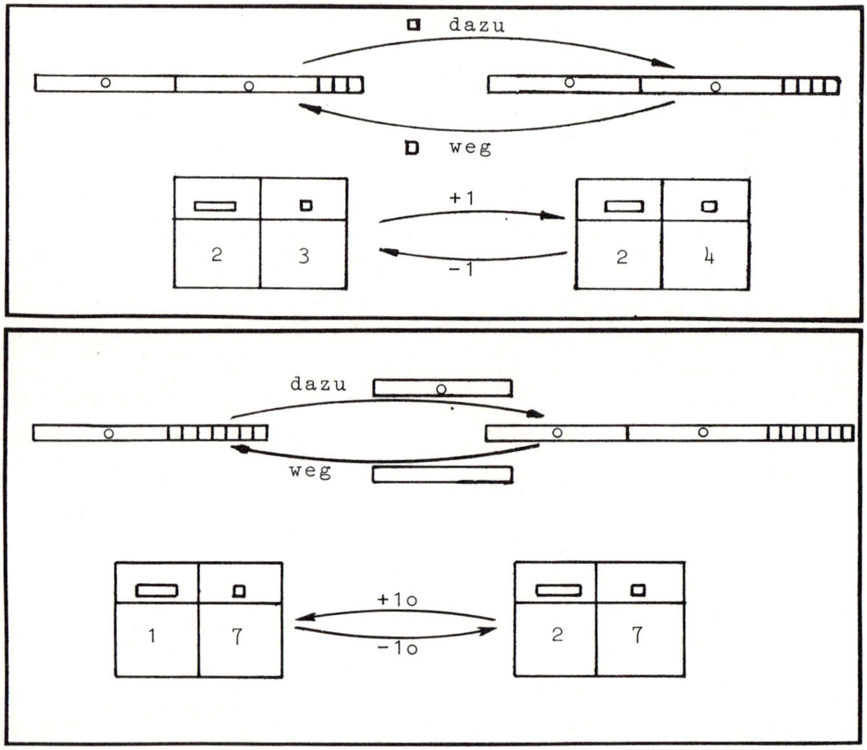

Dem Addieren und dem Subtrahieren von 1 entspricht bei Zügen der Zehnerkette das Hinzufügen bzw. das Wegnehmen eines Würfels; Addition und Subtraktion von 10 erscheinen hingegen als Hinzufügen bzw. Wegnehmen eines Stabes. Die stark verkleinerten Bilder sollen an die entsprechenden Handlungen erinnern und zugleich die Konstanz in der anderen Stellenposition zeigen: Bei +1 ändert sich in dem Fall, wo kein Zehnerübergang stattfindet, die Anzahl der orangen Stäbe nicht, bei +10 bleibt die Anzahl der Würfel konstant.

Aufgabe 88.1

a) Lesen Sie die vorausgehende Sequenz noch einmal unter dem Gesichtspunkt des Vergleichs mit der Sequenz 5.1! Ordnen Sie, soweit möglich, den Arbeitsschritten von 5.2 entsprechende Arbeitsschritte von 5.1 zu! In welcher Hinsicht führen die Arbeitsschritte von 5.2 die entsprechenden von 5.1 weiter?

b) Versuchen Sie auch, die Sequenz 5.2 auf Unterrichtseinheiten zu verteilen! Welche der genannten Übungen könnten als Hausaufgabe gestellt werden? ■

Aufgabe 89.1

Die vorausgehende Lernsequenz stützt sich ganz und gar auf das Arbeitsmittel Farbenstäbe. Andere Lernsequenzen stützen sich nur auf das zweistufige Bündeln von konkreten und gezeichneten Objekten. So z.B. die Sequenz eines Schulbuchs ("Welt der Zahl 1", Ausgabe für Bayern), die so beginnt:

Klaus bündelt 17 Plättchen. Wie macht er das?

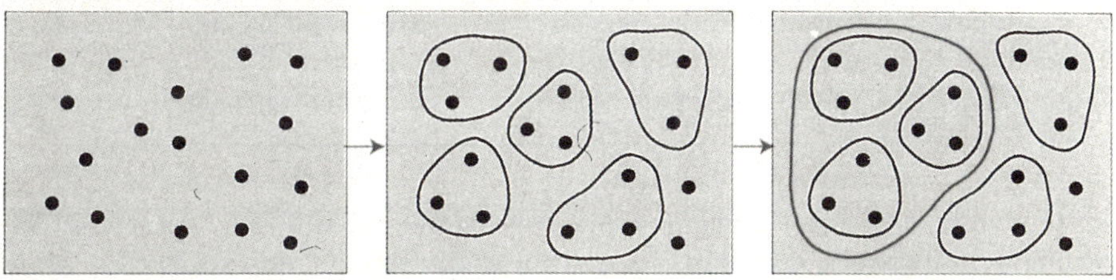

Klaus hat zum Schluß 1 Neunerbündel, 2 Dreierbündel und 2 Einzelne. Zeige.

Bündele immer 3, dann schreibe das Ergebnis auf.

9er	3er	E

9er	3er	E

9er	3er	E

Bündele immer 3.

16 Plättchen		
9er	3er	E

18 Plättchen		
9er	3er	E

20 Plättchen		
9er	3er	E

a) Versuchen Sie selbst einen Aufbau allein auf der Grundlage des Bündelns.

b) Wie könnte eine Lernsequenz aussehen, die das Bündeln mit dem Tauschen im Stabmodell verbindet? ■

5.3 Einführung in die Zahlen bis 1000 (3. Jgst.)

5 Würfel ⟶ 1 Stange
5 Stangen ⟶ 1 Platte

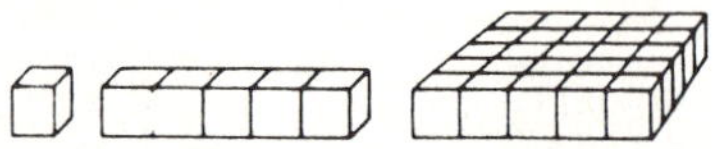

a) Tausche wie verlangt in lauter Würfel um:
- 4 Stangen
- 2 Stangen und 3 Würfel
- 1 Platte und 4 Stangen
- 2 Platten und 2 Würfel

b) Tausche in möglichst große Stücke:
27 (23, 35, 47) Würfel

3 Würfel ⟶ 1 Stange
3 Stangen ⟶ 1 Platte

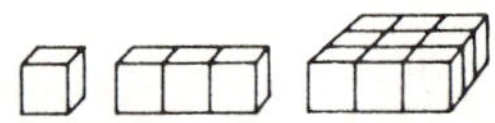

a) Tausche wie verlangt in lauter Würfel um:
- 2 Stangen
- 1 Stange und 2 Würfel
- 1 Platte
- 2 Platten, 2 Stangen und 1 Würfel

b) Tausche in möglichst große Stücke:
19 (22, 12, 26) Würfel

Die erste Aufgabe nimmt Bezug auf die sog. Mehrsystemblöcke von DIENES (siehe Beschreibung im Abschnitt 4.3) und sollte womöglich anhand des konkreten Materials gelöst werden. Da vorerst nur dreistellige Zahlnotationen erarbeitet werden (Zahlbereich bis 1000), scheint eine Beschränkung auf 1-cm^3-Würfel sowie Stangen und Platten als Einheiten angezeigt. (Die zumeist als "Blöcke" bezeichneten großen Würfel bleiben unberücksichtigt.) Das Material gibt die quantitativen Beziehungen zwischen den Einheiten geometrisch wieder und eignet sich daher besonders gut zur Einführung in das Tauschen. Dieses muß nicht auf die beiden hier angesprochenen Systeme der Grundzahlen 5 und 3 beschränkt bleiben. Insbesondere sollte natürlich das wichtige dekadische System einbezogen sein. Übungen dazu können folgendermaßen aussehen (Arbeitsblatt):

umtauschen	(Würfel)	1o	20	-	-	1oo	-	9o	-
	(Stange)	1	-	4	7	-	6	-	11

	Nimm	Tausche in	Es sind:
a)	2 Platten und 3 Stangen	Stangen	_____ Stangen
b)	5 Platten und 7 Stangen	Stangen	_____ Stangen
c)	1 Platte	Würfel	_____ Würfel
d)	1 Platte und 1 Würfel	Würfel	_____ Würfel
e)	1 Platte und 2 Würfel	Würfel	_____ Würfel

(II) Der nächste Schritt knüpft an das bereits früher erlernte Bündeln an und führt diesen Vorgang in die zweite Stufe fort. Die zentrale Idee hierbei tritt deutlich hervor, wenn man die Grundzahl variiert. Insbesondere sollten an dieser Stelle auch kleinere Grundzahlen gewählt werden, weil die Schüler bei entsprechenden Bündelungen leichter den Überblick behalten können.

a) Wie viele Kreise insgesamt?

b) Wie viele Bündel 1. Stufe insgesamt?

c)

Bündel 2.Stufe	restl. Bündel 1.Stufe	restl. Kreise
*	*	*

a) Bündle 23 Kreise nach der Grundzahl 3

Je 3 Kreise ergeben ein Bündel 1. Stufe.- Je 3 Bündel 1. Stufe ergeben ein Bündel 2. Stufe.

Schreibe das Ergebnis in einer Tabelle auf (wie oben bei c)!

b) Was ergibt sich, wenn du 23 Kreise nach der Grundzahl 5 bündelst?

c) Bündle auch 19 Kreise nach den Grundzahlen 3 und 5.

5 Dreiecke ergeben ein Bündel 1. Stufe; 5 Bündel 1. Stufe ergeben ein Bündel 2. Stufe

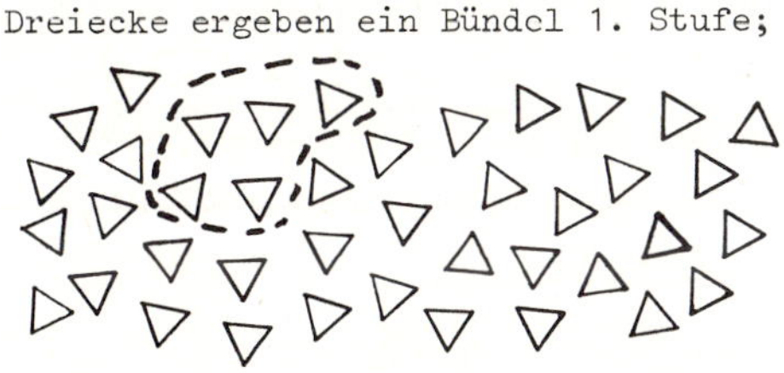

Ergebnis:

Bündel 1.Stufe	Bündel 2.St.	Einzelne

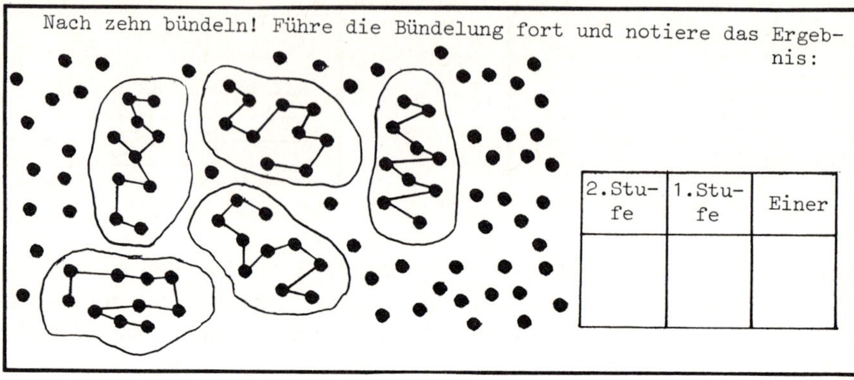

(III) Im Zusammenhang mit Bündelungen kann der Übergang zu den Wertmarken vollzogen werden. Als Wertmarken bezeichnen wir Plättchen von verschiedener Form oder Aufschrift, die nach vorgegebener Regel untereinander ausgetauscht werden können. Durch die Tauschvorschriften ist für die Marken ein "Wert" definiert.

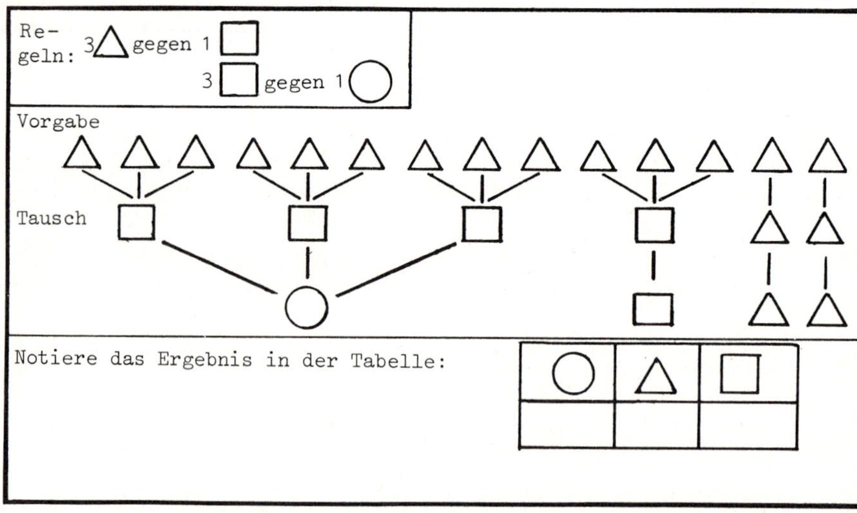

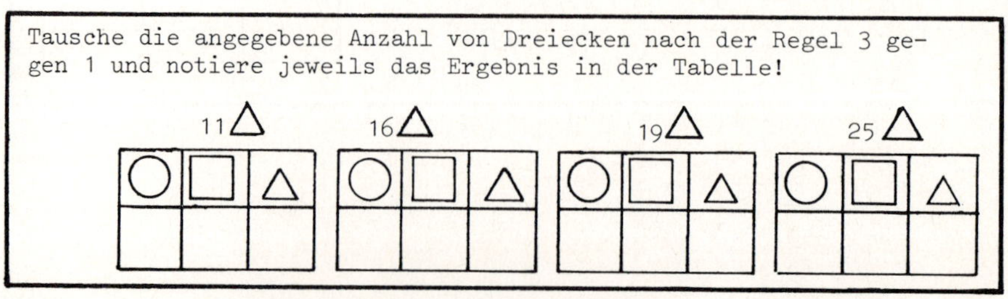

Tauschregeln: (r)(r)(r)(r) → (g) | (g)(g)(g)(g) → (b)

Tausche nach diesen Regeln in möglichst wenige Marken um:

a) 25 rote Marken
b) 35 rote Marken
c) 19 rote Marken
d) 32 rote Marken
e) 7 gelbe Marken
f) 9 rote und 9 gelbe Marken
g) 24 rote und 1 gelbe Marke
h) 63 rote Marken

(IV) Nun erfolgt eine Spezialisierung auf Wertmarken, die für die dekadische Zahldarstellung geeignet sind und die jedem Schüler (womöglich in farbiger Ausführung) verfügbar sein sollten.

(E) Einermarke; Wert: 1	(Z) Zehnermarke; Wert: 1o	(H) Hundertermarke; Wert: 1oo

a) Welchen Wert haben | 4 | 1o | 7 | 9 | 5 | 12 | Zehnermarken?

b) Welchen Wert haben | 2 | 3 | 4 | 9 | 6 | 7 | Hundertermarken?

Welche Werte sind dargestellt?

a) (Z)(Z)(Z)(Z)(E)(E)(E)
b) (H)(Z)(E)(E)(E)(E)
c) (H)(H)(H)(E)(E)
d) (H)(H)(Z)(Z)(Z)(Z)(E)

Stelle mit Wertmarken dar!

a) zweihundertsechzehn
b) vierhundertunddrei
c) hundertvierunddreißig
d) achthundertneunundvierzig

	H Marken	Z Marken	E Marken
a)	0	3	5
b)	3	5	0
c)	3	0	5
d)	1	4	8
e)	7	7	0

Nimm die in der Tabelle notierten Anzahlen von Wertmarken! (Aufgabe a: Keine Hunderter, 3 Zehner und 5 Einer)
Welche Werte sind jeweils dargestellt?

Bei der zuletzt vorgestellten Aufgabe deutet sich bereits der Übergang zur Stellenwerttabelle an. Selbstverständlich können auch andere Objekte beigezogen werden, denen die Stellenwerte des dekadischen Systems zugeordnet sind. Häufig werden Münzen als Wertmarken benutzt, obwohl hier eine willkürliche Beschränkung auf bestimmte Sorten immer als ein Verstoß gegen die Lebensnähe erscheint. Aufgabenbeispiel:

Eine DM ist 1oo Pfennige wert.
Welche Pfennigbeträge sind dargestellt?

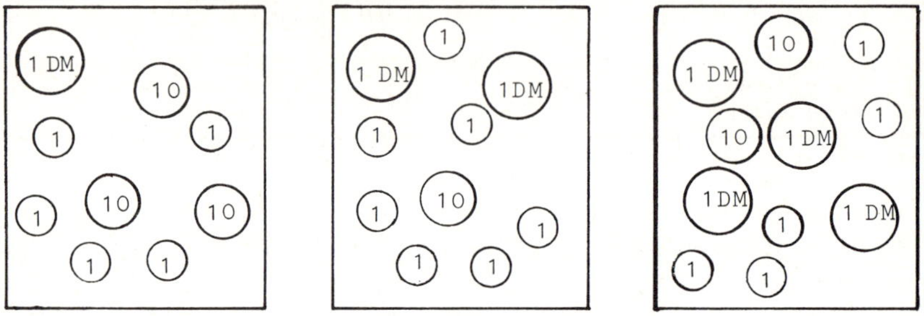

(V) Der bisher aufgezeigte Wechsel der Modelle soll die Abstraktion fördern. Dies kann durch folgende Zusammenschau- und Übungsaufgaben zusätzliche Impulse erfahren:

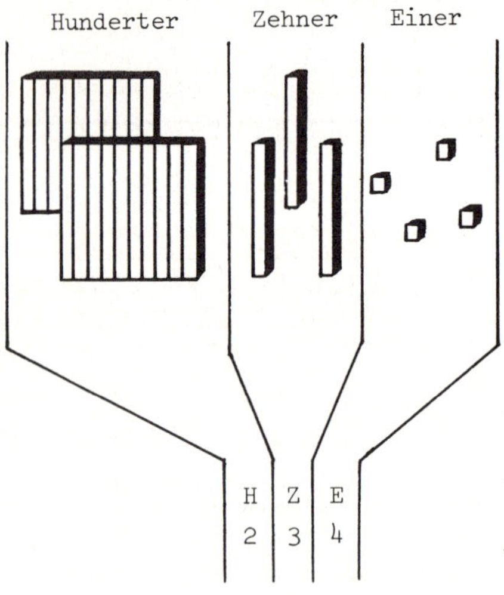

Lege in gleicher Weise Systemblöcke aus und notiere in der Tabelle:

a) 1 Platte, 2 Stangen, 7 Würfel
b) 5 Platten und 2 Würfel
c) 9 Stangen und 6 Würfel
d) 6 Platten, 4 Stangen, 8 Würfel

Welche Systemblöcke sind hier auszulegen:

	H	Z	E
e)	2	3	1
f)	4	o	9
g)	1	6	o

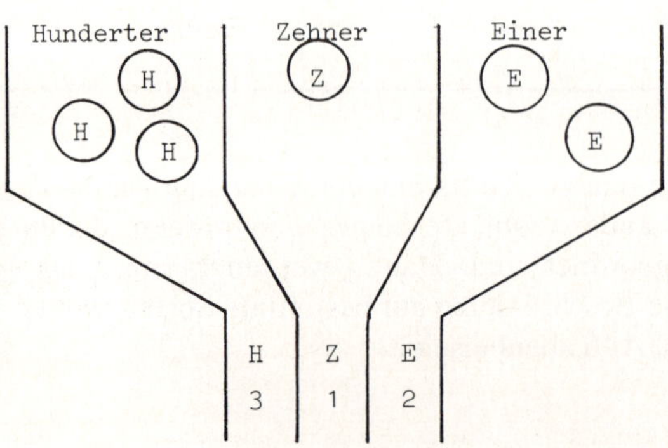

Stelle die in der vorausgehenden Aufgabe bestimmten Zahlen auch mit Wertmarken dar! Notiere sie auch in der Form:
3 H + 1 Z + 2 E (Beispiel)

Welche Zahlen sind hier mit Wertmarken dargestellt? Die Werte der Marken sind nicht mehr aufgedruckt; man erkennt sie aus der Tabelle!

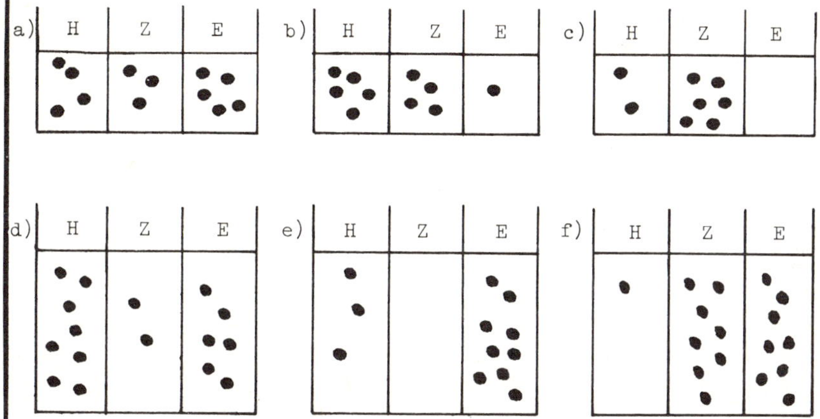

(VI) Die "neutralen" Wertmarken erhalten, wie die Ziffern der Zahlnotation, ihren Stellenwert nur noch durch den Platz in der Stellenwerttabelle. Der Wert ändert sich, sobald die Marken in eine andere Spalte gesetzt werden. In den nachfolgenden Aufgaben ist nur noch von Hundertern (H), Zehnern (Z) und Einern (E) die Rede. Den Schülern sollte es aber nicht verwehrt sein, damit konkrete Modellvorstellungen zu verbinden und eventuell je auf frühere Konkretisierungen zurückzugreifen.

H	Z	E
3	7	5
2	8	9
8	7	7
5	9	1
3	0	6
5	4	0
8	8	8
1	6	4

In der Tabelle sind dreistellige Zahlen festgelegt.

a) Die erste Zahl kann auch so wiedergegeben werden:
3 H + 7 Z + 5 E (3 Hunderter + 7 Einer + 5 Einer). Setze alle Zahlen der Tabelle in diese Form!

b) Man kann die erste Zahl auch so wiedergeben: 300 + 70 + 5 (dreihundert + siebzig + fünf).
Setze alle Zahlen der Tabelle in diese Form!

c) In Kurzschrift wird die erste Zahl so geschrieben: 375 (dreihundertfünfundsiebzig).
Notiere alle Zahlen der Tabelle in Kurzschrift und lies sie dann!

1. Zahl: 9 H + 4 Z + 2 E
2. Zahl: 4 H + 1 Z + 8 E
3. Zahl: 7 H + 1 Z + 3 E
4. Zahl: 2 H + 2 Z + 2 E
5. Zahl: 5 H + 8 Z
6. Zahl: 5 H + 8 E
7. Zahl: 7 H + 6 Z
8. Zahl: 200 + 50 + 7
9. Zahl: 600 + 9

a) Zeichne eine Tabelle für Hunderter, Zehner und Einer und trage die neun Zahlen dort ein!

b) Schreibe die neun Zahlen in Kurzschrift auf!

c) Schreibe für die neun Zahlen die zugehörigen Zahlwörter auf!

Auch im Formalen werden also die Darstellungen variiert. Ein Wechsel der Sicht- und Darstellungsweisen führt, so darf man annehmen, zu einem tieferen Verständnis für die Bedeutung dreistelliger Ziffernfolgen.

(VIII) Die Sequenz schließt mit Übungen, die sich vor allem auf die Ordnung der natürlichen Zahlen bis 1000 beziehen. Einige Beispiele:

111 → 112 → 113 →
111 → 121 → 131 →
111 → 211 → 311 →

In der ersten Zeile wird die Einerziffer jedesmal um 1 vergrößert, in der zweiten Zeile die Zehnerziffer und in der dritten Zeile die Hunderterziffer.

a) Setze die Zeilen weiter fort! Lies die Zahlen!
b) Führe die Änderungen wieder aus, indem du eine andere Startzahl nimmst! (Beispiele: 200, 321, 590)
c) Um wieviel vergrößert sich die Zahl jeweils in der 1. Zeile; um wieviel in der 2. Zeile und um wieviel in der 3. Zeile?

622	814	371	555	174	400	991

Nenne für jede Zahl
a) die beiden Nachbarzahlen (Vorgänger und Nachfolger);
b) die beiden Nachbarzehner;
c) die beiden Nachbarhunderter;
d) die nächsten fünf geraden Zahlen;
e) die zuletzt voranstehende ungerade Zahl!

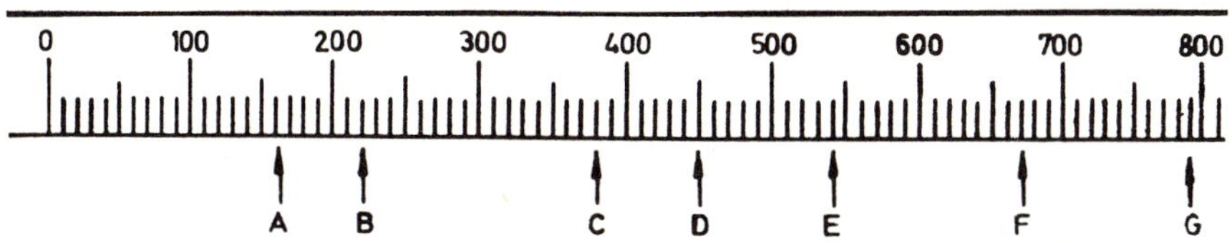

a) Welche Zahlen sind markiert?
b) Denke dir jeden Pfeil um zwei Striche nach rechts verschoben und nenne die so markierten Zahlen!
c) Welche Zahlen wären zu nennen, wenn jeder Pfeil drei Striche nach links verschoben wäre?

Welche Zahl ist größer? Verwende die Zeichen >, < oder = !
a) 2 H oder 15 Z   b) 97 oder 1 H   c) 200 oder 3 H
d) 4 H + 2 E oder 4 H + 8 Z   e) 600 + 9o + 1 oder 691 + 1 oder 691

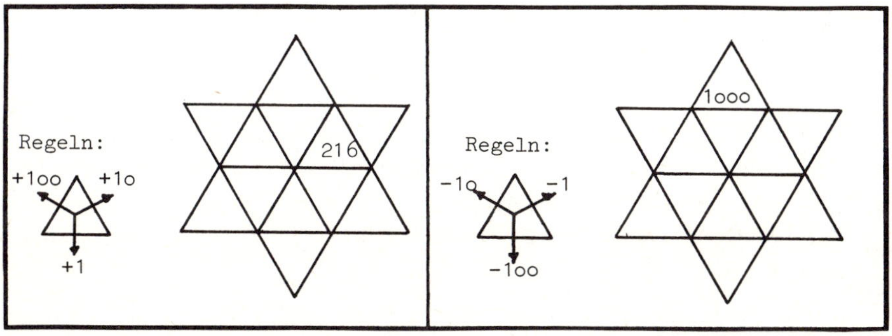

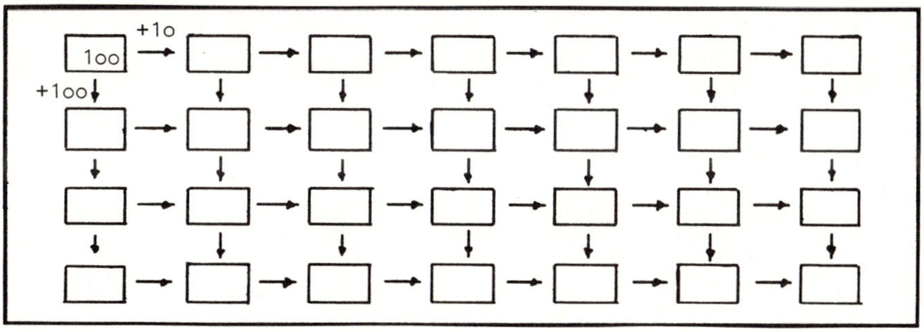

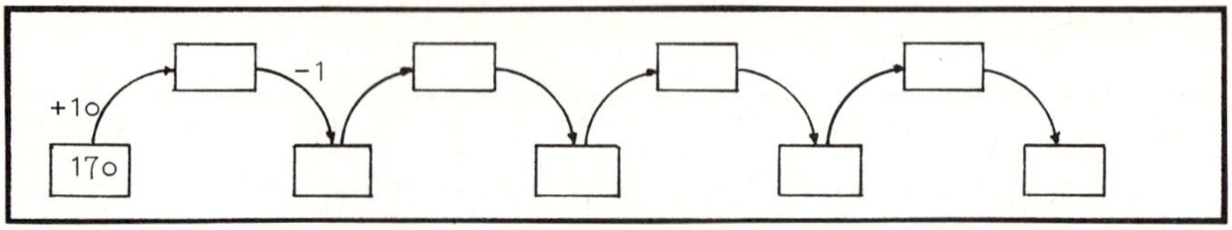


```
Ordne jeweils der Größe nach (beginnend mit der kleinsten
Zahl):
a) 473; 458; 460; 472; 459; 492; 437; 406; 427
b) 530; 620; 350; 540; 450; 580; 850; 260; 440; 700
```

```
Setze die Zahlenfolgen in gleichmäßigen Schritten fort.
a) 270; 290; 310; ... 530      c) 135; 140; 145; ... 220
b) 970; 940; 910; ... 590      d) 458; 468; 478; ... 638
```

Aufgabe 98.1

Die vorausgehende Unterrichtssequenz beginnt mit Aufgaben, die den Schülern konkrete Erfahrungen zum Begriff des Stellenwertsystems vermitteln. Sie schließt mit formalen Übungen, die sich nur auf Zahlzeichen beziehen. Dazwischen liegt eine Phase des Übergangs von der konkreten zur formalen Arbeit.

Ordnen Sie die Arbeitsschritte (I) bis (VII) folgenden drei Stufenbezeichnungen zu:

- *Stufe der konkreten Arbeit;*
- *Stufe des Übergangs (von der konkreten zur formalen Arbeit);*
- *Stufe der formalen Arbeit.*

Aufgabe 98.2

a) Welche der unter 3.2 genannten Grobziele (1) bis (7) werden in den Arbeitsschritten (I) bis (VII) jeweils angesprochen?

b) Formulieren Sie einige zu den Arbeitsschritten (I) bis (VII) passende Feinziele.

Aufgabe 98.3

In dem Schulbuch "Stufen der Mathematik" geht der Einführung der Zahlen bis 1000 ein Abschnitt "Bündeln nach verschiedenen Vorschriften" voraus. In einem Unterabschnitt sollen die Schüler in verschiedenen Systemen addieren und subtrahieren. Beispiele von Aufgaben, die anhand des zuletzt gegebenen Baumdiagramms gelöst werden sollen:

Wir arbeiten im Dreiersystem

[1] Vermindere ein Bündel 2. Stufe um ein Bündel 1. Stufe und zwei Einzelne!
Lege einen Stift auf den Zahlstreifen und verschiebe ihn.
Schreibe so auf: Es bleiben übrig: □ Bündel 1. Stufe, ○ Einzelne

[2] Vermindere zwei Bündel 2. Stufe um ein Bündel 1. Stufe und ein Einzelnes!

[3] Vermindere ein Bündel 3. Stufe um zwei Bündel 1. Stufe und zwei Einzelne!

[4] Vermindere zwei Bündel 2. Stufe um zwei Bündel 1. Stufe und zwei Einzelne!

[5] Vermindere ein Bündel 3. Stufe um ein Bündel 2. Stufe und ein Einzelnes!

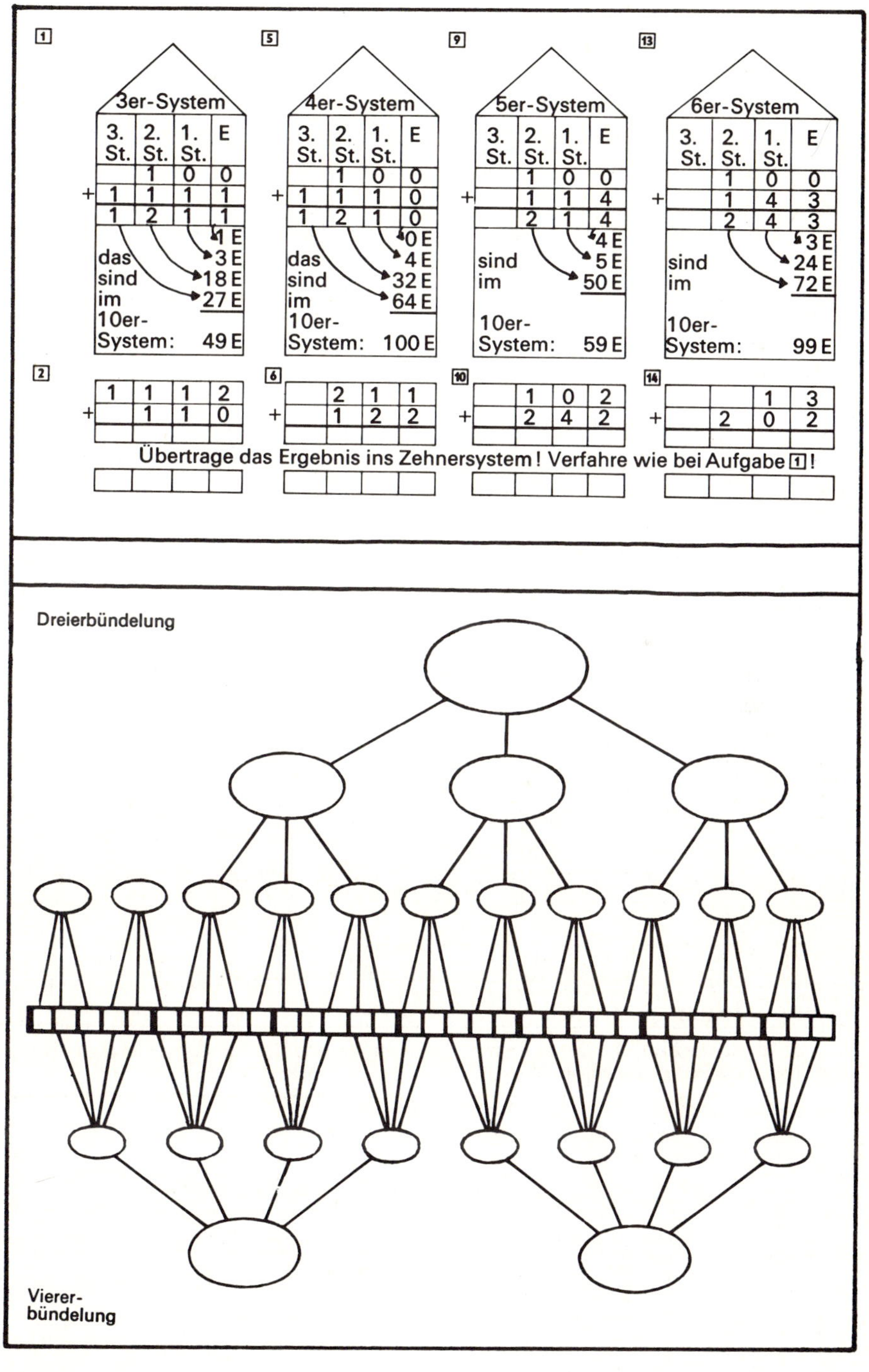

Wie beurteilen Sie solche Aufgaben didaktisch in Anbetracht der Schulstufe, auf die sie bezogen sind? ■

5.4 Zahlen bis zur Million (4. Jgst.)

(I) Zu Beginn der 4. Jgst. sind den Schülern die Zahlen bis 1000 vertraut. Ihr Zahlverständnis soll nunmehr auf natürliche Zahlen bis zur Million ausgedehnt werden.
In einem ersten Schritt erweitern wir die Kenntnisse der Stellenwerte und ihres dekadisch-potentiellen Aufbaus. Wir rufen etwa anhand von Modellhandlungen oder Modellvorstellungen, die auf sogenannte Systemblöcke bezogen sind, die Zahlverhältnisse zwischen den bekannten Stellenwerten in Erinnerung, um mit ihrer Hilfe dann die neu zu erlernenden aufzubauen.

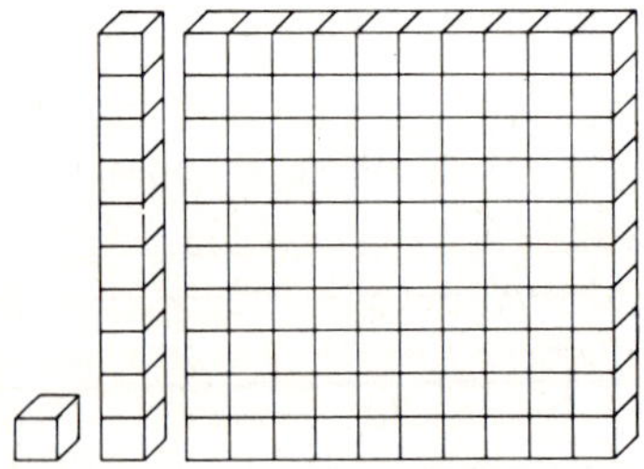

Welche Zusammenhänge bestehen zwischen den aufgezeichneten Blöcken?

Verwende folgende Bezeichnungen und Abkürzungen:

E Einerwürfel

Z Zehnerstange

H Hunderterplatte

Zehn Hunderterplatten lassen sich zu einem Tausenderwürfel zusammensetzen.

a) Wie viele Hunderterplatten sind in | 2 | 3 | 7 | 4 | 8 | 10 | Tausenderwürfeln?

b) Wie viele Zehnerstangen sind in | 1 | 2 | 3 | 6 | 5 | 10 | Tausenderwürfeln?

c) Wie notierst du die Zahl der Einerwürfel in | 1 | 2 | 6 | 9 | Tausenderwürfeln?

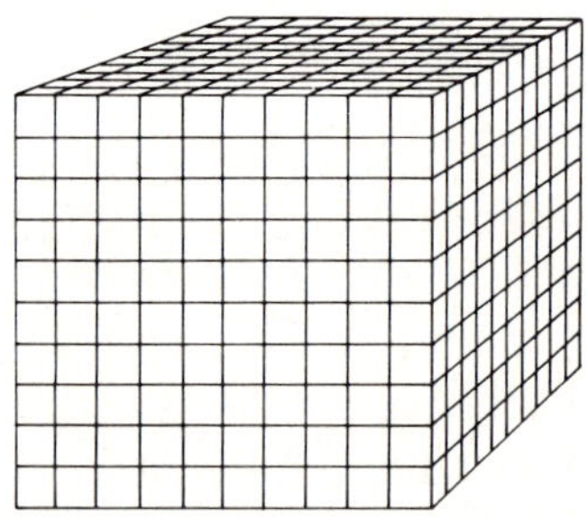

Versuche, dir jeweils die Würfel, Stangen und Platten vorzustellen!

Zehn Einerwürfel bilden eine Zehnerstange. Ebenso lassen sich zehn Tausenderwürfel zu einer Zehntausenderstange zusammensetzen.

Beschreibe den weiteren Aufbau mithilfe der angegebenen Bezeichnungen und Abkürzungen!

T Tausenderwürfel
ZT Zehntausenderstange
HT Hunderttausenderplatte
M Millionenwürfel

a) Wie viele | T | H | Z | E | sind in | 1 | 3 | 4 | 8 | Zehntausenderstangen?

b) Wie viele | ZT | T | H | E | sind in | 1 | 2 | 5 | Hunderttausenderplatten?

c) Wie viele | HT | ZT | T | H | Z | E | sind im Millionenwürfel?

Es ist zu überlegen, ob neben der Arbeit mit den dekadischen auch Aufgaben zu nichtdekadischen Systemblöcken einbezogen werden sollten. In "Bausteine der Mathematik 3" wird z.B. die Sequenz so eingeleitet:

Wir bündeln

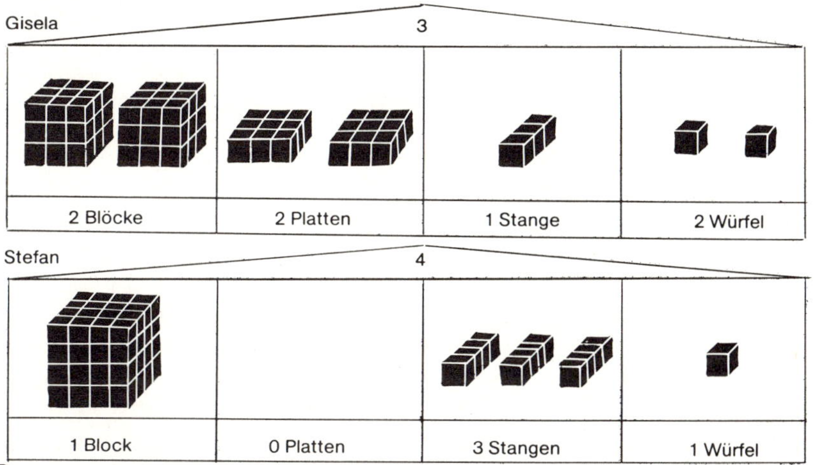

❶ Gisela und Stefan haben die gleiche Anzahl Würfel. Gisela hat sie im Dreiersystem gebündelt, Stefan im Vierersystem.
a) Wie viele Würfel hat jedes der beiden Kinder?
b) Schreibe auf, wie viele Stangen und Würfel eine Bündelung im Zehnersystem ergibt.

❷ Wie viele Würfel braucht man für eine Stange (für eine Platte, für einen Block) im Zehnersystem?

Aufgabe 101.1

a) In welcher Weise könnten Aufgaben zum Dreier- und Vierersystem methodisch in den Schritt I der Sequenz eingefügt werden?

b) Diskutieren Sie Vor- und Nachteile einer solchen Einfügung unter didaktischen Gesichtspunkten. ▪

(II) Die Beziehungen zwischen den Stellenwerten begründen gleichsam Tauschregeln für die Einheiten des Systemblöcke-Modells: 10 Einerwürfel gegen 1 Zehnerstange (10 E = 1 Z), 10 Zehnerstangen gegen 1 Hunderterplatte (10 Z = 1 H), usw. Rechnerisch stellt sich das Tauschen in höhere Einheiten als Division durch 10 (mit Rest) dar.

Marina sagt: "Wenn man 35 Einerwürfel hat, dann kann man 30 dieser Würfel in 3 Zehnerstangen tauschen und behält 5 Einer zurück."

Sie schreibt: 35 E = 3 Z + 5 E

Es sollen stets in möglichst große Blöcke getauscht werden:

a) 35 Zehnerstangen
b) 35 Hunderterplatten
c) 35 Tausenderwürfel
d) 72 Einerwürfel
e) 72 Zehntausenderstangen

Wie kann hier in möglichst große Blöcke getauscht werden?

a) 632 Einerwürfel
b) 2000 Einerwürfel
c) 520 Zehnerstangen
d) 301 Zehnerstangen
e) 400 Hunderterplatten
f) 154 Tausenderwürfel
g) 1000 Tausenderwürfel
h) 23 Zehntausenderstangen
i) 73 Zehntausenderstangen
k) 6 Hunderttausenderplatten

Das Tauschen in niedrigere Einheiten - Entbündeln - gleicht rechnerisch einer Multiplikation mit 10, wobei dann die Werte der einzelnen Positionen schrittweise aufaddiert werden müssen.

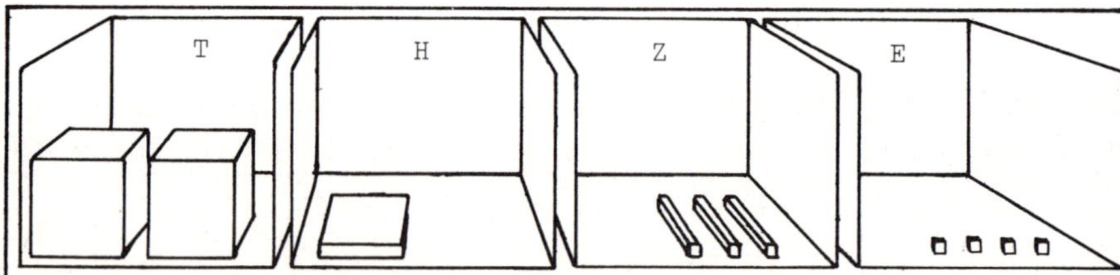

Das Bild zeigt Blöcke, die in ein "Zahlenhaus" einsortiert sind.
Man kann nach folgendem Plan in Einerwürfel umtauschen:

2 T = 20 H, 1 H → ⊕ → 21 H = 210 Z, 3 Z → ⊕ → 213 Z = 2130 E, 4 E → ⊕ → 2134 E

Tausche ebenso in Einerwürfel:

a) 1 T 2 H 5 Z 6 E
b) 4 T 4 H 4 Z 4 E
c) 8 T 5 Z 3 E
d) 7 T 5 H 4 E
e) 3 T 9 E

Tausche in Tausenderwürfel!

a) 1 HT 4 ZT 6 T
b) 2 HT 3 ZT
c) 4 HT 5 ZT 9 T
d) 8 HT 3 T
e) 1 M 9 T
f) 1 M 4 HT 5 ZT
g) 1 M 6 ZT 2 T

(III) Soll das Verständnis der höheren Stellenwerte zu einem festen geistigen Besitz der Schüler werden, so ist es sicherlich von großem Vorteil, im Sinne eines spiraligen Aufbaus anhand eines anderen Modells einen zweiten Ansatz einzuplanen.

Aufgabe 103.1

a) Ein denkbares Modell wären Geldscheine, die den Schülern vielleicht in Form von Spielgeld zur Verfügung stehen. Konstruieren Sie Aufgaben zu diesem Modell, die das Verständnis der Stellenwerte vertiefen können!

b) Wie beurteilen Sie die Einbeziehung des Bündelns von Kringeln, wie es etwa in folgenden Aufgaben vorgesehen ist (aus "Bausteine der Mathematik 4"):

❸ Diese Kugeln werden zuerst im Dreiersystem und dann im Vierersystem geordnet.

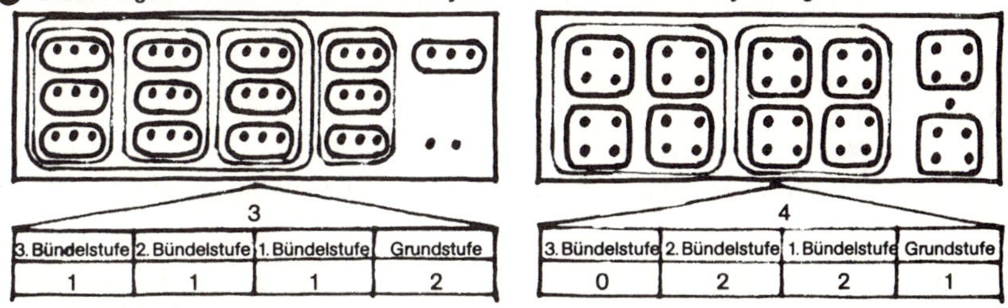

a) Prüfe nach, ob das Ergebnis richtig in das Bündelhaus eingetragen ist.
b) Gib im Zehnersystem an, wie viele Kugeln es jedesmal sind.

❹ Zeichne 50 Kringel.
a) Bündle sie im Dreiersystem und schreibe das Ergebnis in ein Bündelhaus.
b) Bündle sie im Vierersystem und schreibe das Ergebnis in ein Bündelhaus.
c) Bündle sie im Zehnersystem und schreibe das Ergebnis in ein Bündelhaus.

(IV) Einen deutlichen Schritt in Richtung Formalisierung ermöglicht die Arbeit mit der Stellenwerttabelle (auch "Zahlenhaus" oder "Bündelhaus" genannt). Zunächst sollten Zahlen noch mit Rechenplättchen bzw. Kringeln dargestellt werden, so daß die "Kurzschrift" der Ziffernfolge anschaulich verankert wird.

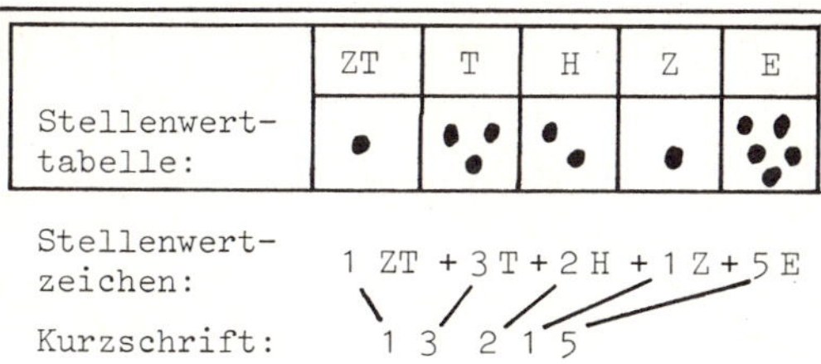

Die Werte der "eingelegten" Plättchen sind durch das Feld bestimmt, in dem sie liegen.
Die dargestellte Zahl heißt dreizehntausendzweihundert-fünfzehn

Zeichne eine Stellenwerttabelle zum Einlegen von Plättchen und lege darin folgende Zahlen aus:

a) 2 ZT + 4 T + 9 H + 1 Z + 2 E b) 5 ZT + 6 H + 8 Z + 3 E
c) 7 ZT + 5 T + 9 Z d) 1 ZT + 5 H + 6 E
e) vierundsechzigtausendsiebenhundert f) fünfzehntausendneunhundert-vier
g) vierunddreißigtausendfünfhundertzweiundsechzig
h) 71 922 i) 19 580 k) 54 003 l) 70 506 m) 63 401

Welche Zahlen sind hier in der Stellenwerttabelle dargestellt?

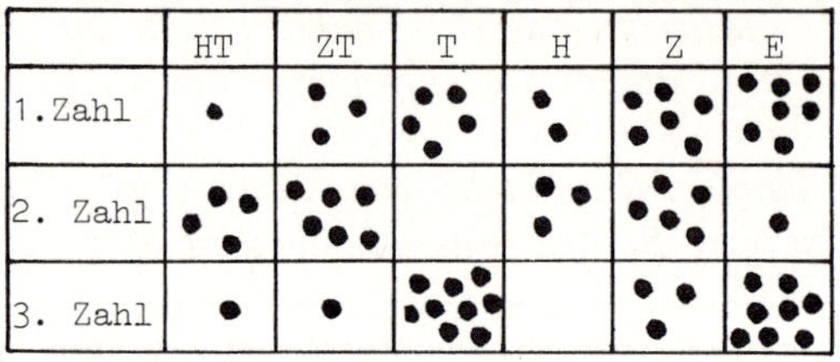

a) Die erste Zahl kann so wiedergegeben werden: 1 HT + 3 ZT + 5 T + 2 H + 6 Z + 7 E

Notiere alle dargestellten Zahlen in dieser Form!

b) Man kann die erste Zahl auch so schreiben:
100 000 + 30000 + 5 000 + 200 + 60 + 7 . Notiere auch alle Zahlen so!

c) Notiere auch alle Zahlen in Kurzschrift und lies sie dann!

Sodann bieten sich vereinfachte tabellarische Zifferndarstellungen an:

In dieser (vereinfachten) Stellenwerttabelle ist auf jeder Stelle der Ziffernwert eingesetzt. (Er nennt die Anzahl der jeweiligen Einheiten.)

Notiere jede Zahl wieder in den drei Möglichkeiten, die in voriger Aufgabe unter a), b) und c) beschrieben sind!

M	HT	ZT	T	H	Z	E
		2	5	0	6	1
	1	0	0	2	0	0
1	0	0	0	0	0	0
	7	5	0	6	2	2
	1	9	7	0	0	9

(V) Wichtige Übungen zum Zahlaufbau sind das Zählen in Schritten und Sprüngen, vorwärts und rückwärts sowie "das Zahlendiktat".

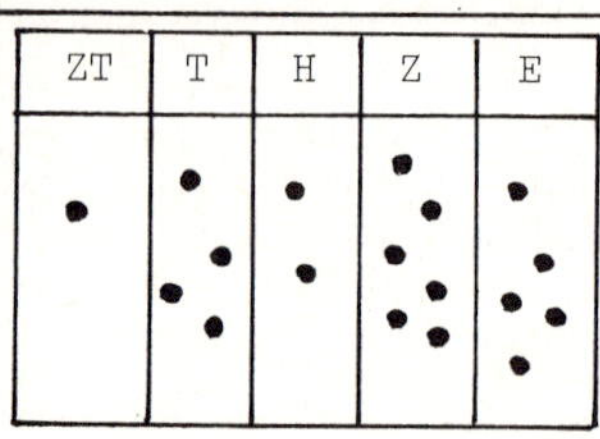

a) Schreibe (in Kurzschrift) die Zahlen auf, die entstehen, wenn man

3 E	2 Z	4 H	3 T	4 ZT

dazulegt!

b) Wenn man 5 E dazulegt, muß man tauschen und erhält 14 270.

Welche Zahlen ergeben sich, wenn man

4 Z	8 H	7 T

hinzufügt?

HT	ZT	T	H	Z	E
3	2	6	4	o	1

Es sollen hinzugezählt werden:

a) 7 E; 5 H; 7 ZT; 8 Z; 2 T;

b) 9 E; 8 ZT; 5 T ; 8 H; 5 HT.

23 475	**23 476**	23 477

Einernachbarn

14 580	**14 590**	14 600

Zehnernachbarn

9 000	**8 900**	8 800

Hunderternachbarn

a) Notiere die Einernachbarn folgender Zahlen:
5 748; 34 736; 305 433; 21 379; 243 561; 14 999.

b) Notiere die Zehner- und Hunderternachbarn folgender Zahlen:
58 750; 405 390; 36 000; 73 510; 609 900; 510 100.

c) Wie heißen die Tausendernachbarn von
28 000; 89 000; 70 000; 130 000; 107 000; 309 000?

Zähle von | 12 000 | 14 793 | 55 608 | 89 915 | 60 001 | 205 370 | aus

a) in Einerschritten vorwärts über die nächste Zehnergrenze hinaus;
b) in Zehnerschritten rückwärts bis über die nächste Hundertergrenze zurück;
c) in Hunderterschritten vorwärts bis über die nächste Tausendergrenze hinaus;
d) um sechs Tausenderschritte zurück!

Schreibe die folgenden Zahlen in Ziffern:

a) viertausendundzwei
b) sechstausendvierhundert
c) zweitausendeinhundertdrei
d) dreitausenddreihundertzehn
e) fünftausendsiebenundzwanzig
f) viertausendeinhundertsechs
g) achthundertzwanzigtausendvierhundertdreiundsiebzig
h) zweihundertfünfzigtausenddreizehn

Aufgabe 105.1
Überlegen Sie die methodischen Vorzüge (evtl. auch Nachteile), welche die Einbeziehung einer Zahlenstrahldarstellung mit sich bringt! Analysieren Sie zu diesem Zweck folgende Aufgaben aus "Welt der Zahl - Neu 4":

6. Welche Zahlen sind hier dargestellt?

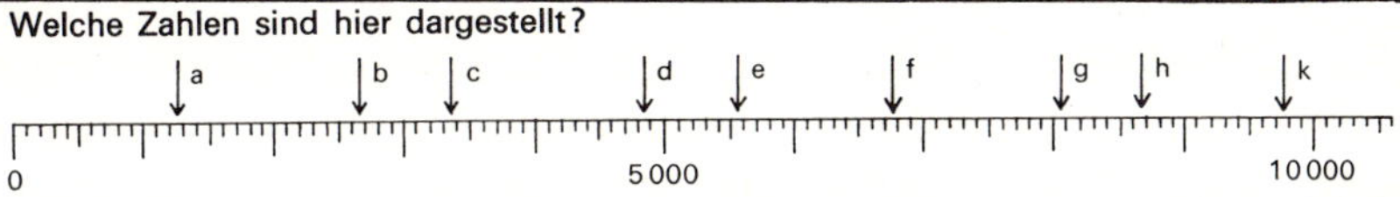

7. Schreibe zu Aufgabe 6 die benachbarten Tausender auf. Beispiel: 1 000 < 1 300 < 2 000

8. Zähle in Hunderterschritten, zeige auch am Zahlenstrahl.
Vorwärts: von 1 700 bis 3 200 von 3 300 bis 4 800 von 5 900 bis 7 400

3. Grenze ein. Beispiel: A liegt zwischen 10 000 und 20 000, zwischen 17 000 und 18 000

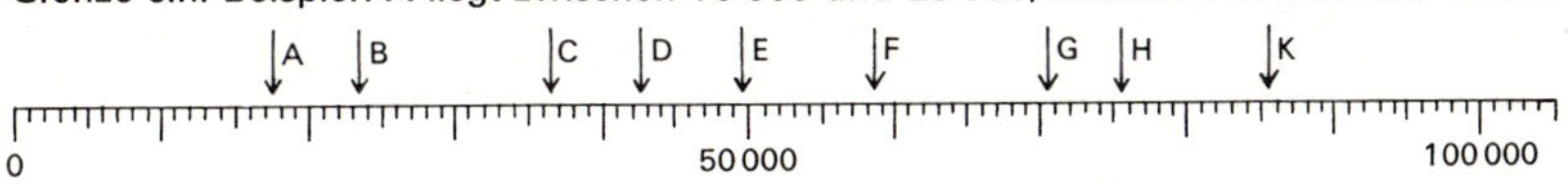

4. Bilde Zahlenfolgen und zeige am Zahlenstrahl.
7 000, 11 000, 15 000, . . ., 55 000 99 000, 92 000, 85 000, . . ., 15 000

(VI) Das Ordnen großer Zahlen kann anschaulich und formal begründet bzw. durchgeführt werden.

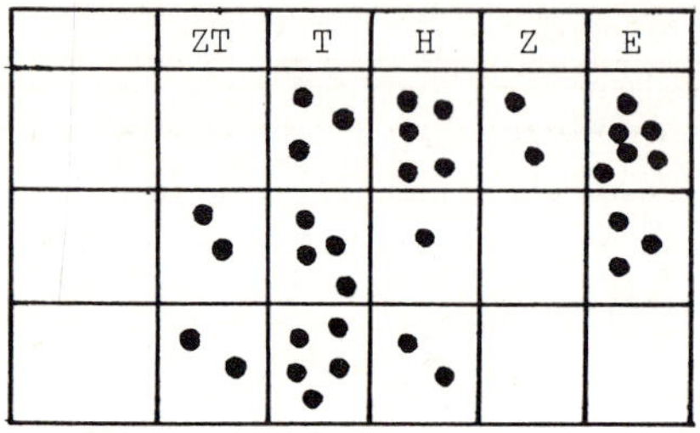

a) Warum ist die zweite Zahl größer als die erste?
Was muß man bei der ersten Zahl mindestens dazulegen, damit sie größer wird als die zweite?

b) Vergleiche die zweite mit der dritten Zahl.
Was muß man hier mindestens dazulegen, damit sich die Beziehung umkehrt?

c) Vergleiche!

345 276 mit 89 899	8 473 mit 1o o17	49 o17 mit 112 412
12 397 mit 13 248	8o 5o5 mit 8o 56o	3o8 266 mit 3o6 768

Verfahren | **Beispiel**

1. Schritt:

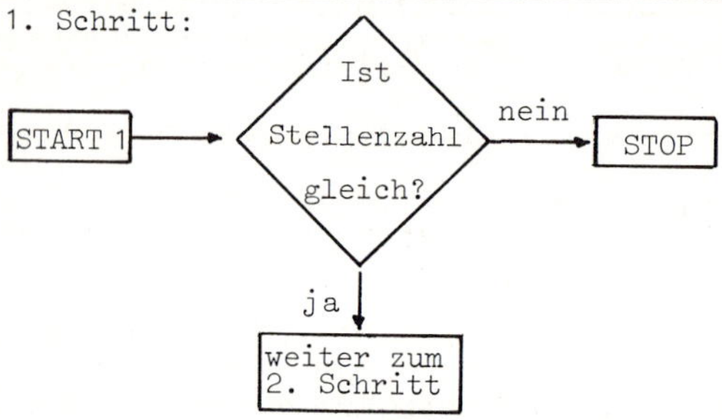

57 258 hat mehr Stellen als 9 762 → STOP
57 258 > 9 762

57 258 hat gleich viele Stellen wie 57 324
→ 2. Schritt

2. Schritt:

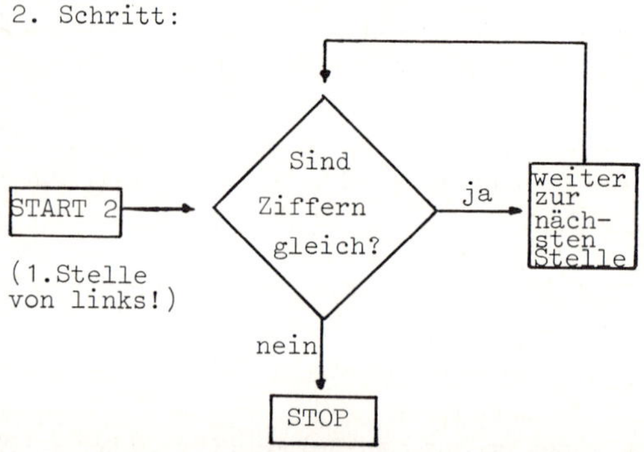

1.Stelle:Ziffern gleich
→ nächste Stelle
2.Stelle:Ziffern gleich
→ nächste Stelle
3.Stelle:Ziffern verschieden → STOP
3 > 2, also 57 <u>3</u>24 > 57 <u>2</u>58

Schreibe die folgenden Zahlen untereinander und ordne sie der Größe nach! (Beginne mit der kleinsten!)

1o 548	1o 584	1o1 9o4	34 56o
1oo 548	9o1 1o4	91 73o	21 56o
411 9oo			

(VII) Die Sequenz wird mit Aufgaben schließen, welche die Zahlenkonstruktion bzw. den Gebrauch großer Zahlen als Maßzahlen betreffen.
Beispiele:

a) Wie heißt die größte fünfstellige Zahl, in der nur die Ziffern 2, 4 und 5 vorkommen? Überlege genau, welche der Ziffern mehrfach vorkommen soll!

b) Wie heißt die kleinste sechsstellige Zahl, in der nur die Ziffern 0, 3, 5 und 9 vorkommen?

c) Bilde eine sechsstellige Zahl, die nur die Ziffern 2, 5 und 7 enthält und möglichst nahe bei 3oo ooo liegt!

Es gibt 24 vierstellige Zahlen, welche die vier Ziffern 1, 2, 3 und 4 je einmal enthalten.
Ein Ziffernbaum von der hier angedeuteten Art kann dir helfen, die Zahlen aufzusuchen. Notiere sie, der Größe nach geordnet!

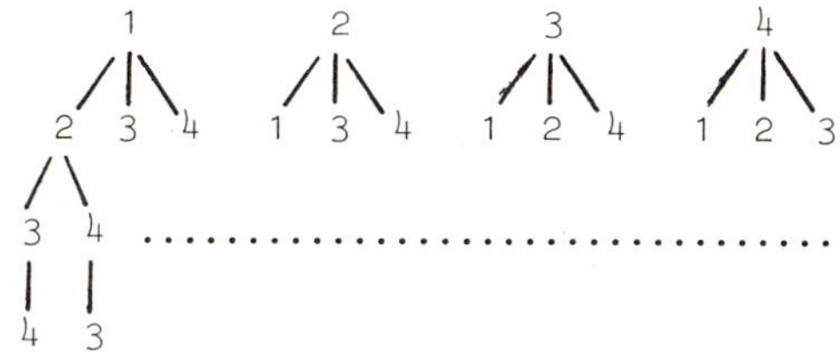

a) Gibt es einen Raum, der 1o ooo mm lang ist?

b) Kennst du zwei Orte, die ungefähr 1oo ooo m voneinander entfernt sind?

c) Ist es möglich, daß du 1o ooo Tage alt bist?

d) Erreicht dein Körpergewicht 5o ooo g? (Schneidergewicht?)

e) Gibt es wohl ein Motorrad, das 5oo ooo g wiegt?

Bemerkung: Manchmal wird darüber diskutiert, ob man im Zusammenhang mit der Darstellung großer Zahlen die Potenzschreibweise für Positionswerte einführen soll. "Welt der Zahl - Neu 4" tut dies beispielsweise mit folgender Aufgabe:

Für Stufenzahlen gibt es eine verkürzte Schreibweise.
Beispiel: für 9 schreibt man 3^2, gelesen: 3 hoch 2
3^2 nennt man eine Potenz, 3 ist die Basis, 2 die Hochzahl.
Die Basiszahl gibt an, nach welcher Ordnung gebündelt wurde, die Hochzahl, wie oft gebündelt wurde.

Potenzwert = Potenz: $9 = 3^2$ (Hochzahl, Basis)
‚neun gleich drei hoch zwei'

Berechne die Stufenzahl: $3^2 = \square$ $3^4 = \square$ $3^5 = \square$ $3^1 = \square$ $3^3 = \square$
Warum schreibt man wohl $3^0 = 1$?

Schreibe die Stufenzahl als Potenz: $9 = 3^{\square}$ $3 = 3^{\square}$ $81 = 3^{\square}$ $1 = 3^{\square}$ $27 = 3^{\square}$

Entsprechende Übungen zum dekadischen System sehen dann so aus:

Schreibe die Stufenzahlen als Produkt und als Potenz. Beispiel: $100 = 10 \cdot 10 = 10^2$

$10\,000 = 10^{\square}$ $10 = 10^{\square}$ $100\,000 = 10^{\square}$ $1\,000 = 10^{\square}$ $1 = 10^{\square}$ $1\,000\,000 = 10^{\square}$

Schreibe als Vielfache von Stufenzahlen. Beispiel: $300\,000 = 3 \cdot 100\,000 = 3 \cdot 10^5$

200 000 40 000 700 000 300 4 000 70 40 000 900 000

$10^3 = \square$ $2 \cdot 10^5 = \square$ $6 \cdot 10^1 = \square$ $5 \cdot 10^6 = \square$ $7 \cdot 10^2 = \square$ $8 \cdot 10^4 = \square$

Zerlege wie im Beispiel: $408\,923 = 100\,000 \cdot 4 + 1\,000 \cdot 8 + 100 \cdot 9 + 10 \cdot 2 + 1 \cdot 3$

210 725 362 071 500 710 301 007 450 030 90 710 81 707 384 072

Aufgabe 107.1
Welche Gründe sprechen für und gegen die Einführung der Potenzschreibweise in der 4. Jahrgangsstufe? ■

5.5 Einführung in große Zahlen (5. Jgst.)

(I)

An einem Bahnübergang wird festgestellt, wie viele Fahrzeuge pro Stunde die Straße benutzen. Drei Jungen notieren die Anzahl der Fahrzeuge:

Von 8.00 Uhr bis 9.00 Uhr ist Peter als Zählposten aufgestellt. Er hält jeden Durchgang mit einem Strich fest:	Von 9.00 Uhr bis 10.00 Uhr ist Dieter da. Seine Strichliste sieht so aus:	Von 10.00 Uhr bis 11.00 Uhr notiert Alexander die Durchfahrten auf folgende Weise:
IIIIIIIIIIIIIIIIIIIIIIIIIIIIIIIIIIIII IIIIIIII	IIIII IIIII IIIII IIIII IIIII IIIII IIIII IIIII IIIII IIIII IIIII IIIII IIIII IIIII II	~~IIII~~ ~~IIII~~ ~~IIII~~ ~~IIII~~ ~~IIII~~ ~~IIII~~ ~~IIII~~ ~~IIII~~ ~~IIII~~ ~~IIII~~ ~~IIII~~ ~~IIII~~ ~~IIII~~ II

a) Wie viele Fahrzeuge benutzten jeweils den Bahnübergang?
Wie viele sind es insgesamt von 8.00 Uhr bis 11.00 Uhr?
b) Vergleiche die Strichlisten; wo kannst du die Anzahl am besten lesen?

In der Praxis fertigt man gelegentlich Strichlisten an, um Gegenstände zu zählen. Die Methode bietet sich vor allem dann an, wenn die Gegenstände - wie in unserer Aufgabe - nicht simultan vorhanden sind, sondern in zeitlicher Abfolge auftreten und wieder verschwinden, so daß wir das Zählergebnis dauernd durch Ergänzungen modifizieren müssen. Solche Situationen treten auch häufig in Spielen auf, in denen Punktzahlen zu notieren bzw. laufend zu addieren sind.. Ungegliederte Strichlisten sind schwer lesbar (vgl. Peters Darstellung für 45). Man gliedert darum etwa die Strichlisten durch gleichmäßige Variation in den Abständen (vgl. Dieters Darstellung von 72 mit Fünferpäckchen und Rest). Durch die Gliederung wird eine übergeordnete Zähleinheit geschaffen (hier: das Fünferbündel), für die sich schließlich auch noch eine neue Schreibfigur entwickeln läßt (vgl. Alexanders Darstellung von 67 mit Hilfe des Kürzungszeichens ~~IIII~~).
Die Idee des Kürzungszeichens wird nun weiterverfolgt:

3 Die Zahl dreitausend soll geschrieben werden:

a) mit dem Zeichen ~~IIII~~ für fünf
b) mit dem Zeichen **C** für hundert
c) mit dem Zeichen **Z** für zwanzig
d) mit dem Zeichen **M** für tausend

Wie viele Zeichen sind jeweils nötig?

Wir verwenden als Kürzungszeichen:

M für tausend	**C** für hundert	**X** für zehn

Die Zahl 2 132 kann dann so geschrieben werden: MMCXXXII.
Schreibe mit den Kürzungszeichen: 1 023, 2 300, 2 331, 2 200, 3 330, 3 023, 4 333!

(II) Im Zusammenhang mit den Kürzungszeichen bietet sich ein Verweis auf die römischen Ziffern an. Wir finden entsprechende Zahldarstellungen ja gelegentlich bei Jahreszahlangaben, z.B. auf Baudenkmälern.

Die Kürzungszeichen der Aufgabe [3] benutzten vor 2 000 Jahren die Römer. Daneben kannten sie noch weitere Zeichen, wie du aus der Tabelle ersehen kannst:

Zahlzeichen	M	D	C	L	X	V	I
Zeichen-erklärung	Abkürzung für Mille (= 1000)	die Hälfte von M	Abkürzung für Centum (= 100)	die Hälfte von C	 Doppelhand	 Hand	Strich oder Finger
Zahlwort	Tausend	Fünfhundert	Hundert	Fünfzig	Zehn	Fünf	Eins

Lies und notiere in unserer Zahlschrift:

a) MMD; b) MDC; c) MMMCCCLXI; d) MMDCCLXXI; e) LXXXVIII; f) LXII.

Man kann ein Zählbrett mit römischen Kürzungszeichen herstellen und darin Zahlen mittels Zählplättchen festlegen.

Übertrage die Zahldarstellungen aus dem Zählbrett in die römische Zahlschrift und in unsere gewohnte Schreibweise! (Beispiel a) ist als Muster ausgeführt.)

	M	D	C	L	X	V	I	Römische Zahlschrift	Unsere Zahldarstellung
a)	•	•	••	•	••	•	•	MDCCLXXVI	1776
b)	•		•••	•	•••	•	•••		
c)	••	•		•		•			
d)	•••	•	••		••		••		
e)	••••			•			•		

(III) Die arabische Ziffern, die wir heute allgemein benutzen, kamen in Deutschland ab dem 12. Jahrhundert in Gebrauch. Sie verdrängten nach und nach die römischen Zahlzeichen und wurden von Anfang an dazu verwendet, Zahlen nach dem dezimalen Positionssystem zu notieren. Zu diesem kehren die folgenden Aufgaben zurück.

Die Zahlen, die beim Zählen vorkommen, heißen natürliche Zahlen. Zu ihrer Darstellung benötigen wir zehn Ziffern.

a) Lies: 1, 11, 111, 1 111, 11 111, 111 111, 1 111 111, 1 000 000
2, 22, 222, 2 222, 22 222, 222 222, 2 222 222, 2 000 000
3, 34, 345, 3 456, 34 567, 345 678, 3 456 789, 3 000 000

b) In der Darstellung einer Zahl kommt jeder Ziffer sowohl ein Ziffernwert wie auch ein Stellenwert zu.

Untersuche die Zahldarstellungen der Aufgabe a) gemäß folgendem Beispiel!

5 412

1. Stelle: Ziffernwert 2, Stellenwert 1 (Einer)
2. Stelle: Ziffernwert 1, Stellenwert 10 (Zehner)
3. Stelle: Ziffernwert 4, Stellenwert 100 (Hunderter)
4. Stelle: Ziffernwert 5, Stellenwert 1000 (Tausender)

Nachdem mit Aufgaben dieser Art den Schülern die Unterscheidung von Ziffern- und Stellenwert nahegebracht wurde, sollte ihnen auch die Bedeutung der Null noch einmal bewußt gemacht werden.

Zahldarstellungen mit der Ziffer 0.

a) Lies: 10, 100, 1 000, 10 000, 100 000, 1 000 000,
22, 202, 2 002, 20 002, 200 002, 2 000 002.

b) Wie ändert sich die Bedeutung der Zahldarstellung bei a), wenn man die Nullen wegläßt?

c) Die Römer kannten kein Zeichen für Null. Welche Nachteile hatte das?

(IV) Nun können die Schüler üben, Ziffern- und Stellenwerte zu bestimmen:

a) Wie viele Ziffern benötigt man für ein einfaches Zählwerk, in dem man alle Zahlen bis zur Million einstellen kann?

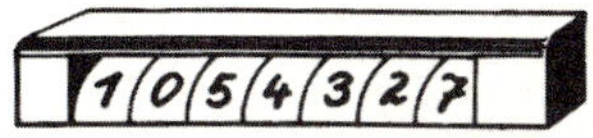

b) Wie viele Zifferntasten weist ein einfacher Taschenrechner auf?

c) Wenn man zuerst die Ziffer 1, dann die Ziffer 3, dann die Ziffer 2 tippt, so leuchtet die Zahl 132 auf.
Welcher Stellenwert kommt den einzelnen Ziffern zu?

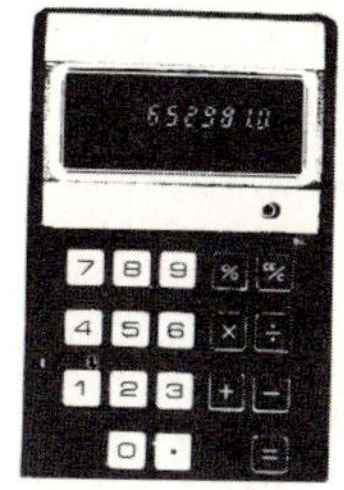

Die unter a) gestellte Frage provoziert in ihrer alltagssprachlichen Unbestimmtheit eine Besinnung auf den Begriff "Ziffer". Je nach Interpretation gibt es verschiedene Antworten. Wer kongruente Schreibfiguren identifiziert und somit - gemäß Aufgabe b) - die verschiedenen Zifferntypen als Objekte im Auge hat, wird sagen, daß selbstverständlich alle zehn Ziffern benötigt werden. Eine andere Betrachtungsweise geht davon aus, daß das Zählwerk in jeder der sechs hinteren Stellen die zehn Ziffern verfügbar haben muß. Da zudem die Ziffer 1 in der vordersten Stelle zur Darstellung der Million gebraucht wird, muß das Werk mit 61 Ziffern ausgestattet sein. Man kann aber auch die Anzahl 62 als Resultat vertreten, wenn man meint, daß in der vordersten Stelle immer etwas angezeigt werden muß, wenn nicht 1, so doch 0. Schließlich ist es noch vernünftig zu sagen, daß die vorderste Walze wohl kaum mit nur zwei Ziffernarten vorhanden sein wird, sondern daß auch hier alle zehn Ziffernarten vorhanden sein werden; in diesem Fall gilt das Resultat 70.

Schreibe die Zahlen in die Stellenwerttabelle und addiere sie!

a) 2 309 ; 73 701 ; 105 501

	6.	5.	4.	3.	2.	1.
	HT	ZT	T	H	Z	E
+						

b) 2 305 503 ; 1 052 ; 605 506

	7.	6.	5.	4.	3.	2.	1.
	M	HT	ZT	T	H	Z	E
+							

(V) Alle bisherigen Aufgaben dienten dazu, den Begriff des dezimalen Stellenwertsystems zu sichern und zu vertiefen. Erst im folgenden wird die eigentliche Zielsetzung verfolgt, den Bereich der Zahlen über die Million hinaus zu erweitern.

Die folgende Tabelle zeigt den Aufbau des Dezimalsystems.

Stufenzahl	Stufenzeichen	Zugehöriges Zahlwort
1	E	Eins
10	Z	Zehn
100	H	Hundert
1 000	T	Tausend
10 000	ZT	Zehntausend
100 000	HT	Hunderttausend
1 000 000	M	Million
10 000 000	ZM	Zehn Millionen
100 000 000	HM	Hundert Millionen
1 000 000 000	Md	Milliarde
10 000 000 000	ZMd	Zehn Milliarden
100 000 000 000	HMd	Hundert Milliarden
1 000 000 000 000	B	Billion

a) 2 M bedeutet 2 000 000. Was bedeuten:
5 ZT, 7 Md, 4 HM, 8 ZMd, 3 HT, 6 B, 5 HMd, 9 ZMd, 3 ZM, 14 Md, 18 HM?

b) 2 M + 3 T bedeutet 2 003 000. Was bedeuten:
4 Md + 5 ZM, 9 HM + 3 M, 4 B + 5 HMd, 5 Md + 6 ZM + 4 T, 3 HMd + 6 HM + 6 H

c) Schreibe mit Stufenzeichen: 34 067 000, 3 003 003, 309 903 000, 8 000 000 808, 9 900 900 900 900.

Die Schüler müssen sich die hinzugenommenen Stellenwerte gründlich einprägen.

In der Ziffernschreibweise kommen die Stufenzahlen im Stellenwert zum Ausdruck. E steht an der 1. Stelle. (Zählung von rechts!)

a) An welcher Stelle stehen: HT, Md, M, B, HM, HMd?

b)

				4.	3.	2.	1.
				T	H	Z	E

Führe diese Stellenwerttafel bis zur 13. Stelle weiter!

c) Notiere in Ziffernschreibweise: 4 Md + 7 ZM + 8 T + 2 E; 4 B + 8 HMd + 9 HM + 4 H.
Du kannst dabei die Stellenwerttabelle zu Hilfe nehmen.

(VI) Vorrang vor dem mechanischen Üben des Zahlenlesens und -schreibens hat stets das Verständnis der Zahldarstellungen.

21 000 700 kann auf folgende Arten ausführlicher dargestellt werden:
mit Worten: einundzwanzig Millionen siebenhundert
mit Stufenzeichen: 2 ZM + 1 M + 7 H
mit Stufenzahlen: 2 · 10 000 000 + 1 · 1 000 000 + 7 · 100
in einer Stellenwerttabelle:

Stellennummer	13.	12.	11.	10.	9.	8.	7.	6.	5.	4.	3.	2.	1.
Stufenzeichen	B	HMd	ZMd	Md	HM	ZM	M	HT	ZT	T	H	Z	E
Ziffern						2	1	0	0	0	7	0	0

a) Stelle die folgenden Zahlen ausführlich dar:
34 500 000, 3 330 000 003, 170 170 000 000, 3 407 908 000 250, 700 081 400 305, 76 298 407 288.

b) Notiere die folgenden Zahlen der Größe nach (evtl. in einer Stellenwerttabelle):
4 Milliarden; 6 · 10 000 000 000 + 5 · 1 000 000 + 3 · 10 000;
6 HMd + 5 ZMd + 7 Md; 2 458 000 000; dreihundertzwanzig Milliarden; 569 700 000 000.

c) Nenne Zahlen, die zwischen 50 000 000 und 51 000 000 liegen. Wie viele sind es?

Fülle die Tabelle aus! Das ausgeführte Beispiel zeigt, wie dies geschehen soll.

Zahlwort	Darstellung mit Stufenzeichen	Anzahl der Stellen	Dezimaldarstellung	Anzahl der verschiedenen Ziffern
viertausendfünf	4 T + 5 E	4	4 005	3
fünfzigtausend				
neunzigtausendneunzig				
elf Millionen				

Schreibe mit Ziffern!
a) sechzigtausendsechzig __________
b) vierhunderttausendfünfzig __________
c) drei Millionen dreihundertdreiunddreißig __________
d) fünfhundert Millionen fünfhundert __________
e) 5 M + 3 HT + 3 H + 4 Z __________
f) 7 ZM + 5 M + 6 ZT + 6 Z + 9 E __________
g) 1 HM + 5 ZM + 5 ZT + 8 E __________

Der Prüfung des Verständnisses dienen besonders gut Aufgaben folgender Art:

Wie heißen die Zahlen? Sie sind im Zehnersystem geschrieben und
a) an der 1. und 6. Stelle steht 5, an der 7. Stelle steht 3, an den übrigen Stellen steht 0: __________
b) an der 3. und 7. Stelle steht 8, an den anderen Stellen 0: __________

Welche Zahl entsteht aus 5 289 175, wenn man:
a) die Ziffern der 1. und der 6. Stelle vertauscht? __________
b) die Ziffern der 2. und 5. Stelle vertauscht? __________
c) die Veränderungen von a) und b) beide vornimmt? __________

Setze die Folgen um drei Zahlen fort!
a) 40 —(+ 10)→ 50 —(+ 10)→ ☐ —(+ 10)→ ☐ ——→ ☐
b) 5 —(· 10)→ 50 —(· 10)→ ☐ ——→ ☐ ——→ ☐
c) 7 —(· 100)→ ☐ ——→ ☐ ——→ ☐ ——→ ☐
d) 4 500 —(+ 1 500)→ ☐ ——→ ☐ ——→ ☐
e) 2 000 000 —(− 200 000)→ ☐ ——→ ☐ ——→ ☐

Sechs Welt-Städte hatten im Jahre 1970 ungefähr so viele Einwohner:

Moskau:	7 000 000	Schanghai:	10 600 000	Peking:	7 500 000
London:	7 300 000	Tokio:	8 800 000	New York:	7 800 000

Schreibe die Einwohnerzahlen der Größe nach geordnet in die Tabelle!

Aufgabe 113.1
Mit der Einführung in große Zahlen soll zugleich der Begriffsaufbau zum Stellenwertsystem einen gewissen Abschluß erfahren.

a) Wodurch kommt dies in der vorausgehenden Unterrichtssequenz zum Ausdruck?

b) Einige Aufgabenschritte sind nur durch wenige Einführungs- oder Musteraufgaben charakterisiert. Überlegen Sie, wo Übungsbeispiele eingefügt werden müßten und welcher Art diese sein könnten! ■

Aufgabe 114.1
Die folgende Lernsequenz aus "Plus 5" stellt eine methodische Alternative zu der oben beschriebenen dar. Vergleichen Sie die beiden Sequenzen hinsichtlich ihrer Zielsetzung, ihres methodischen Aufbaus und ihres Aufgabenmaterials! (Die Übungsaufgaben wurden wie oben weggelassen.)

(I) Die Schüler begegnen als erstes der Idee der Bildung numerischer Einheiten durch Bündeln am Beispiel von Strichlisten:

Liste 1

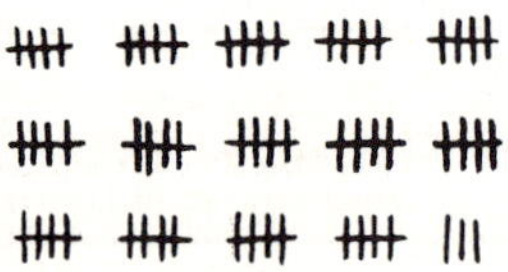
Liste 2

Zeichnung 1

Verkehrszählung

Carola und Katja zählen die Autos, die aus einer Nebenstraße in eine Hauptstraße einbiegen. Jedes Auto wird mit einem Strich auf einem Blatt Papier notiert. Carola zählt die Linksabbieger (Liste 1), Katja die Rechtsabbieger (Liste 2).

Auftrag

Zähle zuerst die Linksabbieger, dann die Rechtsabbieger. Wie hast du bei Liste 1 gezählt, wie bei Liste 2?

Vergleich

Carola hat jeden Strich ihrer Liste einzeln gezählt; sie kommt auf 56 Striche. Katja hat die Striche ihrer Liste besonders übersichtlich geordnet. Sie macht immer 4 Längsstriche und dann einen Querstrich. Katja faßt damit 5 Striche zu einem **Fünfer-Bündel** zusammen. Katja hat außerdem je 5 Fünfer-Bündel in einer Zeile untergebracht. Jede volle Zeile enthält demnach 25 Striche. Liste 2 hat 2 volle Zeilen, 4 Fünfer-Bündel und 3 einzelne Striche, also
$2 \cdot 25 + 4 \cdot 5 + 3 = 73$ Striche.

1. Aufgabe

Lege dir so wie Carola eine ungebündelte Liste an. Bündele die Striche deiner Liste, indem du immer 5 Striche wie in Zeichnung 1 mit einem Bleistift umfährst. Fasse je 5 Fünfer-Bündel durch Einkreisen zu einem **Fünfundzwanziger-Bündel** zusammen. Wie viele Fünfundzwanziger-Bündel, Fünfer-Bündel und einzelne Striche erhältst du? Wie viele Striche sind das?

(II) Dann wird das Modell variiert und die Bündelung mithilfe gleichseitiger Dreiecke dargestellt.

Zeichnung 2

Zeichnung 3

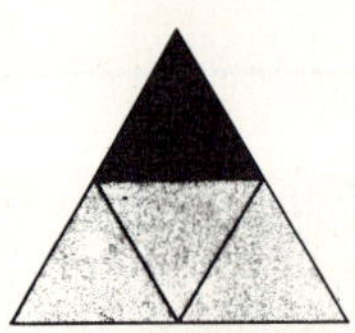
Zeichnung 4

Dreiecksbündel

Annegret besitzt eine Schachtel mit vielen kleinen Pappdreiecken (Zeichnung 2). Sie stellt fest, daß man aus 4 Dreiecken ein großes Dreieck zusammenkleben kann (Zeichnung 3). Aus je 4 großen Dreiecken klebt sie ein ganz großes Dreieck zusammen (Zeichnung 4). Annegret klebt solange zusammen, bis sie keine großen und ganz großen Dreiecke mehr bilden kann. Sie macht eine Übersicht.

ganz groß	groß	klein
3	2	2

Wie viele Dreiecke hatte Annegret anfangs?

Antwort: Jedes große Dreieck besteht aus 4 kleinen Dreiecken, jedes ganz große Dreieck aus 4 großen, also aus $4 \cdot 4 = 16$ kleinen Dreiecken. Annegret hatte demnach $3 \cdot 16 + 2 \cdot 4 + 2 = 58$ kleine Dreiecke.

2. Aufgabe

Gerald hat 50 Dreiecke. Wie viele ganz große, große und kleine Dreiecke erhält er durch Zusammenkleben?

(III) Im folgenden Schritt werden die Potenzen zur Basis 2 anhand einer Faltübung erarbeitet und dann der Potenzbegriff auf andere Grundzahlen übertragen.

Zeichnung 1

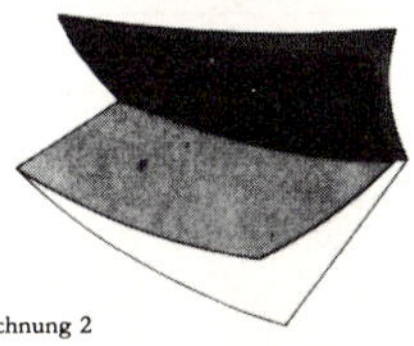
Zeichnung 2

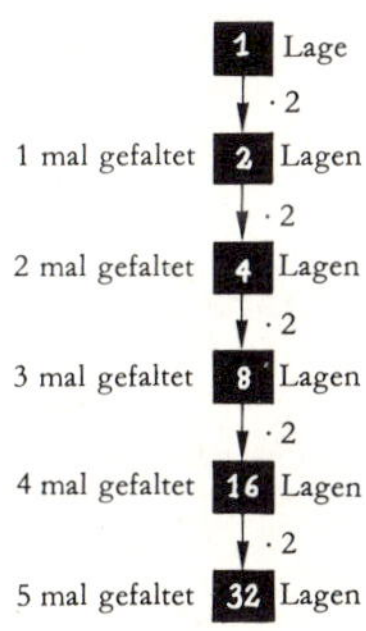

Tafel 1

Auftrag

Falte ein Blatt Papier in der Mitte zusammen (Zeichnung 1). Falte nun wie in Zeichnung 2 noch einmal. Falte jetzt noch dreimal.

▶ Wie viele Lagen hat das fünfmal gefaltete Blatt?

Lösung

Wenn du zum ersten Mal faltest, entstehen 2 Lagen. Beim zweiten Falten erhältst du doppelt so viele, also 4 Lagen. Bei jedem weiteren Falten verdoppelt sich die Anzahl der Lagen. Wenn du fünfmal faltest, erhältst du 32 Lagen. Tafel 1 zeigt dir, warum das so ist.

1. Aufgabe

a) Falte noch zweimal. Wie viele Lagen sind es dann?
b) Wie oft müßte man falten, um 1024 Lagen zu erhalten?
c) Und wie oft, um mehr als 10000 Lagen zu erhalten?

Lauter Zweier

Unsere ‚Faltzahlen' sind immer durch Verdoppeln entstanden. Du kannst sie deshalb mit lauter Zweiern schreiben.

1mal gefaltet: 2
2mal gefaltet: $4 = 2 \cdot 2$
3mal gefaltet: $8 = 2 \cdot 4 = 2 \cdot 2 \cdot 2$
4mal gefaltet: $16 = 2 \cdot 8 = 2 \cdot 2 \cdot 2 \cdot 2$
5mal gefaltet: $32 = 2 \cdot 16 = 2 \cdot 2 \cdot 2 \cdot 2 \cdot 2$

2. Aufgabe

Wie viele Lagen erhält man, wenn man achtmal faltet? Schreibe diese Zahl nur mit Zweiern. Wie viele Zweier sind es?

Für $2 \cdot 2 \cdot 2 \cdot 2 \cdot 2$ schreiben wir kurz 2^5. Wir lesen: „zwei hoch fünf". Bei der **Potenz** 2^5 heißt 2 die **Basis** und 5 der **Exponent**.

Andere Potenzen

Es gibt nicht nur Potenzen mit der Basis 2, sondern auch mit andern Basen:

$3^4 = 3 \cdot 3 \cdot 3 \cdot 3 = 81$
$5^2 = 5 \cdot 5 = 25$

(IV) Nun wird im Fünfersystem gezählt. Aus der Analyse der Zahlnotation in diesem System werden seine Merkmale erarbeitet.

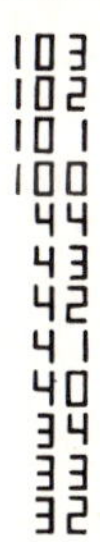

Zeichnung 1

Raketenstart im Fünferland

Im Fünferland wird eine Rakete gestartet. Der count-down läuft schon. Die Uhr im Kontrollzentrum zeigt Sekunde für Sekunde die Zeit bis zum Start an. Nacheinander leuchten die Zahlen von Zeichnung 1 auf. Jetzt steht die Uhr auf 32.

▶ Welche Zahlen kommen noch bis zum Start? Wie viele Sekunden sind es noch bis zum Start?

Lösung

Die Uhr im Kontrollzentrum zählt abwärts. Man braucht also nur weiter bis zur 0 zu zählen. Im Fünferland wird aber im **Fünfersystem** gezählt. Wie das geht, siehst du in der linken Spalte von Tafel 1. Du siehst nun, daß es noch 17 Sekunden bis zum Start sind.

Aufgabe

Wie viele Sekunden sind es noch bis zum Start, wenn die Uhr im Fünferland
a) 44 b) 103 anzeigt?

32	17
31	16
30	15
24	14
23	13
22	12
21	11
20	10
14	9
13	8
12	7
11	6
10	5
4	4
3	3
2	2
1	1
0	0

Tafel 1

3.	2.	1.	0.	Stelle
2	1	4	3	

Zeichnung 2

Beobachtungen

1. Im Fünfersystem kommen nur die Ziffern 0, 1, 2, 3 und 4 vor.
2. Im Fünfersystem wird an jeder Stelle nur bis 4 gezählt.
3. Auf 14 (lies: „eins vier") folgt beim Zählen im Fünfersystem 20 („zwei null"), auf 44 („vier vier") folgt 100 („eins null null").
4. Die Potenzen von 5 sind im Fünfersystem besonders einfach: 5 wird zu 10, 25 zu 100.

▶ Welche Zahl zeigt die Uhr in Zeichnung 2?

Lösung

Du kannst die Frage auch ohne zu zählen beantworten. Dazu werden die Stellen der Uhr wie in Zeichnung 2 numeriert. Im Fünfersystem gibt es nur Fünfer-Bündel. 5 Einer werden zu einem Fünfer, 5 Fünfer zu einem 25-er, 5 25-er zu einem 125-er. Deshalb stehen an der

0. Stelle die Einer: $1 = 5^0$ 2. Stelle die 25-er: $25 = 5^2$
1. Stelle die Fünfer: $5 = 5^1$ 3. Stelle die 125-er: $125 = 5^3$

Im Fünfersystem steht

2 1 4 3

für $2 \cdot 5^3 + 1 \cdot 5^2 + 4 \cdot 5^1 + 3 \cdot 5^0$
$= 2 \cdot 125 + 1 \cdot 25 + 4 \cdot 5 + 3 \cdot 1 = 298$

Welche Zahl schreibt man im Fünfersystem so: 1203?

Vereinbarung

Die neue Schreibweise von Zahlen kann zu Verwechslungen führen. Z. B. kann 14 sowohl „vierzehn" als auch „eins vier" im Fünfersystem bedeuten. Um solche Verwechslungen zu vermeiden, hängen wir an eine Zahl im Fünfersystem das Zeichen V an. Das ist das römische Zeichen für 5. 124_V bedeutet also: eins zwei vier im Fünfersystem.

(V) Die Schüler übersetzen pentale Zahlnotationen in die Summenschreibweise und umgekehrt.

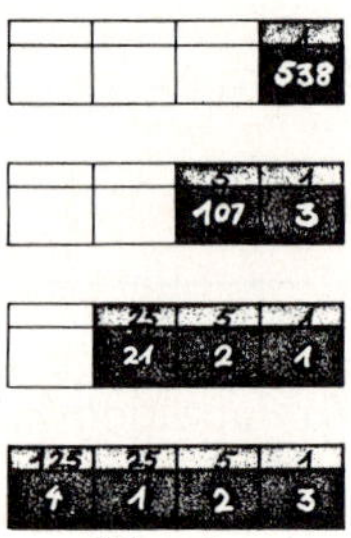

Zeichnung 1

▶ Wie schreibt man 538 im Fünfersystem?

1. Lösung

Du bildest schrittweise Fünferbündel. Die Rechentafeln in Zeichnung 1 helfen dir dabei.

1. 538 Einer bestehen aus 107 Fünfern und 3 Einern:
   $538 = 107 \cdot 5 + 3$
2. 107 Fünfer bestehen aus 21 Fünfundzwanzigern und 2 Fünfern:
   $107 = 21 \cdot 5 + 2$
3. 21 Fünfundzwanziger bestehen aus 4 125-ern und 1 Fünfundzwanziger:
   $21 = 4 \cdot 5 + 1$
4. Nun kann man nicht mehr weiter bündeln:
   $538 = 4 \cdot 125 + 1 \cdot 25 + 2 \cdot 5 + 3 \cdot 1 = 4123_V$

1. Aufgabe

Wandle auf die gleiche Weise in das Fünfersystem um:

a) 124 b) 417 c) 250

2. Lösung

$538 = 4 \cdot 125 + 38$

$38 = 1 \cdot 25 + 13$

$13 = 2 \cdot 5 + 3$

$538 = 4 \cdot 125 + 1 \cdot 25 + 2 \cdot 5 + 3 \cdot 1$

1. Suche die größte Fünferpotenz, die 538 nicht übersteigt. Das ist $5^3 = 125$. Bestimme, wie oft 125 in 538 steckt:
   $538 = 4 \cdot 125 + 38$
2. Nimm die nächstkleinere Fünferpotenz. Das ist $5^2 = 25$. Bestimme, wie oft 25 im Rest 38 steckt:
   $38 = 1 \cdot 25 + 13$
3. Nimm die nächstkleinere Fünferpotenz. Das ist $5^1 = 5$. Bestimme, wie oft 5 im Rest 13 steckt.
   $13 = 2 \cdot 5 + 3$
4. Nun hast du:
   $538 = 4 \cdot 125 + 1 \cdot 25 + 2 \cdot 5 + 3 \cdot 1 = 4123_V$

2. Aufgabe

Wandle auf die gleiche Weise in das Fünfersystem um:

a) 238 b) 396 c) 254

(VI) Das für das Fünfersystem Gelernte wird dann anhand des Zweiersystems noch einmal eingehend erarbeitet.

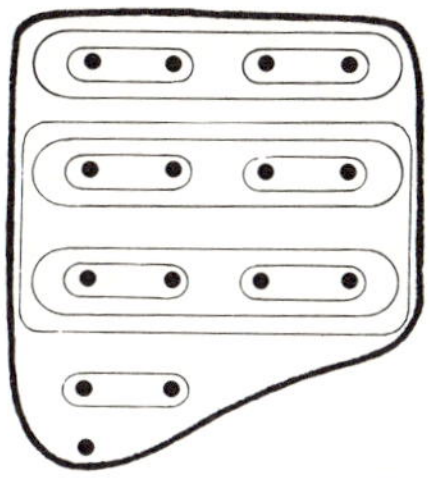

Zeichnung 1

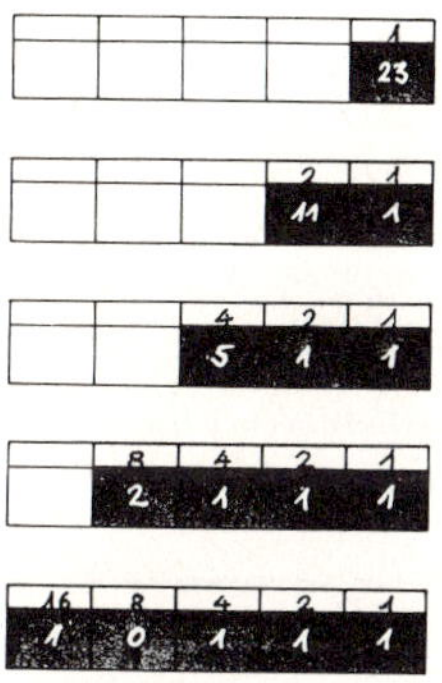

Zeichnung 2

Stelle	Stellenwert
0	2^0
1	2^1
2	2^2
3	2^3
4	2^4
⋮	⋮

Tafel 1

1. Aufgabe

Wenn man Zahlen im Fünfersystem schreiben will, muß man immer Fünferbündel machen. Schreibe nun 23 im **Zweiersystem**. Hier mußt du immer Zweierbündel machen. Für 15 siehst du das in Zeichnung 1.

Lösung

Die Bündelungen lassen sich auch mit Rechentafeln übersichtlich aufschreiben (Zeichnung 2). Wir bündeln schrittweise zu je 2.

1. 23 Einer bestehen aus 11 Zweiern und 1 Einer:
   $23 = 11 \cdot 2 + 1$
2. 11 Zweier bestehen aus 5 Vierern und 1 Zweier:
   $11 = 5 \cdot 2 + 1$
3. 5 Vierer bestehen aus 2 Achtern und 1 Vierer:
   $5 = 2 \cdot 2 + 1$
4. 2 Achter bestehen aus 1 Sechzehner und 0 Achtern:
   $2 = 1 \cdot 2 + 0$
5. Nun kann man nicht mehr weiter bündeln:
   $23 = 1 \cdot 16 + 0 \cdot 8 + 1 \cdot 4 + 1 \cdot 2 + 1 \cdot 1 = 10111_{II}$

II ist das römische Zeichen für 2. Wir hängen es an, wenn wir Zahlen im Zweiersystem schreiben.

Stellenwerte

Im Zweiersystem sind die Stellenwerte immer Zweierpotenzen. Die Stellenwerte findest du in Tabelle 1. Rechne sie aus.

> Im Zweiersystem steht
>
> 1 0 1 1 1_{II}
>
> für $1 \cdot 2^4 + 0 \cdot 2^3 + 1 \cdot 2^2 + 1 \cdot 2^1 + 1 \cdot 2^0$
> $= 1 \cdot 16 + 0 \cdot 8 + 1 \cdot 4 + 1 \cdot 2 + 1 \cdot 1 = 23$

2. Aufgabe

a) Wandle ins Zweiersystem um: 27, 14, 31, 50.

b) Welche Ziffern kommen im Zweiersystem vor?

3. Aufgabe

a) Schreibe mit Zweierpotenzen und rechne aus: $10\,011_{II}$, 111_{II}, $1\,000_{II}$, $110\,110_{II}$.

b) Bestimme Vorgänger und Nachfolger dieser Zahlen.

c) Schreibe das Doppelte, das Vierfache, das Achtfache von $1\,101_{II}$ im Zweiersystem.

(VII) Anschließend erfolgt die Übertragung des anhand des Fünfer- und des Zweiersystems neu aufgebauten Stellenwertbegriffs auf das vertraute Zehnersystem. Dabei werden auch die Namen für höhere dekadische Einheiten erlernt.

Stelle	Stellenwert
0	10^0
1	10^1
2	10^2
3	10^3
4	10^4
⋮	⋮

Tafel 1

Wer hätte das gedacht?

Du kennst jetzt das Fünfersystem und das Zweiersystem. Weil dabei die Stellenwerte wichtig sind, nennt man sie **Stellenwertsysteme**.
Schon lange kennst du ein weiteres Stellenwertsystem: das **Zehnersystem**.
Gewöhnlich schreiben wir Zahlen in diesem System.

> Im Zehnersystem steht
>
> 2 3 5 6
>
> für $2 \cdot 10^3 + 3 \cdot 10^2 + 5 \cdot 10^1 + 6 \cdot 10^0$
> $= 2 \cdot 1000 + 3 \cdot 100 + 5 \cdot 10 + 6 \cdot 1$

Im Zehnersystem sind die Stellenwerte Zehnerpotenzen (Tafel 1).

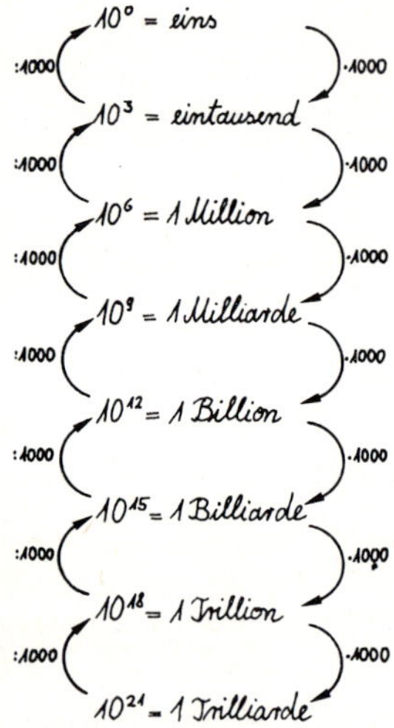

Zeichnung 1

Zungenbrecher

Schreibe mit Ziffern: fünfhundertdreiundsechzigtausendzweiunddreißig. Man kann auch viel größere Zahlen als Wörter schreiben und lesen. Dazu braucht man aber neue Zahlennamen. Du findest sie in Zeichnung 1. Dort siehst du auch, wie diese Zahlen entstehen.
Die folgende Tafel hilft dir z. B. 210 304 187 662 013 zu lesen.

Billionen			Milliarden			Millionen			Tausender			Einer		
100	10	1	100	10	1	100	10	1	100	10	1	100	10	1
2	1	0	3	0	4	1	8	7	6	6	2	0	1	3

Tafel 2

Die Zahl in Tafel 2 liest man so: zweihundertzehn Billionen dreihundertvier Milliarden einhundertsiebenundachtzig Millionen sechshundertzweiundsechzigtausenddreizehn.

Aufgabe

a) Lies und schreibe in Worten: 501 146 178 900 753, 9 876 543 210, 3 211 234 567 890.
b) Schreibe mit Ziffern: fünf Billionen einhundertelf Milliarden siebenhundertsechsundfünfzig Millionen siebentausendeins,
eine Billion zehn Milliarden hundert Millionen tausendeinhundertundeins.

Astronomische Zahlen

Das Licht legt in der Sekunde etwa 300 000 Kilometer zurück. Die Sonne ist von der Erde ungefähr 150 000 000 Kilometer entfernt. Das Licht braucht daher von der Sonne zur Erde 500 Sekunden, also 8 Minuten und 20 Sekunden.
Ein Lichtjahr ist die Entfernung, die das Licht in einem Jahr zurücklegt. Ein Jahr hat 365 · 24 · 60 · 60 Sekunden, also 31 536 000 Sekunden. Ein Lichtjahr ist daher eine Entfernung von 31 536 000 · 300 000 Kilometern; das sind 9 460 800 000 000 Kilometer. Lies diese Zahl.
Man kann Sterne fotografieren, die eine Milliarde Lichtjahre von uns entfernt sind.

Zuletzt wird den Schülern noch, gewissermaßen als Gegenbeispiel zum Positionssystem, die römische Zahlnotation mit ihren Merkmalen vorgestellt.

5.6 Einführung in die Dezimalbrüche (6. Jgst.)

(I)

In einem Schülerlexikon werden die 1976 gültigen Weltrekorde in den abgebildeten Sportarten angegeben, und zwar mit 2.25 m (lies: zwei-Komma-zwei-fünf Meter) bzw. 8,35 m bzw. 21,05 m bzw. 5,50 m.

a) Wie gehören die Angaben und die Sportarten zusammen?

b) Du kannst die Angaben ohne Komma lesen, wenn du die Untereinheiten des Meters berücksichtigst!

Die Sequenz knüpft an die Fähigkeit der Schüler an, Dezimalbrüche als Maßzahlen von Größen in der Weise zu interpretieren, daß die Ziffern rechts vom Komma als Darstellung für die Maßzahl der entsprechenden Untereinheit gedeutet werden. 2,25 m wird z. B. als 2 m 25 cm gelesen. In einem ersten Schritt wird dieses Verständnis der Kommaschreibweise von Größen für die Längen vertieft und verfeinert.

a) Lies die folgenden Längenangaben in Kommaschreibweise:

4,26 m	17,408 m	7,04 m	12,305 m	0,568 m	143,6 m

Übertrage die Angaben in solche mit verschiedenen Einheiten gemäß folgendem Beispiel: 8,241 m = 8 m 2 dm 4 cm 1 mm.
(Es handelt sich dabei um eine Kurzschrift für die Summe 8 m + 2 dm + 4 cm + 1 mm.)

b) Schreibe in Ziffern, und zwar zuerst in Kommaschreibweise und dann mit Angabe verschiedener Einheiten:
fünf-Komma-acht-drei-fünf Kilometer; neun-Komma-sechs-null-zwei Meter; fünfundzwanzig-Komma-sieben-null-drei Meter; null-Komma-null-vier Meter.

c) Gib die Summe zusammengefaßt in Kommaschreibweise an:
7 m + 7 dm; 4 m + 4 cm; 60 m + 60 cm; 8 m + 8 cm; 38 m + 38 mm.

Interessante Angaben von unserer Erde. Gib jeweils in m an:

- Tiefster See der Erde (Baikalsee): 1,741 km
- Größte Meerestiefe (bei Japan): 11,034 km
- Höchster Berg (Mount Everest): 8,848 km
- Umfang des Äquators: 40 076,594 km
- Durchmesser der Erde am Äquator: 12 756,776 km

a) Du kennst die Unterteilungsregel 1 m = 10 dm. Sie kann auch so angegeben werden:

1 dm = 0,1 m oder 1 dm = $\frac{1}{10}$ m

Gib in dm an	2,1 m	0,4 m	1,8 m	1,64 m	12,82 m	0,91 m
Gib in m an	16 dm	85 dm	3 dm	36,8 dm	0,4 dm	37,2 dm

b) Für 1 m = 100 cm können wir umgekehrt schreiben:

1 cm = 0,01 m oder 1 cm = $\frac{1}{100}$ m

Gib in cm an	3 m	7,2 m	6,53 m	8,712 m	0,46 m	0,09 m
Gib in m an	412 cm	84 cm	6 cm	112,4 cm	7,2 cm	0,4 cm

c) Zu 1 m = 1000 mm gehört als Umkehrung:

1 mm = 0,001 m oder 1 mm = $\frac{1}{1000}$ m

Gib in mm an	6 m	0,4 m	1,028 m	0,014 m	56,03 m
Gib in m an	7 000 mm	600 mm	312 mm	14 mm	9 mm

(II) Nun sollte die Voraussetzung geschaffen sein, um den Stellenwert der einzelnen Ziffern rechts vom Komma - zunächst noch auf Längen bezogen - zu benennen.

a) Wir können für Umrechnungen eine Tabelle von der Art der Stellenwerttabelle zu Hilfe nehmen:

m	dm	cm	mm
6	2	8	4
3	6	2	7
4	0	5	3
0	3	4	2
8	9	0	1

Ablesemöglichkeiten für die erste Zeile:

6,284 m
62,84 dm
628,4 cm
6 284 mm

Lies die anderen Zeilen entsprechend ab!

b) An die Stelle der Kommaschreibweise kann auch die gewöhnliche Schreibweise der Brüche mit Stufenzahlen im Nenner treten:

m	$\frac{1}{10}$ m	$\frac{1}{100}$ m	$\frac{1}{1000}$ m
6	2	8	4
3	6	2	7
4	0	5	3
0	3	4	2
8	9	0	1

Die erste Zeile kann man nach der Einheit m so lesen:

$6{,}284 = 6 + \frac{2}{10} + \frac{8}{100} + \frac{4}{1000}$

Lies die anderen Zeilen entsprechend ab!

(III) Die Schüler sollen erkennen, daß eine Analyse von Zeitmaßen, Hohlmaßen und Gewichten zu gleichen Stellenwertbezeichnungen führt. Für das Beispiel der Gewichte sind Aufgaben folgender Art denkbar:

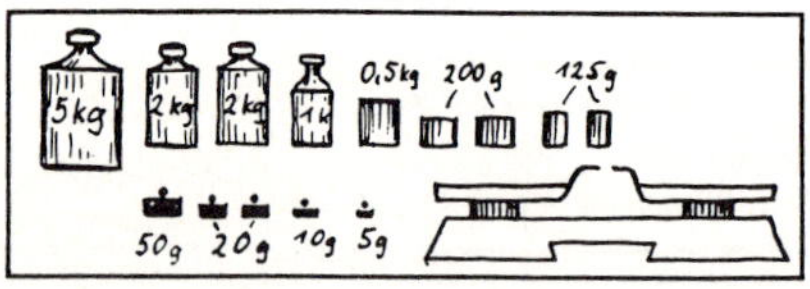

a) Welche Gewichtssteine wählst du aus, um folgende Gewichte zusammenzustellen?

2,5 kg	0,75 kg	1,84 kg	0,625 kg
8,325 kg	0,525 kg	960 g	0,4 kg

b)

Gib in g an	6 kg	4,3 kg	0,65 kg	1,002 kg	0,018 kg	
Gib in kg an	7 000 g	3 600 g	512 g	1 020 g	34 g	8 g

Lies die Tabelleneintragungen sowohl im kg-Maß als auch im g-Maß!

kg	100 g	10 g	g
6	2	5	1
9	6	4	2
3	0	0	0
0	6	4	7
0	2	3	0
5	0	0	8
0	0	0	3

Erste Zeile als Beispiel:

6,251 kg = 6 251 g

Übertrage auch in die Summe nach Stufenzahlen!
Beispiel:

$6{,}251 = 6 + \frac{2}{10} + \frac{5}{100} + \frac{1}{1000}$

Somit können wir die für alle Maßzahlen gemeinsamen Stellenwertbezeichnungen von den speziellen Größeneinheiten ablösen und formal handhaben.

a) Größenangaben wie 725,639 m zeigen, daß sich die für die ganzen Zahlen verwendete Stellenwerttabelle ausbauen läßt:

H	Z	E	z	h	t
7	2	5	6	3	9

Prüfe, wie die Maßzahl 725,639 in die Tabelle eingetragen ist!
Was müssen die Stufenzeichen z, h, t bedeuten?

b) Verwandle in Zehntel: 4 E; 17 E; 30 E; 4 E + 5 z; 19 E + 3 z!

c) Verwandle in Hundertstel: 19 z; 9 E; 34 z; 7 z + 8 h; 3 E + 7 z + 1 h!

d) Verwandle in Tausendstel: 14 h; 8 E; 7 z; 341 h; 5 z + 2 h + 7 t!

3,507 kann auf folgende Arten ausführlich dargestellt werden:
- mit Worten: drei-Komma-fünf-null-sieben
- mit Stufenzeichen: 3 E + 5 z + 7 t
- mit Stufenzahlen: $3 + \frac{5}{10} + \frac{7}{1000}$
- in einer Stellenwerttabelle

E	z	h	t
3	5	0	7

a) Stelle folgende Zahlen ausführlich dar: 4,308; 18,352; 8,005; 0,481.

b) Nenne Zahlen, die zwischen 3,005 und 3,100 liegen! Nenne auch Zahlen zwischen 5,100 und 5,009 sowie zwischen 0,099 und 0,10!

(IV) Einen anderen Zugang zu den Dezimalbrüchen liefert die Fortführung einer bei den Einern nicht abbrechenden Division. Die Schüler verfügen nun über Bezeichnungen für die Stellenwerte rechts von den Einern.

Für die Division 158 : 8 erhielten wir bisher im schriftlichen Verfahren als Resultat 19 + (6 : 8). Nun können wir das Verfahren durch Verwandlung des Restes fortsetzen:

158 : 8 = [19 E] + (6 E : 8)

↓ verwandeln

60 z : 8 = [7 z] + (4 z : 8)

↓ verwandeln

40 h : 8 = [5 h]   Ergebnis: 19,75

Verfahre entsprechend bei folgenden Divisionen: 387 : 5; 251 : 4; 125 : 10; 763 : 8; 1654 : 25; 5 : 8.

Die Ergebnisse dieser Divisionsaufgaben sollen als Dezimalbrüche geschrieben werden.

a) 137 : 8; 2151 : 6; 1536 : 12; 261 : 24; 372 : 125; 19 : 8.

b) 9 : 12; 7 : 8; 2 : 10; 7 : 25; 19 : 125; 6 : 24; 5 : 16; 1 : 8.

a) Dividiere die Zahl 7 durch 10, dann durch 100 und durch 1 000. Vergleiche den Dividenden 7 jeweils mit dem ausgerechneten Quotienten!

b) Hier ist der zugehörige Dezimalbruch leicht zu finden:

237 : 10; 426 : 10; 1258 : 10; 935 : 100; 4827 : 100; 2635 : 1000.

(V) Die Sequenz schließen formale Übungen zu den Dezimalbrüchen ab.

Welche Zahl entsteht aus 52,8203, wenn man

a) die Ziffern der Zehntel- und der Tausendstel-Stelle vertauscht?

b) die Ziffern der Zehner- und der Zehntausendstel-Stelle vertauscht?

Es sollen Dezimalbrüche nach folgenden Regeln geschrieben werden:

a) Es dürfen nur die Ziffern 3, 7, 9 vorkommen, und zwar jede genau einmal; der Dezimalbruch hat 2 Stellen hinter dem Komma.

b) Vor dem Komma steht die Ziffer 6. Der Wert jeder folgenden Ziffer muß größer sein als der aller vorangehenden.

Wir bilden Dezimalbrüche: Vor dem Komma soll die Ziffer 0 stehen; für die Stellen hinter dem Komma mußt du die Ziffern aus dem Baum auswählen.
Die verstärkte Linie führt auf 0,2158.

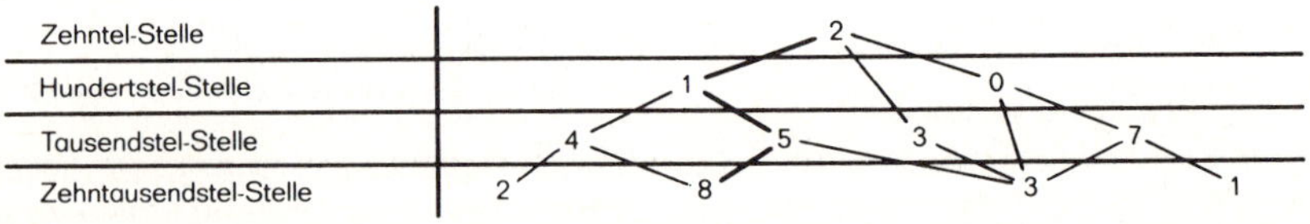

Bilde Zahlenfolgen:

a) Anfangszahl 3,5. Regel: Nachfolgende Zahl stets 0,5 größer.

b) Anfangszahl 4,2. Regel: Nachfolgende Zahl stets 0,3 größer.

c) Anfangszahl 11,9. Regel: Nachfolgende Zahl stets um 0,7 kleiner.

d) Anfangszahl 20. Regel: Nachfolgende Zahl stets um 1,5 kleiner.

Aufgabe 122.1

a) Versuchen Sie, die methodischen Grundideen der vorausgehenden Unterrichtssequenz herauszufinden und zu charakterisieren!

b) Halten Sie die angedeuteten Schritte zur Einführung in die Dezimalbrüche für ausreichend? (Falls nein: Was fehlt?) ■

Aufgabe 122.2

In dem von A. Fricke 1972 herausgegebenen Buch "Mathematische Impulse 6" findet sich beim Übergang von der Kommaschreibweise bei Größen zum Rechnen mit Dezimalbrüchen folgender Abschnitt "Systembrüche, Dezimalbrüche":

❶

	$4^2 = 16$	4	1
			30
$30 = 7 \cdot 4 + 2$ →		7	2
$7 = 1 \cdot 4 + 3$ →	1	3	2

$30 = 1 \cdot 4^2 + 3 \cdot 4 + 2 = 132_{(4)}$

30 quadratische Platten sollen zu größeren quadratischen Platten zusammengesetzt werden. Wie viele 4er-Platten lassen sich bilden? Wie viele ganze 16er-Platten gibt das? Wie viele Vierer und Einer bleiben übrig?

Die natürliche Zahl 30 *ist im Vierersystem dargestellt.*

❷

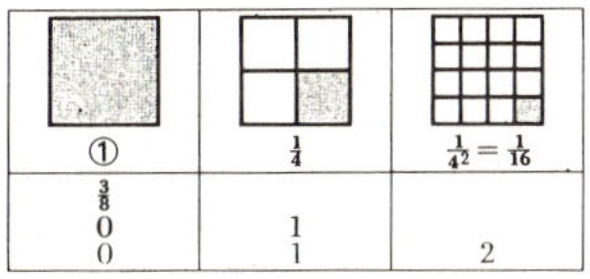

$\frac{3}{8}$ der Fläche einer ganzen Platte soll aus kleineren quadratischen Platten zusammengesetzt werden. Wie viele $\frac{1}{4}$-Platten geben $\frac{3}{8}$ einer ganzen Platte? Wie viele $\frac{1}{16}$-Platten ergibt der Rest?

$\frac{3}{8} = \frac{12}{8} \cdot \frac{1}{4} = 1 \cdot \frac{1}{4} + \frac{1}{2} \cdot \frac{1}{4}$; $\quad \frac{1}{2} = \frac{4}{2} \cdot \frac{1}{4} = 2 \cdot \frac{1}{4}$.

$\frac{3}{8} = 0 \cdot 1 + 1 \cdot \frac{1}{4} + 2 \cdot \frac{1}{4^2} = 0.12_{(4)}$. Diese Schreibweise heißt „Systembruch".

Die Bruchzahl $\frac{3}{8}$ ist als Systembruch im Vierersystem dargestellt.

❸ a) Stelle $\frac{13}{16}$ als Systembruch im Vierersystem dar! (Tabelle!)
b) Miß $\frac{13}{16}$ mit Halben, Vierteln, ..., und stelle so die Bruchzahl als Systembruch des Zweiersystems dar!
c) Schreibe als Systembruch im Zweiersystem: $1 \cdot \frac{1}{2} + 1 \cdot \frac{1}{4} + 1 \cdot \frac{1}{8}$.

❹ a) Schreibe als einen Bruch, dessen Zähler und Nenner im Zehnersystem dargestellt sind: $0.11_{(4)}$; $0.021_{(4)}$; $0.101_{(4)}$.
Beispiel: $0.11_{(4)} = \frac{1}{4} + \frac{1}{16} = \ldots\ldots$
b) Verwandle mit Hilfe einer Tabelle in einen Systembruch, und schreibe ihn wie in a): $\frac{3}{8}$ (2er-System), $\frac{5}{8}$ (4er-System), $\frac{7}{16}$ (2er-, 4er-, 8er-System).
c) Welche Bruchzahlen sind durch diese Systembrüche dargestellt: $0.101_{(3)}$; $0.101_{(2)}$; $0.101_{(5)}$? Schreibe ihre Zähler und Nenner wieder im Zehnersystem!

❺ Miß $\frac{5}{8}$ in Zehnteln, Hundertsteln, Tausendsteln! Lege eine Tabelle an! Für das Zehnersystem kennst Du schon die Schreibweise als Systembruch. Man läßt den Zusatz (10) weg und schreibt dafür anstelle des Punktes ein Komma (Dezimalkomma). 0,625 ist ein Systembruch im Zehnersystem *(Dezimalbruch)*.

	1	$\frac{1}{10}$	$\frac{1}{10^2}$	$\frac{1}{10^3}$
$\frac{5}{8}=$	0	6	2	5

❻ a) Verwandle $\frac{3}{8}$ ($\frac{7}{40}$, $\frac{5}{16}$) in einen Dezimalbruch! (Die Tabelle kannst Du weglassen.) Beispiel: $\frac{3}{8} = 0 + \frac{3}{8}$; $\quad \frac{3}{8} \cdot 10 = \frac{30}{8} = 3 + \frac{6}{8}$; $\quad \ldots$
b) Versuche $\frac{5}{9}$ in einen Dezimalbruch zu verwandeln! Was stellst Du fest? Wie ist es bei $\frac{2}{11}$?

❼ Schreibe $\frac{5}{9}$ als Systembruch mit der Grundzahl 3 (4, 6, 8)! Du kannst ohne Tabelle rechnen. Bei zwei dieser Grundzahlen entsteht eine Periode; kennzeichne sie wie bei Dezimalbrüchen!

Systembrüche im Zehnersystem heißen Dezimalbrüche.
Bricht der Dezimalbruch, den man beim Verwandeln eines Bruches erhält, nicht ab, so wiederholt sich unaufhörlich dieselbe Ziffernfolge (Periode). Man schreibt $\frac{2}{11} = 0,\overline{18}$ („Periodischer Dezimalbruch"; lies: „0 Komma Periode eins acht").

Analysieren Sie diesen Abschnitt auf die ihm zugrundeliegenden Lernziele hin. ■

6 Prinzipien der Unterrichtsgestaltung

Im 3. Kapitel wurden die mit dem Thema Zahldarstellung verbundenen Unterrichtsziele im einzelnen formuliert und beschrieben. Sie lassen sich am besten zusammenfassen unter der zentralen Aufgabe, in den Schülern den komplexen mathematischen Begriff des Stellenwertsystems aufzubauen. Einzelne Kenntnisse und Fähigkeiten sind auf diesen Begriff hingeordnet oder wachsen aus seinem Verständnis heraus.
Im vorausgehenden 5. Kapitel sind für verschiedene Jahrgangsstufen Unterrichtssequenzen vorgestellt, die vom Autor zur Verwirklichung dieser Begriffsbildungsaufgabe entwickelt wurden; diese Aufgabe erstreckt sich über die gesamte Primarstufe bis hinein in die ersten Jahrgänge der Sekundarstufe I. Die Sequenzen sind nicht Produkte einer traditionellen Handwerkslehre, sondern Ergebnis einer an didaktischen Leitlinien und Prinzipien orientierten Planung und einer von didaktischer Theorie erhellten Unterrichtserfahrung. Die zugrundeliegenden Positionen sollen im folgenden unter möglichst enger Bezugnahme auf die vorgestellten Planungsskizzen herausgearbeitet und begründet werden. Die Analyse wird sich auf drei Fragenkomplexe beziehen:

- Wie wird generell die Rolle des Schülers im Lernprozeß aufgefaßt: nach welchen allgemeindidaktischen Grundsätzen wird seine Begegnung mit dem Thema "Stellenwertsystem" initiiert und organisiert? (schuldidaktische Analyse)
- Nach welchen speziellen didaktischen Prinzipien ist der Lehrgang zur Darstellung konzipiert? Wie soll der Begriff des Stellenwertsystems beim Schüler aufgebaut werden? Welche Modelle und Hilfsmittel werden herangezogen? (fachdidaktische Analyse)
- Wie ist die Aufeinanderfolge von Schüleraktivitäten und Lehrmaßnahmen geplant? Welche Gliederung, welchen Aufbau und welche Stufung weist der Lehrgang auf? (methodische Analyse)

6.1 Schuldidaktische Prinzipien

Bei der vorliegenden unterrichtlichen Aufgabe sind zum ersten jene Grundsätze zu beachten, die für jegliches Begriffslernen (auch für das Lernen nicht-mathematischer Begriffe) bedeutsam sind. Dabei wird unterstellt, daß es in diesem Fall keineswegs ausreichend und vertretbar wäre, auf rein sprachlich-syntaktischer Ebene eine Begriffsdefinition abzuleiten. Vielmehr geht es um den Aufbau profilierter und lebendiger Bedeutungsvorstellungen zum Begriff des Stellenwertsystem.

a) Im zweiten Band seines Werks "Denken: das Ordnen des Tuns" (1981) entwickelt Hans AEBLI, aufbauend auf dem heutigen Wissensstand der Kognitionspsychologie, eine Theorie der Begriffsbildung, die hier als Referenz dienen kann. Demnach müssen neu zu erwerbende, komplexere Begriffe stets aus Elementen aufgebaut werden, die bereits im Wissensrepertoire des Begriffsbildners enthalten sind. Diese Elemente umfassen selbst bedeutungshaltige Begriffsvorstellungen und sind nun neu zu kombinieren, ähnlich wie man Bausteine einer Pyramide aufeinanderschichtet, damit der neue Begriff gleichsam als krönender Schlußstein aufgesetzt werden kann. Ausgehend von dieser Modellvorstellung kommt AEBLI zu folgender Fest-

stellung: "Darum ist Begriffsbildung auch ganz und gar das Werk des Begriffsbildners. Niemand kann ihm diese Aufgabe abnehmen. Zwar ist der Nachvollzug einer Erklärung ein Konstruktionsprozeß unter Anleitung. Der Angeleitete muß aber jeden Schritt der Konstruktion nachvollziehen, die Elemente aus seinem Wissen abrufen, sie in die rechte Beziehung setzen, sonst kommt es nicht zum Begriff."(S. 99)
Dementsprechend sind die im Kapitel 5 vorgestellten Lernsequenzen zur Zahldarstellung so aufgebaut, daß der Lehrer in der Lenkung und Führung des Unterrichts relativ zurückhaltend agieren kann. Selten findet man Lehrererklärungen und Vorschläge für demonstrierenden Unterricht. Um so häufiger werden Schüleraktivitäten angeregt, die zu einer intensiven und selbständigen Auseinandersetzung mit realen Situationen Anlaß bieten. (Prinzip der Schüleraktivierung bzw. der Selbsttätigkeit)

b) Nun können freilich konkrete Situationen im Prozeß der Begriffsbildung nur eine relativ begrenzte Funktion übernehmen. Zwar vermögen sie Erfahrungen zu mobilisieren, die für den im Aufbau befindlichen Begriff von Bedeutung sind und seine Anwendung herausfordern. Der Begriffsaufbau selbst jedoch, so betont AEBLI ausdrücklich, ist ein abstraktes Geschehen, nicht ein Vorgang der Abstraktion. AEBLI verwirft die traditionelle Vorstellung, daß es einen gestuften Übergang von realen Objekten über reale Vorstellungen zum Begriff gebe. Vielmehr entstehe dieser aus begrifflichen Elementen, die ihrerseits schon abstrakter Natur sind. Seine Qualität hängt von der Anzahl dieser Elemente ab und vor allem von der Art ihrer Beziehung. Ein Begriff ist um so besser, je enger er in ein Netz anderer Begriffe eingefügt und mit diesen verknüpft ist.
Die zentrale unterrichtliche Aufgabe besteht demnach im Aufbau relevanter begrifflicher Beziehungen. Der Begriff des Stellenwertsystems steht in engem Zusammenhang zu folgenden Begriffen,

- Potenzbegriff,
- Begriff der Division mit Rest,
- Begriffe der Multiplikation und der Addition,
- Begriff der Ordnung (Kleiner-größer-Beziehung),
- Termbegriff.

Die vorgestellten Unterrichtssequenzen sind nicht darauf angelegt, die Beziehungen und Verbindungen zu diesen Begriffen zu vereinfachen. Die Schüler dürfen nicht allein gelassen werden mit der Aufgabe, erlerntes Vorwissen aufeinander zu beziehen und neu miteinander zu verknüpfen. Der Unterricht muß ihnen helfen, das, was sie über Größen, Rechenoperationen, Zahlbeziehungen und Zahleigenschaften bereits gelernt haben, in den Aufbau des Begriffs Stellenwertsystem einzubringen und andererseits das dabei erworbene Wissen bei der Bildung neuer Begriffe nutzbar zu machen. (Prinzip vom integrativen Begriffsaufbau)

Aufgabe 125.1
Vergegenwärtigen Sie sich die Beziehungen zwischen dem Begriff des Stellenwertsystems und den oben genannten Bezugsbegriffen! ▪

c) Der Aufbau von Begriffen und das Lösen von Problemen sind zwar aufgrund unterschiedlicher Zielsetzungen als grundsätzlich verschiedene geistige Prozesse zu betrachten. Dennoch weist nicht nur AEBLI zu Recht auf den engen Zusammenhang zwischen beiden hin. Zum einen stehen Begriffe im Dienst des Problemlösens; sie erleichtern es oder ermöglichen es

erst. Zum anderen handelt es sich beim Problemlösen - wie beim Begriffsaufbau - um einen Konstruktionsprozeß. Schaut man nach dem Lösen verallgemeinernd und abstrahierend auf ihn zurück, so kann er sich zu einem Begriff objektivieren. Nachdem ein Schüler beispielsweise das Problem der Umformung eines für ihn (noch) nicht berechenbaren Dreiecks in ein für ihn berechenbares inhaltsgleiches Rechteck gelöst hat, können sich die Schritte der Lösungskonstruktion im Begriff des Flächeninhalts von Dreiecken verdichten. Wer das Problem bewältigt hat, eine größere Anzahl von Objekten ausschließlich unter Verwendung der Zahlen bis fünf zu zählen, hat damit eine Erfahrungsgrundlage für den Begriff der Fünferpotenzen bzw. den des pentalen Zahlsystems gewonnen.
Nun sind Probleme zielgerichtete Aufgaben, bei denen es gilt, Verstehens- bzw. Wissenslücken auszufüllen, Widersprüche aufzulösen, komplexe Situationen zu vereinfachen und transparent zu machen. Als solche wirken sie auf Schüler weitaus motivierender als das zumeist vom Lehrer nahegelegte Ziel eines Begriffsaufbaus, dessen Sinn und Bedeutung den Schülern im Augenblick oft schwer verständlich zu machen ist. Somit erscheint es sinnvoll, wo immer möglich einen Begriffsaufbau unterrichtlich als Ergebnis von Problemlöseprozessen zu organisieren. Dabei sollten die Probleme so geartet sein, daß die Schüler bei ihrer Lösung gerade jene Wissenselemente aktivieren, zueinander in Beziehung setzen und neu kombinieren müssen, die auch für den Begriffsaufbau selbst bedeutsam sind. (Prinzip der Problemorientiertheit)

Aufgabe 126.1
Vereinfacht kann man Probleme im Mathematikunterricht als Aufgaben definieren, für deren Lösung den Schülern (noch) kein Lösungsverfahren zur Verfügung steht.
a) Durchsuchen Sie die Unterrichtssequenzen 5.1 bis 5.6 nach solchen Aufgaben.
b) Sehen Sie weitere Möglichkeiten für ein problemorientiertes Vorgehen im Rahmen dieser Sequenzen? ■

6.2 Fachdidaktische Prinzipien

Es ist sicherlich richtig, beim Aufbau des Begriffs der positionellen Zahldarstellung die unter 6.1 beschriebenen allgemeinen Grundsätze der Begriffsbildung zu beachten; doch dürfte dies nicht ausreichen. Für die Bildung mathematischer Begriffe sind darüber hinaus spezielle Prinzipien zu berücksichtigen, von denen nachfolgend gesprochen werden soll.

a) Hans AEBLI (1981) weist, wie sein Lehrer Jean PIAGET, den mathematischen Begriffen eine gewisse Sonderstellung zu. Die für ihren Aufbau wichtigen Beziehungen sind in diesem Fall speziell räumlich oder algebraischer Art und beziehen sich "auf eine Welt extensiver Gedankenobjekte". Als abstrakte, ins Denken genommene "verinnerlichte" Handlungen heißen sie "Operationen".
Nun ist es nicht so, daß Operationen keinen Bezug zur physikalischen Wirklichkeit hätten. Vielmehr bilden sie sehr häufig konkrete Handlungen in eine abstrakte Sicht hinein ab. Andererseits können sie auf reale Situationen angewendet, also in einem sachlichen Bedeutungszusammenhang realisiert werden. AEBLI (1981) sagt dazu: "Die quantitativen Beziehungen klären gewisse Zusammenhänge innerhalb des sachlichen Geschehens, die qualitativen Beziehun-

gen verleihen den quantitativen Strukturen lebendige Bedeutungen, Fleisch und Blut sozusagen." (S. 257) Des weiteren hat PIAGET in seiner Stufentheorie zur Entwicklung mathematischer Begriffe darauf hingewiesen, daß das Denken in Operationen erst nach und nach erlernt wird. Bis ins 8. Lebensjahr reicht bei manchen Kindern das Stadium des "anschaulichen Denkens", das vor allem durch starke Wahrnehmungsgebundenheit, mangelnden Beziehungsreichtum und eine gewisse Starrheit charakterisiert ist. Erst im Verlauf des Grundschulalters lernen die Kinder, sich Handlungen vorzustellen und diese in der Vorstellung zu kombinieren; sie kommen auf diese Weise zu einem beweglichen Beziehungsdenken. Dennoch bleiben sie zunächst darauf angewiesen, auf reale Objekte und Handlungserfahrungen Bezug zu nehmen (Phase der "konkreten Operationen"). Ab dem 11./12. Lebensjahr darf man schließlich erwarten, daß bewegliche Operationen auch auf reine Symbolobjekte angewendet werden können (Phase der "formalen Operationen").
Zusammenfassend kommt man aufgrund der vorgetragenen Befunde zu folgendem Ergebnis: Zwar können Begriffe nicht unmittelbar aus konkreten Objekten, Modellen und Situationen abstrahiert, sondern nur durch eine aktive geistige Konstruktion abstrakter Beziehungen und Strukturen gewonnen werden. Aber diese Konstruktion wird durch die Präsenz realer Gegebenheiten oder ihrer bildhaften Darstellung angestoßen und wesentlich erleichtert. Diese ist daher um so nötiger, je jünger die Begriffsbildner sind und je weniger sie sich auf Elemente stützen können, die bereits aus Realerfahrungen gewonnen wurden. Entscheidend sind dabei nicht die Objekte, Modelle und Situationen selbst, sondern die auf sie real oder vorstellungsmäßig angewendeten Handlungen. Denn diese bilden die Abstraktionsgrundlage für die im Zusammenhang mit dem Aufbau mathematischer Begriffe unerläßlichen Operationen. (Prinzip vom Primat der Handlung)

Aufgabe 127.1

a) *Welche Schüleraktivitäten kann man in den vorgestellten Unterrichtssequenzen finden? Stellen Sie eine Liste zusammen!*

b) *In welcher Beziehung stehen die von Ihnen gefundenen Aktivitäten zu allgemeinen mathematischen Fähigkeiten wie Klassifizieren, in Beziehung setzen (Relationieren) Ordnen, Zuordnen bzw. Transformieren, Verknüpfen, Messen und Quantifizieren, Konkretisieren, Verbalisieren und Symbolisieren?* ■

b) Die Idee, daß das Handeln substantiell etwas mit dem Denken i.a. und mit der Begriffsbildung i.b. zu tun haben könnte, ist relativ neu. Jean PIAGET griff hier einen Gedanken des russischen Psychologen WYGOTSKI auf, der in der kindlichen Entwicklung ein Stadium des praktischen, d.h. handlungsgebundenen Verständnisses angenommen hatte. Aus ihm entfaltete PIAGET in der Zeit zwischen den beiden Weltkriegen seine auf gründliche Beobachtung gestützte Lehre vom handlungsgebundenen Ursprung der kindlichen Intelligenz. Jerome B. BRUNER (1971) ordnete dann das Handeln in seine bekannt gewordene Theorie von den drei Darstellungsweisen ein, deren sich das Denken bedienen könne, nämlich der enaktiven (handlungsgebundenen), der ikonischen (bildhaften) und der symbolischen (sprachlichen) Darstellung.
Um die Bedeutung der Sprache für das Denken hatten schon Plato und Aristoteles gewußt. Herder und Humboldt haben sie zentral herausgestellt. In unseren Tagen ist es vor allem WHORF (1963), der die Sprache als strukturbildend für unsere gesamte Erfahrung wie unser

Denken und Wissen betrachtet. Die Rolle der Wahrnehmung und damit auch der bildhaften Repräsentation hoben naheliegenderweise vor allem die Empiristen und - im Gefolge der Kantianer - die Gestaltspsychologen hervor. Neuerdings sehen PAIVIO und KOSSILYN Vorstellungsbilder und Worte als gleichermaßen bedeutsame Informationsträger und Darstellungsweisen für unser Denken an.

Hans AEBLI (1981), an dem sich der soeben gegebene kurze geschichtliche Abriß zu den Repräsentationstheorien orientiert, schließt hier nahtlos an, wenn er Vorstellung und Sprache als "sekundäre Verhaltenssysteme" dem Handeln und dem Wahrnehmen als "primären Systemen" gegenüberstellt. Man muß dann freilich, seiner Meinung nach, bei der Beschreibung des Verhaltens noch unterscheiden zwischen den Objekten, auf die sich das Handeln, Wahrnehmen, Vorstellen und Sprechen beziehen, einerseits, und den Beziehungen bzw. Strukturen, die zwischen ihnen bzw. mit ihnen gebildet werden, andererseits. Die Frage nach der Repräsentation richtet sich zunächst einmal auf die Objekte. Die Beziehungen und Strukturen bleiben fürs erste, d.h. in der Phase des Entstehens, ohne greifbare Darstellung, können sich allerdings nachträglich in einem sekundären Verhaltenssystem objektivieren.

Dabei erweist sich die Sprache als ganz besonders leistungsfähig. Sie kann das Wahrnehmen und Handeln begleiten, aber auch planend vorwegnehmen. Sie stützt die Denk- und Beobachtungsprozesse, indem sie diese zusammenfaßt und darstellbar macht. Sie ermöglicht den kommunikativen Austausch von Erfahrungen und Begriffen und dadurch ein Lernen ohne Einschaltung der primären Verhaltenssysteme, also allein auf der Basis der verbalen Übermittlung.

Etwas modifiziert lassen sich die Darlegungen für unser Beispiel auch so zusammenfassen: Bei der Begriffsbildung werden dem Schüler Objekte, Modelle bzw. Situationen vorgegeben; diese können real, bildhaft oder sprachlich dargestellt sein. Geeignete Impulse aktivieren den Schüler und induzieren Handlungen, Handlungsvorstellungen bzw. - im Fall der mathematischen Begriffsbildung - konkrete, später auch formale Operationen. Die Handlungsergebnisse, Beziehungen oder Strukturen, die der Schüler dabei erzeugt bzw. aufbaut, kann er selbst wieder in einer der drei oben genannten Weisen darstellen. Der Zusammenhang läßt sich graphisch in folgender Weise wiedergeben:

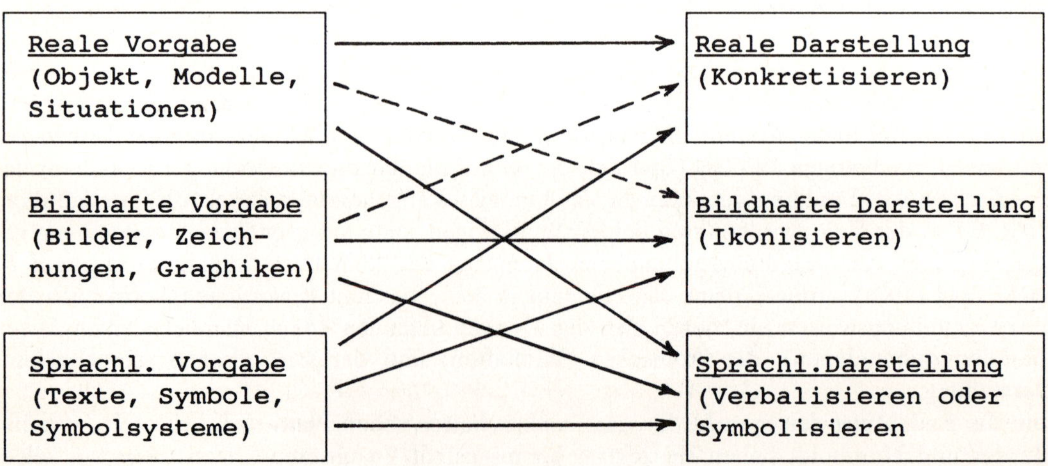

Anhand seiner Lehre von den Repräsentationsformen analysiert nun BRUNER (1974) u.a. auch mathematische Lernprozesse und kommt dabei zu folgendem Ergebnis: "Beim Erlernen von Mathematik zeigt sich nach unserer Meinung ein Gutteil der allgemeinen intellektuellen Entwicklung. Sie beginnt mit 'instrumentaler Aktivität', d.h., Dinge werden dadurch definiert, daß und wie man sie macht oder ausübt. Solche Operationen finden ihren Niederschlag und werden zusammengefaßt in der Form besonderer Bildvorstellungen. Schließlich kommt der Schüler, besonders mit Hilfe einer symbolischen Notation, die durch Transformationen im Bildlichen hindurch invariant bleibt, dazu, die formalen oder abstrakten Eigenschaften der Dinge, mit denen er umgeht, zu erfassen. Aber während der Lernende - hat er erst einmal die Stufe der Abstraktion erreicht - in gewissem Maße von der oberflächlichen Erscheinung der Dinge frei wird, greift er doch weiterhin zurück auf das Reservoir von Bildvorstellungen, das er auf dem Weg zur vollendeten Abstraktion angesammelt hat. Dieses Reservoir von Bildvorstellungen erlaubt es ihm, heuristisch zu arbeiten, d.h. mit zweckdienlichen und flexiblen Mitteln Probleme zu erforschen und sie zu anderen Problemen, die schon bewältigt sind, in Beziehung zu setzen." (BRUNER 1974, S. 71) Das Lernen von Begriffen sollte demnach nicht einbahnig von der enaktiven über die bildliche zur symbolischen Darstellung verlaufen, sondern alle oben genannten Operationen einbeziehen. Vermutlich wird der Begriffsaufbau gerade durch diejenigen am meisten gefördert, die den Übergang von einer Darstellungsform in eine andere verlangen; sie sind in der Grafik hervorgehoben. <u>(Prinzip vom intermodalen Transfer)</u>

Aufgabe 129.1

a) *Suchen Sie in den Unterrichtssequenzen einige typische Aufgaben, die einen intermodalen Transfer verlangen!*

b) *Was läßt sich aus dem Prinzip vom intermodalen Transfer für den Aufbau von Unterrichtssequenzen folgern?* ■

c) In seinem 1965 in deutscher Sprache erschienen Buch "Aufbau der Mathematik" (englische Originalausgabe 1960) führt Zoltan P. DIENES - neben dem dynamischen Prinzip und dem Aufbauprinzip - die sogenannten Variationsprinzipien für das Lernen von mathematischen Begriffen in die fachdidaktische Diskussion ein. Der Grundgedanke scheint einleuchtend: Einzelne Objekte, Modelle oder Situationen können einen Begriff niemals so vertreten, daß aus ihnen sein voller Umfang erkennbar und sein Inhalt genau abgrenzbar wäre. Zeigt man z.B. den Schülern zur Einführung des Begriffs Prisma einen Körper mit gleichschenkligen Dreiekken als Grund- und Deckfläche und mit Rechtecken als Seitenflächen, so könnten sie einen Begriff bilden, dessen Umfang zu klein ist (etwa weil er nur die Teilklasse der geraden Dreiecksprismen erfaßt) und dessen Inhalt zu groß ist (weil zu viele spezielle Eigenschaften in seine Charakterisierung eingehen). Um einer solchen "Untergeneralisierung" entgegenzuwirken, müßte der Lehrer verschiedene Prismenmodelle vorstellen, solche mit viereckiger fünfekkiger, sechseckiger, usw. Grundfläche, aber auch schiefe und gerade . In der Theorie ist eine Zusammenstellung von Modellen verlangt, aus welcher der Schüler insgesamt erkennen kann, welche Eigenschaften für den Begriff kennzeichnend sind - das sind diejenigen, die allen Modellen gemeinsam sind (Begriffskonstanten) - und welche Eigenschaften jeweils nur einigen Repräsentanten zusätzlich anhaften und daher in den Modellen variieren (Begriffsvariablen).
Kann man im Unterricht einer solchen Theorie überhaupt gerecht werden? Müßten im Beispiel nicht auch gleichseitige und ungleichseitige Dreiecksprismen gezeigt werden, um eine

Über- bzw. eine Untergeneralisierung zu vermeiden? Wie stark müßten darüber hinaus die Größen, insbesondere die Höhen variieren? Wer, um die Anzahl der benötigten Modelle zu begrenzen, behauptet, das genannte Modell reiche aus, um alle Dreiecksprismen zu vertreten, muß begründen, wieso eine Generalisierung auf Fünfecksprismen oder auf schiefe Prismen nicht ebenfalls möglich sein sollte.

Hans AEBLI (1981) entkommt einer solchen Fragestellung, indem er konsequent die Gegenposition vertritt. Seiner Auffassung nach sind ja Begriffe als Schemata der Informationsverarbeitung ohnehin nicht durch eine Menge von Objekten in unserem Geist präsent, sondern in Form von Beziehungen und Strukturen, die sprachlich vermittelt und dargestellt werden müssen. "Wir denken rein intensional, in Begriffen des Begriffsinhalts und nicht des Begriffsumfangs, nämlich der Menge der Erscheinungen oder Exemplare, in denen der Begriffsinhalt realisiert ist." (S. 256) Daher gilt auch: "Der Vorgang der Begriffsbildung spielt sich nicht auf der Ebene der Begriffsumfänge, der Menge der Fälle oder Exemplare ab, auf die der Begriff zutrifft, er spielt sich ganz auf der Ebene des Begriffsinhalts, der Intension ab und geschieht an einem einzigen Beispiel. Der Begriffsinhalt wird im Zuge der Erklärung Schritt für Schritt aufgebaut, nicht aus 'Exemplaren' abstrahiert oder extrahiert." (S. 98) Es würde also im Beispiel genügen, den Schülern anhand eines Prismenmodells zu erklären, daß Prismen irgendwelche zueinander kongruente und parallel verlaufende Vielecke als Grund- bzw. Deckfläche besitzen und daß die übrigen Begrenzungsflächen Parallelogramme, im Sonderfall des geraden Prismas Rechtecke (also spezielle Parallelogramme) sind.

Nun muß man sich nicht notwendig in den Extremen "möglichst viele Modelle" - "nur ein Modell" bewegen. Auch wenn man die Position von AEBLI grundsätzlich teilt, kann man aus verschiedenen Gründen eine überschaubare Anzahl von variierenden Modellen durchaus für sinnvoll oder gar nötig erachten. Bezüglich des Begriffs der positionellen Zahldarstellung zeigt DIENES (1965) mit einiger Plausibilität, daß der Potenzaufbau der Stellenwerte nur sehr schwer vermittelt werden kann, wenn man sich allein auf die dekadische Darstellung beschränkt. Er empfiehlt daher, die Darstellung in kleineren Basiszahlen einzubeziehen (Dreiersystem, Vierersystem, Fünfersystem, Dualsystem), und spricht in diesem Fall von mathematischer Variabilität. "Begriffe, die Variablen einschließen, müssen durch Experimente erlernt werden, die die größtmögliche Zahl von Variablen umfassen". (S. 44)

In der Tat ist es überhaupt nur für kleine Basiszahlen möglich, die Schüler selbst zwei- und dreistufige Bündelungen mit einer noch überschaubaren Anzahl von Objekten durchführen zu lassen und ihnen auf diese Weise zum Potenzaufbau Handlungserfahrungen zu vermitteln. Für verbale Erklärungen dürfte in diesem Fall das Vorwissen nicht ausreichen (fehlender Potenzbegriff!). Auch die Bedeutung der Null im Rahmen der Zahldarstellung läßt sich allein anhand des dekadischen Systems nur schwer erklären. Vor allem aus diesen beiden Gründen sind die ersten drei der im 5. Kapitel vorgestellten Unterrichtssequenzen so aufgebaut, daß sie dem Sonderfall der dekadischen Zahldarstellung jeweils eine modellgebundene Arbeit im Zweier-, Dreier-, Vierer- oder Fünfersystem voranstellen. (Bei der Erweiterung des Zahlbereichs über 1000 hinaus wurde das nicht mehr für nötig befunden.) Außerdem wurden auch verschiedene Darstellungsmodelle herangezogen.

Dies hat seinen Grund darin, daß sich verschiedene Kennzeichen des sehr komplexen Begriffs Stellenwertsystem an verschiedenen Modellen besonders deutlich und einprägsam erfahrbar machen und erläutern lassen. DIENES spricht in diesem Fall von der Variation der Veranschaulichung. "Um bei der Begriffsbildung einen möglichst weiten Rahmen für individuelle Variationen zu haben und das Erfassen des mathematischen Kerns einer Abstraktion zu fördern, muß dieselbe begriffliche Struktur in möglichst vielen, äquivalenten Veranschaulichungen angeboten werden". (DIENES 1965, S. 44)

Aufgabe 131.1
In den Unterrichtssequenzen wird vor allem mit folgenden Modellen gearbeitet: Einzelobjekte (zum Bündeln), Stäbe (zum Züge bauen), Tausch- bzw. Wertmarken, Systemblöcke und Stellenwerttafel (zum Einlegen von Chips).
Überlegen Sie die Vorzüge und Nachteile dieser Modelle im Hinblick
a) auf die zum Thema Zahldarstellung formulierten Lernziele;
b) im Hinblick auf ihre unterrichtliche Einsetzbarkeit. ■

Im Zusammenhang mit dem Aufbau mathematischer Begriffe anhand vorgegebener Objekte, Modelle oder Situationen wurde noch ein weiterer Grundsatz in die fachdidaktische Diskussion eingeführt. Unter der Bezeichnung "Kontrastprinzip" empfiehlt dieser methodische Vorschlag, den Begriffsinhalt nicht nur durch positive Beispiele darzustellen, sondern auch durch Gegenbeispiele abzugrenzen (HOLE 1973; HOLLAND 1975). Beim Begriff Prisma könnte man etwa an Modelle von Pyramidenstümpfen oder von Körpern denken, bei denen Grund- und Deckfläche nicht in parallelen Ebenen liegen. Im Fall des Stellenwertsystems läßt sich jede nichtdekadische Zahldarstellung als Kontrastbeispiel zum Zehnersystem auffassen. Aus dieser Sicht wäre es wohl auch denkbar, nichtdekadische Zahlsysteme im Anschluß an das dekadische ins Spiel zu bringen. Ein Gegenbeispiel anderer Art ist das römische Zahlsystem.

6.3 Methodische Stufenmodelle

Dem Lehren eines mathematischen Begriffs wird im Unterricht unterschiedlich viel Zeit gewidmet. Es kann innerhalb einer einzigen Unterrichtsstunde abgeschlossen werden, aber auch über mehrere Schuljahre hin immer wieder Sequenzen von 10 bis 20 Unterrichtseinheiten beanspruchen. Die benötigte Lernzeit hängt ab

- von der Anzahl der zum Aufbau des Begriffs benötigten Elemente, also von seiner Komplexität, und
- vom Umfang der Vorerfahrungen bzw. des tatsächlichen Vorwissens der Schüler.

Dürfen beispielsweise sichere Zahlbegriffe, der Begriff der Division sowie ein gesichertes Wissen über die Umkehrungen der Einmaleinssätze vorausgesetzt werden, so läßt sich aus diesen Elementen sehr rasch ein Begriff wie Teiler ableiten. Das hier zur Diskussion stehende, äußerst komplexe Thema Zahldarstellung hingegen braucht umfangreiche unterrichtliche Bemühungen über viele Schuljahre hinweg, zumal die Elemente, aus denen dieser Begriff aufgebaut werden muß, den Schülern erst nach und nach verfügbar gemacht werden können.
Wohl in erster Linie mit Blick auf komplexe Themen, bei denen der Lehrer nur geringe Erwartung an Wissensvoraussetzungen erwartet, wurden in der Mathematikdidaktik Stufenmodelle entworfen, die sich zu einer globalen Beschreibung des gesamten Begriffsaufbaus eignen. Einige dieser Modelle sollen im folgenden kurz vorgestellt werden.

a) Zoltan P. DIENES (1966) spricht vom Begriffsaufbau in Lernzyklen. Jeder Zyklus umfaßt sechs Stufen:

- In der Stufe des freien Spiels sollen die Schüler das bereitgestellte Arbeitsmaterial aufgrund ungelenkter, spontaner Aktivitäten kennenlernen können.
- Dann werden den Schülern zunehmend materialbezogene, gezielte Aufgaben gestellt, so daß sich ein fließender Übergang zur Stufe der strukturierten Spiele vollzieht.
- In der Stufe der Darstellung legen die Schüler ihre im Spiel gewonnenen Handlungserfahrungen bildlich oder sprachlich nieder und können damit frei über sie verfügen.
- Auf diese Weise wird es möglich, die Darstellungen zu analysieren und in ihnen Gemeinsamkeiten und Beziehungen zu entdecken sowie Operationen zu vollziehen. Beziehungen und Operationen werden nunmehr mit fachlich-symbolischen Mitteln dargestellt. DIENES spricht von der Stufe der Beschreibung der Darstellung.
- Ihr schließt sich die Stufe des Gebrauchs der Beschreibung an. Dabei gilt es, aufgrund der gefundenen gesetzhaften Beziehungen Vorhersagen zu machen und diese durch Anwendung auf neue Situationen zu erproben.
- Schließlich werden die Beziehungen noch auf logische Folgerichtigkeit überprüft und in Schlußketten geordnet. Sie werden auf diese Weise, sofern sie der logischen Nachprüfung standhalten, zu bewiesenen Lehrsätzen.

b) Der Struktur der Lernzyklen von DIENES nicht unähnlich sind die Etappen, die GALPERIN/TALYSINA (1972) für die Begriffsbildung aufstellen.

- Am Anfang steht die "Etappe der materialisierten Handlung", in welcher vornehmlich mit konkreten Dingen und Darstellungen, mit Beispielen und Gegenbeispielen gearbeitet wird und Schriftliches allenfalls der Orientierung dient.
- In der "Etappe der äußeren Sprache" werden die Begriffsmerkmale sprachlich gefaßt, d.h. verbal wie schriftlich beschrieben und hervorgehoben.
- Schließlich folgt die Etappe der geistigen Handlung, in der die Begriffsvorstellungen auch rein gedanklich nachvollzogen, gleichsam mit "innerer Sprache" beschrieben werden können.

c) VAN HIELE (1964) nennt als Niveaustufen des Begriffslernens

- die Grundstufe, in der Objekte vorgestellt und Grundtechniken erlernt werden
- die Exploration, in der Begriffsmerkmale hervorgehoben werden
- die Explizierung, in der die Schüler die mit dem Begriff verbundenen fachlichen Bezeichnungen und Symbole erlernen und
- die Orientierung, in welcher der Begriff in neuen Situationen adäquat angewendet wird.

d) Hans J. VOLLRATH (1984) entwickelt für den Funktionsbegriff Stufen des Begriffsverständnisses, die sich sicherlich auch auf viele andere mathematische Begriffe verallgemeinern lassen:

- Stufe der inhaltlichen, nicht formalen Kenntnis des Begriffs;

Die Schüler lernen wichtige Modelle kennen, können mit ihnen operieren und sie identifizieren. Sie aktivieren wichtige Teil- und Unterbegriffe und können zu ihnen Beispiele und Gegenbeispiele angeben. Die Begriffsbezeichnung wird eingeführt und für vorgelegte Objekte kann entschieden werden, ob sie zum Begriff gehören oder nicht. Der Schüler lernt wichtige Eigenschaften kennen und kann den Begriff in Anwendungssituationen benutzen. Er verfügt über relevante Begriffsvorstellungen.

- Stufe der formalen Kenntnis des Begriffs:
  Der Schüler lernt den Begriff zu definieren. Er kann begründen, warum ein Objekt unter den Begriff fällt oder nicht. Er kennt Grenzfälle und kann ihre Zugehörigkeit entscheiden. Der Schüler kann selbst Beispiele und Gegenbeispiele für den Begriff angeben. Schließlich erkennt er auch in komplexen Situationen die relevanten Begriffsmerkmale und kann sie zu Begründungen heranziehen.
- Stufe der integrierten Kenntnis des Begriffs:
  Der Schüler kann durch Wahl von Zusatzbedingungen selbst Unterbegriffe finden. Er erkennt, wann Zusatzbedingungen eine Einschränkung bedeuten und wann nicht. Der Schüler kennt die Beziehungen zu naheliegenden Ober-, Unter- und Nebenbegriffen und kennt ein Netz von Begriffsmerkmalen.
- Stufe der kritischen Kenntnis des Begriffs:
  Der Schüler kann äquivalente Begriffsdefinitionen als solche erkennen und die Äquivalenz sogar beweisen.

Aufgabe 133.1
Analysieren Sie die im 5. Kapitel vorgestellten Unterrichtssequenzen einzeln hinsichtlich der soeben vorgestellten methodischen Stufenmodelle!
a) Welches Modell eignet sich am besten zur Beschreibung des Aufbaus der einzelnen Sequenzen?
b) Bis zu welcher Stufe des Modells dringt die Unterrichtsplanung jeweils vor bzw. an welcher Stufe setzt sie ein? ■

Die sechs Unterrichtssequenzen haben, jede für sich, einen geschlossenen methodischen Aufbau. Sie fügen sich aber auch - insgesamt gesehen - zu einem Lehrgang mit wohlüberlegten Konstruktionsprinzipien. Wie läßt sich dessen Makrostruktur beschreiben?

- In den ersten Sequenzen (5.1. bis 5.3.) liegt der Schwerpunkt der Schüleraktivitäten im Bereich der Handlungen und konkreten Operationen: handelnder Vollzug von "Bündelungsspielen", Bauen von "Zügen" mit Stäben geeignet gewählter Längen nach Vorschriften, Konkretisieren von Stabzügen nach Tabellenvorgabe, Tauschen von Objekten nach festgesetzten Regeln und Konkretisieren von Zahlbildern nach Tabellenvorgabe.
- In den folgenden Sequenzen (5.4. und 5.5) treten zunehmend formale Aktivitäten ins Zentrum, die den Schritt vom Zahlaufbau zum Rechnen in Stellenwertsystemen vorbereiten und erleichtern sollen: Überführung von Tabellendarstellung in Summenschreibweise und umgekehrt (dabei Verwendung von Stufenzeichen und Stufenzahlen), Überführung der Ziffernliste (Ziffernfolge) in die Tabellendarstellung und in die Summenschreibweise, Übungen im Zählen (in Einerschritten und verschiedenen Sprüngen,

vor- und rückwärts), Notieren von Zahlenfolgen, Übungen im Schreiben von Zahldarstellungen (Zahldiktat) und Markieren von Zahlen auf der Zahlengeraden bzw. Ablesen von Zahlmarkierungen.

- In der letzten Sequenz (5.6) erfolgt, nachdem schon vorher der Lehrgang von einstufigen Bündelungen (Zahlen bis 100) über zweistufige Bündelungen (Zahlen bis 1000) zu mehrstufigen Bündelungen (Zahlen bis zur Billion und darüber hinaus) fortgeschritten war, noch einmal ein deutlicher Schritt der anwendenden Generalisierung: Arbeit mit Dezimalbrüchen als Maßzahlen von Größen und als "reine" Zahldarstellungen, Überführen einer Bruchdarstellung in eine Dezimalbruchdarstellung und umgekehrt, Kennenlernen nichtperiodischer und periodischer Dezimalbrüche.

Insgesamt erkennt man, daß jede Sequenz durch gleiche begriffsbildende Operationen charakterisiert ist, daß andererseits aber doch von einer zur anderen die Komplexität zunimmt und immer stärker zu formalen Darstellungen übergegangen sowie generalisiert wird. Es ergibt sich das Bild eines schraubenförmig aufgebauten Lehrgangs, der die Schüler bei konstantem Inhalt immer tiefer in das Begriffsverständnis einführen will.

7 Weitere Anregungen für den Unterricht

Die im 5. Kapitel vorgestellten und kommentierten Unterrichtssequenzen geben ein Bild von der begrifflichen Erarbeitung des Stellenwertprinzipes im Verlauf der ersten sechs Schuljahre. Dieser Begriffsaufbau wird sich aber bei den einzelnen Schülern keineswegs gleichartig und gleichzeitig vollziehen. Die Sequenzen illustrieren den Weg von den ersten konkreten Erfahrungen bis hin zur formalen Handhabung, sie können ihn aber nicht verbindlich festlegen. Für einzelne Schüler mag der Weg überflüssige Windungen aufweisen; sie erspähen Abkürzungen, die schnell weiterführen; sie fragen nach neuen und höheren Anforderungen. Andere fühlen sich gedrängt und überfordert; sie weichen aus, bleiben zurück. Die Praxis des Unterrichts ist immer mit einer Vielfalt von Lernbereitschaften, von Verstehensmöglichkeiten, allgemein von unterschiedlichen Befindlichkeiten und Entwicklungsstadien konfrontiert. Sie muß darum differenzieren und situationsgerechte Ergänzungsangebote bereithalten.
Das vorliegende Kapitel gibt Anregungen für Differenzierung und Individualisierung. Es soll über die Sequenzen hinaus verdeutlicht werden, wie man das Handeln und Denken der Schüler in vielfältiger Weise in Richtung auf ein Entdecken und Erfassen unseres Zahldarstellungsprinzipes lenken kann. Zumeist wird man die zusätzlichen Anregungen nicht einfach als "Aufgaben" an die Schüler weiterleiten. Es gehören entsprechende Spiel-, Gesprächs- und Problemsituationen dazu, welche die kognitiven Ansprüche womöglich auch mit emotionalen Komponenten verbinden. Das wird besonders dort wichtig sein, wo das Denken sich noch vorwiegend an konkreten Handlungen orientiert oder an die Vorstellung solcher Handlungen gebunden ist. Für die hier ins Auge gefaßten Altersstufen sind die Übergänge ins formale Denken bekanntlich oft vorläufig und labil; auch die Übergänge von der symbolischen zur ikonischen und enaktiven Darstellung sind für die Begriffsbildung wichtig. Es ist darum falsch, wenn sich der Unterricht zu früh und zu ausschließlich auf das formale Denken stützt. Andererseits haben Schüler, die sich schon auf einer späteren Lernstufe befinden, ihrerseits Anrecht auf Förderung durch geeignete Zusatzangebote.

7.1 Züge aus Farbenstäben

In der zweiten Sequenz des 5. Kapitels (5.2) wurde die Zahldarstellung in Verbindung mit Farbenstäben entwickelt. Wie dort angedeutet, läßt sich der Ansatz in vielfältiger Weise spielerisch ausbauen. Im folgenden wird eine Arbeitsblatt-Vorlage für das Bauen von "Systemzügen" mit Cuisenairestäben gezeigt (zur Abkürzung der Stabtypen siehe die Zusammenstellung Seite 85). Es geht dabei um die grundlegende Erarbeitung mehrstelliger Zahldarstellungen auf dem Niveau der 3. oder 4. Jgst. Es ist durchaus denkbar, daß diese Grundlagen früher einmal zu Diskussion standen (1. und 2. Jgst.) und jetzt anhand der Arbeitsblätter wieder ins Bewußtsein gebracht werden.

Aufgabe 135.1
Bearbeiten Sie die folgenden Schülerübungen und formulieren Sie zugehörige Lernziele.
▪

a) Nimm 6 w und kopple sie zu einem Zug! Ein gleich langer Zug soll mit möglichst wenig Einzelstäben gebaut werden. Du darfst aber nur w-, r- und a-Stäbe benutzen! Wie viele brauchst du von jeder Sorte?

a	r	w

Fülle die Antworttabelle aus.
Besetze leere Felder mit 0.

b) Die Zahl sechs ist hier in einer "neuen" Schrift geschrieben. Sie heißt Dualschrift. Schreibe auch fünf in Dualschrift. (Nimm dazu 5 w und baue wie vorher!). Antwort:

a	r	w

Wir lassen jetzt die Tabelle weg und schreiben nur die drei Ziffern hintereinander:
001 für eins, ... für zwei, ... für drei, ... für vier

c) In der Dualschrift braucht man nur zwei Ziffern, nämlich 0 und 1. Beim Bauen der "Dualzüge" darf also jede Stabart höchstens einmal vorkommen. Wie weit können wir in der Dualschrift zählen, wenn wir nur die w-, r- und a-Stäbe benutzen?
Welchen Stab sollen wir zum Bauen von "Dualzügen" noch zulassen? Probiere aus!
sieben in Dualschrift: ...
acht in Dualschrift: ...
neun: ... zehn: ... elf: ... zwölf: ...

d) Wir schreiben die Zahlen jetzt noch in einer anderen Schrift: in der Trinärschrift.
120 trinär bedeutet in den Stäben:

u	h	w
1	2	0

Wie viele w braucht man für diese Länge? Schreibe in Buchstaben: ...
Trinärzahlen: eins: 001, zwei 002, drei 010, vier: ... fünf: ... sechs: ... sieben: ... acht: ... neun: ... zehn: ... elf: ... zwölf: ... dreizehn: ... vierzehn: ... fünfzehn: ...

e) Du hast gelernt, Zahlen in der Dualschrift und der Trinärschrift zu schreiben. Du kennst auch die gewohnte Schrift, die man Dezimalschrift nennt. Fülle die Tabelle! Wenn nötig, baust du entsprechende Züge.

Zahlname	Dezimalschr.	Dualschr.	Trinärschr.
drei	3	11	10
fünf			
		110	
	10		
			120

f) Hier sind Rechnungen in der Trinärschrift aufgeschrieben. Du kannst entsprechende Züge bauen, aneinanderkoppeln oder aufteilen. Schreibe das Resultat auch in der Trinärschrift!
21 + 12 = ... ; 111 + 20 = ... ; 200 - 22 = ...
2 · 22 = ... ; 220 : 20 = ... ; 10 · 10 = ...

g) Wir bilden nochmals eine neue Schrift, indem wir mit den Stäben Züge bauen nach der Regel 'Möglichst wenige Einzelstäbe!' Nun sind nur w-, r- und d-Stäbe erlaubt. Übersetze in die Dezimalschrift. (Du kannst die Züge bauen und dann durch w-Züge ersetzen!). 120 bedeutet:

d	r	w
1	2	0

Das sind also, wenn man die Länge in w auszählt, 10 w. Was bedeuten
011: ... ; 021: ... ; 201 ... ; 321: ... ?
In dieser Schrift werden Zahlen von eins bis neunundzwanzig mit drei Ziffern geschrieben. Welche Ziffern können dabei hinten (auf der w-Stelle) stehen, welche in der Mitte und welche vorn? Hinten: ... ; Mitte: ... ; vorn ...

h) Vergleiche mit der Dualschrift und der Trinärschrift! Was ist hier anders?

i) Erfinde selber eine neue Zahlschrift nach dem Muster unserer Beispiele: Welche Stäbe willst du erlauben?

7.2 Minicomputer

Eine spezielle Form von Rechenbrett-Notation verbindet die Dezimaldarstellung mit der Dualdarstellung. Jede Dezimalstelle hat dabei ihr eigenes Brett für die Dualzerlegung nach vier Stellen (Einer, Zweier, Vierer, Achter). Dieses ist in vier Felder eingeteilt, die etwa in den zugehörigen "Cuisenaire-Farben" eingefärbt sind:

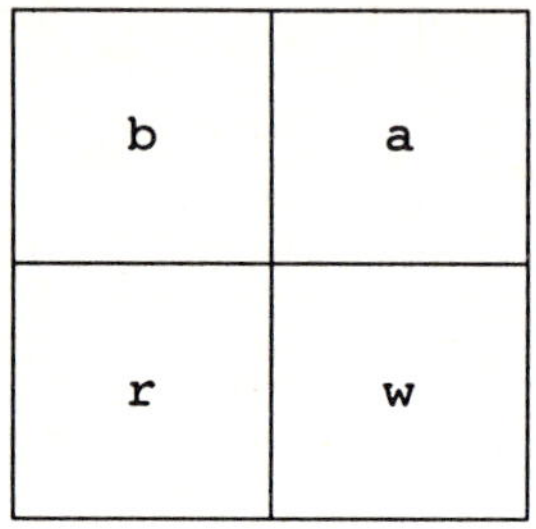

Das Schema ist in der Literatur unter dem anspruchsvollen Namen Minicomputer bekannt geworden.
Die Dezimalzahl 475 wird durch Einsetzen von Spielfiguren z. B. folgendermaßen dargestellt:

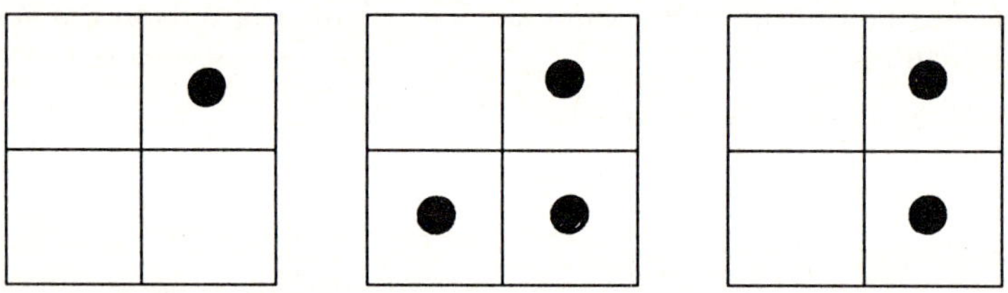

Jede der Dezimalziffern ist dual verschlüsselt: 4 als Vierer auf dem Hunderterbrett, 7 als Summe 1 + 2 + 4 auf dem Zehnerbrett, 5 als Summe 1 + 4 auf dem Einerbrett. Die Darstellung ist korrekt, wenn auf jedem Dualfeld höchstens ein Knopf liegt. Liegen auf einem Dualfeld mehrere Knöpfe, so soll durch Zweierbündelung und Platztausch die korrekte Darstellung angestrebt werden. Dabei muß evtl. auch der Zehnerübergang von Brett zu Brett beachtet werden. Im folgenden Beispiel einer Addition wird der Vorgang sichtbar.

```
45, ausgelegt mit ○

19, ausgelegt mit ◌
________________________

Übergänge:  1 +  1 =  2
            2 +  8 = 10
           10 + 10 = 20
________________________
```

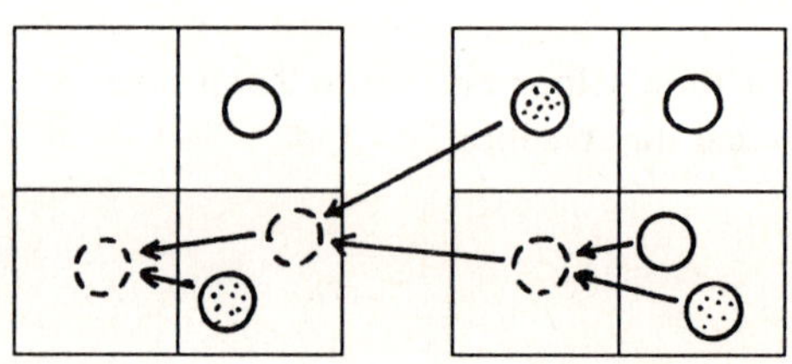

`Summe: 64, ausgelegt mit`

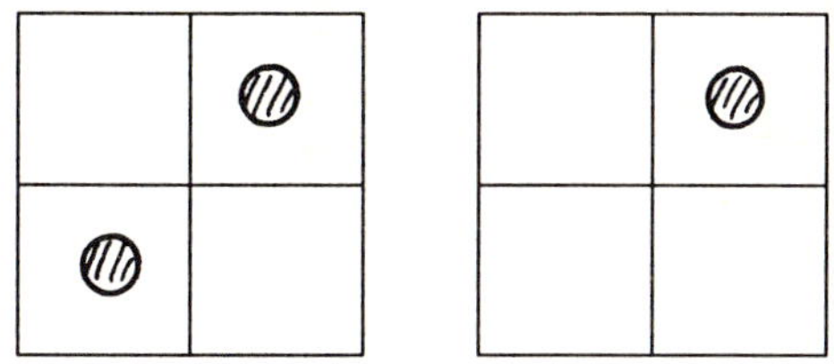

Aufgabe 139.1

a) Wie sehen die Darstellungen für 2309 und 4768 auf dem "Minicomputer" aus?

b) Versuchen Sie, die beiden Zahlen "handelnd" zu addieren! ■

7.3 Kärtchen-Spiel

Der hier gezeigte Buchtext ("WOLF-Mathematik 2-Neu") regt ein Spiel mit Kärtchen an, bei dem in zweistelligen Zahldarstellungen Ziffern vertauscht oder ersetzt werden. Es wird dabei ersichtlich, wie spätere formale Untersuchungen mehrstelliger Zahlnotationen zuerst einmal in realen Spielhandlungen vollzogen und in entsprechenden Gesprächen vorbereitet werden können.

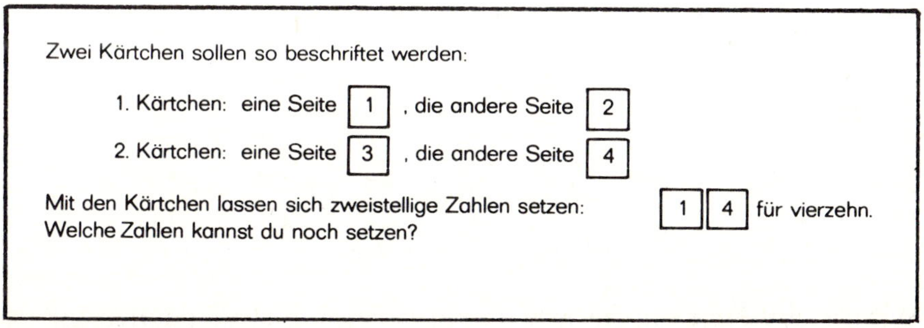

Zwei Kärtchen sollen so beschriftet werden:

1. Kärtchen: eine Seite [1], die andere Seite [2]

2. Kärtchen: eine Seite [3], die andere Seite [4]

Mit den Kärtchen lassen sich zweistellige Zahlen setzen: [1][4] für vierzehn.
Welche Zahlen kannst du noch setzen?

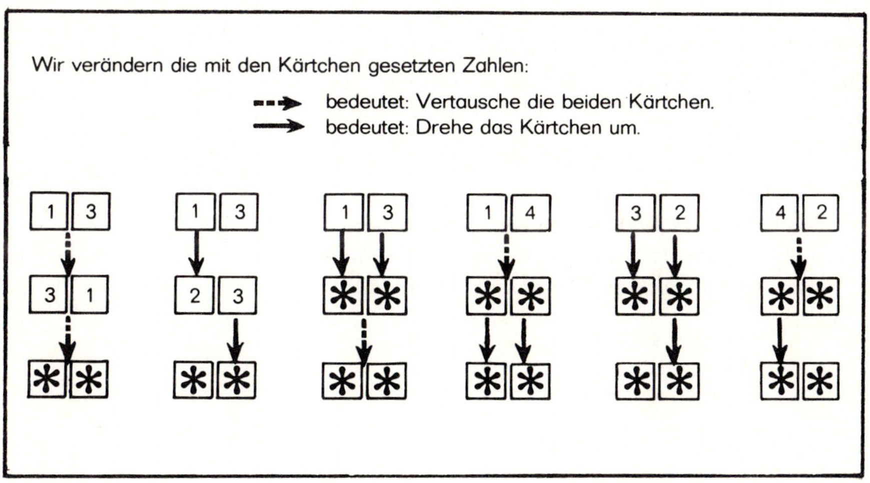

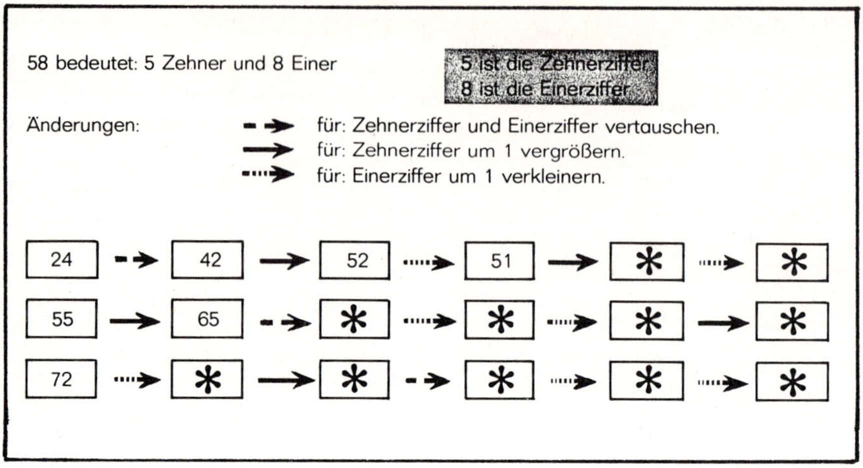

Nicht wenige Schüler zeigen eine Neigung, beim Lesen und Schreiben zusammengesetzter Zeichen rechts und links zu vertauschen ("64" an Stelle von "46"). Die beschriebenen Übungen sollen derartige Schwächen mildern oder beheben helfen. Auch aus dieser Sicht dürfte es sich lohnen, das angeregte Spiel noch mit weiteren Ziffernkärtchen durchzuführen und dabei vielleicht auch die Regeln zu variieren. Übungen zum Schreiben von Zahlen (sogenannte Zahldiktate) können sich anschließen. Schließlich sei noch folgende Spielmöglichkeit erwähnt:
Wir stellen uns ein Zahlendomino mit so beschrifteten Kärtchen her.

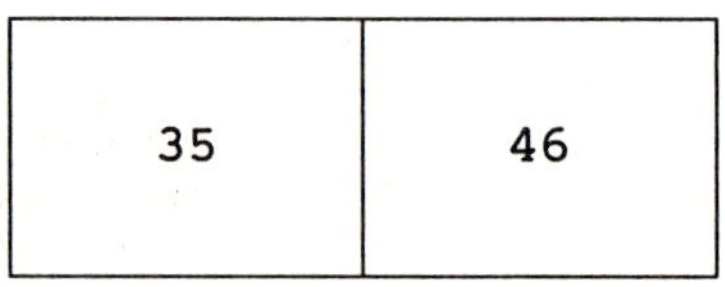

Für das Anlegen lassen sich verschiedene Regeln ersinnen. Vielleicht dürfen nur solche Zahlen zusammenstoßen,

- die gleiche Ziffern an der Einerstelle haben,
- die gleiche Ziffern an der Zehnerstelle haben,
- die gleiche Ziffern an der Einer- oder an der Zehnerstelle haben usw.

Aufgabe 140.1

a) Suchen Sie nach Regeln für das Zahlendomino mit zweistelligen Zahlen.

b) In welcher Weise läßt sich die Idee des Zahlendominos außerdem noch für Übungen zum Thema Zahldarstellung nutzbar machen? ▪

7.4 Operator-Ketten

Es stehen Umformungen zur Diskussion, wie sie bereits im Beispiel 7.3 an vorgegebenen Zahlen bzw. Zahldarstellungen vorgenommen und mit Pfeilen signalisiert wurden. Man spricht in diesem Zusammenhang von Operatorspielen, in denen einer Eingabe eine Ausgabe zugeordnet wird. In anschaulicher Deutung wird auch die Bezeichnung "Maschinenspiel" verwendet, indem man sich vorstellt, daß die Eingabe gewissermaßen maschinell zur Ausgabe verarbeitet wird. Die "Maschine" gehorcht dabei gewissen Befehlen oder komplexeren Programmen.
Man stelle sich bei den folgenden Übungen für die 5. bis 7. Jgst. eine Maschine vor, welche Zahlen in einer bestimmten Systemdarstellung aufnimmt und verarbeitet, nämlich innerhalb des Systems rechnerisch verändert oder aber in eine andere Darstellungsart überführt. Beispiele:

Eingabe	Befehl	Ausgabe
38	Verwandle ins Vierersystem	$212_{(4)}$
$31_{(5)}$	Verdopple	$112_{(5)}$
$426_{(8)}$	Bilde die Quersumme	$14_{(8)}$

Es gilt insbesondere zu beachten, daß gewisse Befehle die vorhandene Zahl, andere aber ihre Darstellung betreffen. Das wird besonders deutlich, wenn wir einzelne Befehle verketten und dann die Wirkung von Ketten mit vertauschten Einzelbefehlen vergleichen. Gehen wir von folgenden Einzelbefehlen aus:

a bedeutet: Verwandle ins Achtersystem
b bedeutet: Verwandle ins Dezimalsystem
c bedeutet: Bilde die Quersumme
d bedeutet: Verdreifache
e bedeutet: Verwandle ins Vierersystem
f bedeutet: Halbiere
g bedeutet: Vergrößere um 1

Man untersucht nun beispielsweise:

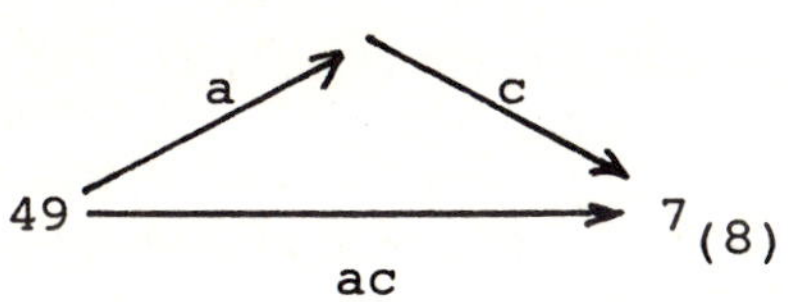

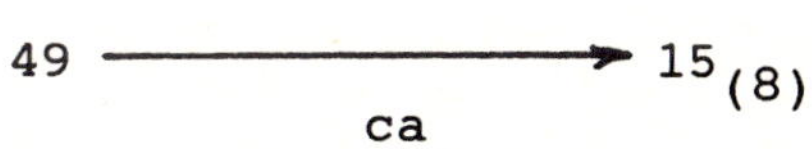

Aufgabe 142.1
Die folgenden Übungen bearbeite der Leser auch selbst.

a)

	1)	2)	3)	4)	5)
Eingabe	312	4681	410	$673_{(8)}$	2480
Befehlskette	ag	cgc	fecb	bdcdcd	efgb

b) *Welche Befehlskette führt die Null in 304 über?*
c) *Suchen Sie eine Eingabe, aus der mittels dacbd die Ausgabe 30 entsteht.* ∎

7.5 Zahlen erraten

Wir gehen von folgender Aufgabe für den Bereich der 7. bis 9. Jgst. aus: A denkt sich eine natürliche Zahl aus dem Bereich von 0 bis 15. B versucht, die Zahl mit möglichst wenig Fragen zu bestimmen. Wie viele Fragen braucht B mindestens, wenn A stets nur mit ja oder nein antwortet?
Die Beantwortung der Frage ergibt sich leicht aus einem Rückgriff auf die Stellenwertschreibweise. Die natürlichen Zahlen von Null bis 15 sind nämlich im Dualsystem je mit maximal 4 Ziffern darstellbar, d.h., es sind vier Positionen mit 1 oder 0 zu besetzen und somit vier Fragen nötig. Das Frage-Antwort-Spiel kann in einem Baumdiagramm übersichtlich dargestellt werden.

Aufgabe 142.2
Skizzieren Sie dieses Baumdiagramm! ∎

7.6 Mathematisches Golf

Es handelt sich bei den Übungen, die unter diesem Namen laufen, um eine "Spielform" nach folgendem Grundmuster: Zwei oder mehr Operatoren ("erlaubte Schläge") verändern Zustände. Dabei geht es darum, von einem Anfangszustand ("Start") mittels einer Folge von Operationen ("Schlägen") zu einem Endzustand ("Ziel") zu kommen. Wie erreicht man zum Beispiel vom Start 0 ausgehend mit möglichst wenig Rechenschritten die Zahl 59, wenn nur die Schritte $\xrightarrow{+1}$ und $\xrightarrow{\cdot 3}$ erlaubt sind? Möglichkeit mit 10 Schritten: 0 → 1 → 2 → 6 → 18 → 54 → 55 → 56 → 57 → 58 → 59.
Man kommt aber bereits mit 8 Schritten aus, wie ein Rückgriff auf die Stellenwertschreibweise zeigt: $59 = 2012_{(3)}$; mit $\xrightarrow{+1}$ werden die Ziffernwerte der Trinärdarstellung erzeugt, die entsprechende Quersumme liefert die Anzahl 5 der (+1)-Schritte; mit $\xrightarrow{\cdot 3}$ werden die Ziffern in

die richtige Position geschoben, der Exponent 3 des höchsten Stellenwertes (dargestellt als Dreierpotenz) gibt die Anzahl der (· 3)-Schritte. Vorgehen nach dieser Idee:

trinär geschrieben: 0 → 1 → 2 → 20 → 200 → 201 → 2010 → 2011 → 2012
dezimal geschrieben: 0 → 1 → 2 → 6 → 18 → 19 → 57 → 58 → 59

Die beschriebene Lösungsidee dürfte auch für gute Schüler der 7. bis 9. Jgst. nicht leicht zu erfassen sein. Man wird sie darum vielleicht sukzessive erarbeiten in der Art, wie das nachfolgend gezeigt ist. Dabei sind die Cuisenaire-Stäbe zur Konkretisierung der Übergänge eingesetzt, wobei es auf dieser Stufe oft genügt, die Handlungen in der Vorstellung auszuführen, d.h., das Material lediglich als konkreten Bezug ins Spiel zu bringen. Hier stehen die Stäbe der "Dreierkette" in Gebrauch:

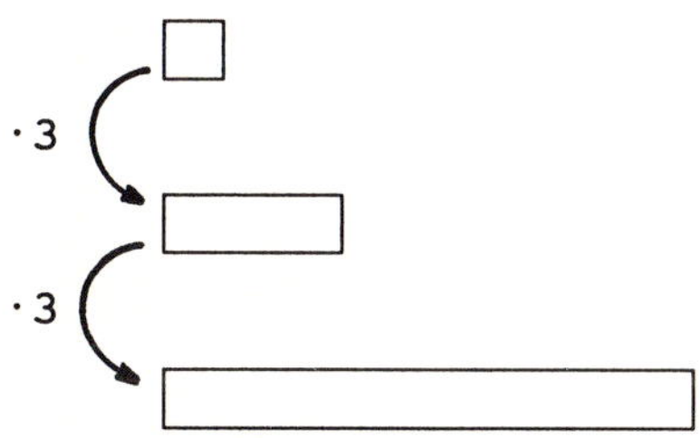

Aufgabe 143.1
Führen Sie die nachfolgenden Arbeitsschritte selbst aus und untersuchen Sie die ihnen zugrundeliegenden Leitideen! ■

a) Nimm einige Stäbe der vorgeschriebenen Arten. Notiere die Anzahlen.

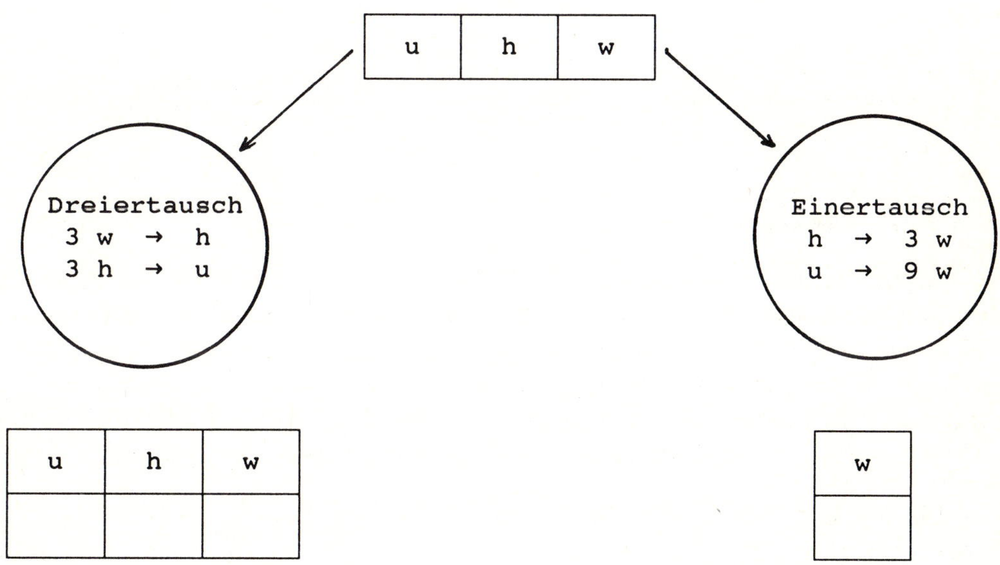

b) Tausche um und notiere:

u	h	w
1	2	0

Einertausch →

w

u	h	w
2	0	1

Einertausch →

w

u	h	w

← Dreiertausch

w
22

u	h	w

← Dreiertausch

w
25

c) —(E)→ bedeute Einertausch, —(D)→ bedeute Dreiertausch

u	h	w
0	3	7

(D) ↙ ↘ (E)

u	h	w

Dreiertabelle

w

Einerzahl

Bestimme die zugehörige Dreiertabelle:

Einerzahl	u	h	w
5 →			
12 →			
17 →			
20 →			
25 →			

d) +1 bedeutet: Füge einen w-Stab hinzu.

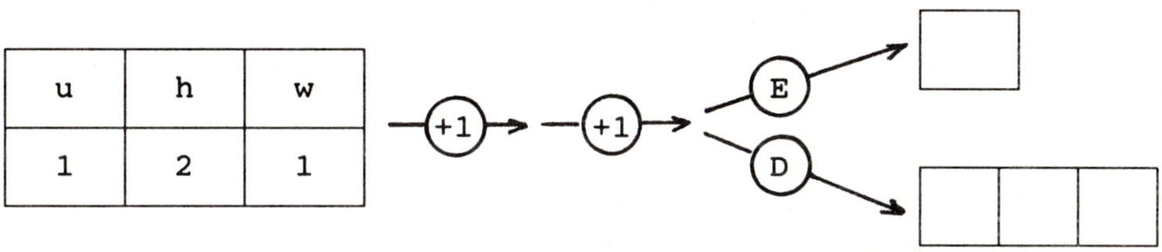

Wieviel (+1)-Maschinen braucht man von 1 1 1 bis 2 2 2 ?

e) Die (+1)-Maschine macht kurze Sprünge von einer Zahl zur nächsten. Notiere in Dreiertabellen:

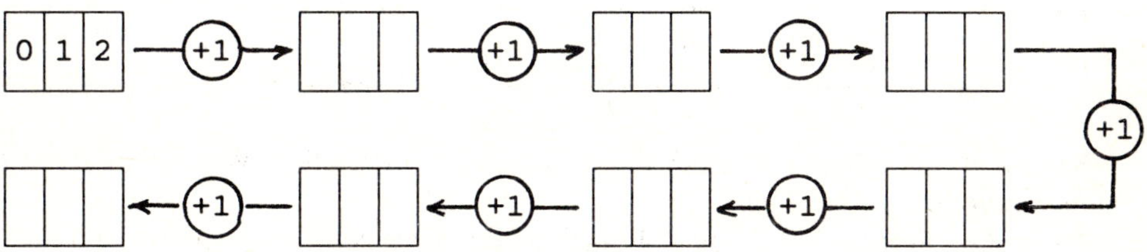

f) Die (·3)-Maschine macht weite Sprünge: Für jeden Stab der Eingabe sind in der Ausgabe drei Stäbe gleicher Art (da der Operator 3 für 1).

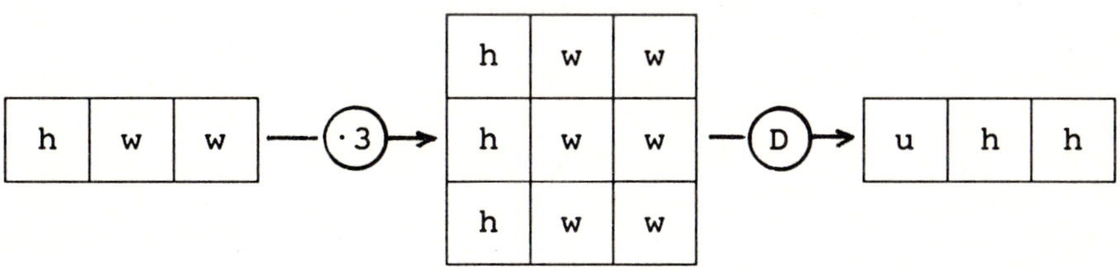

In Dreiertabellen notiert:

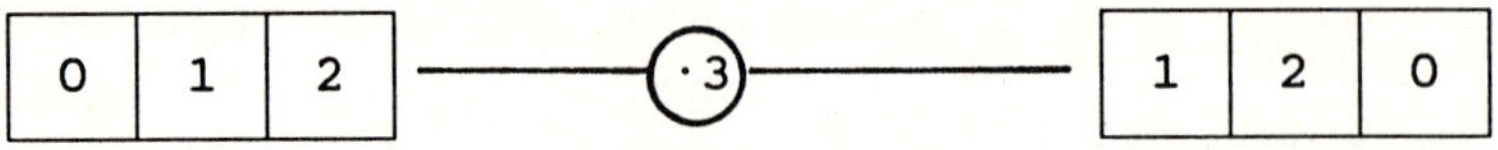

Bestimme die Ausgänge der Maschinenketten!

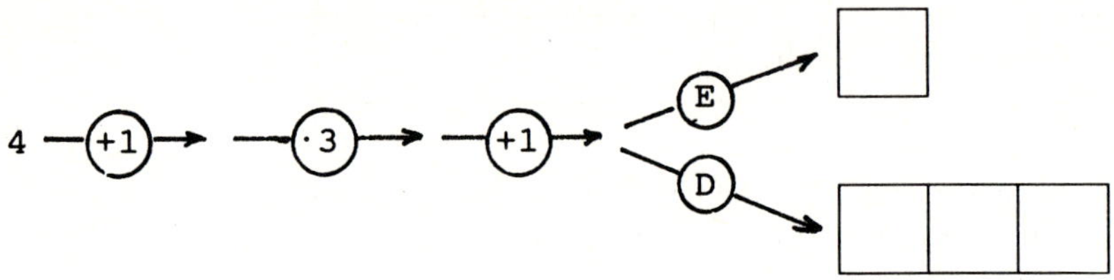

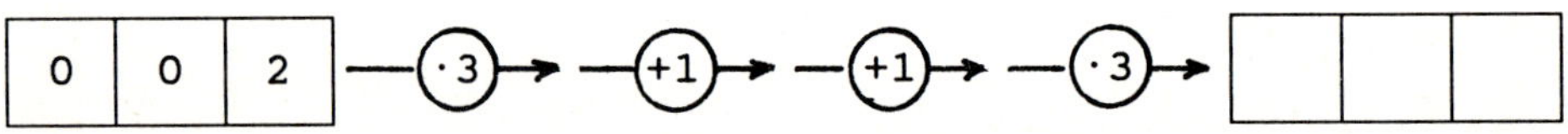

g) Baue mit (+1)- und (·3)-Maschinen Ketten von null nach zwölf. Einmal wollen wir mit möglichst vielen Sprüngen hüpfen, ein anderes Mal mit möglichst wenig Sprüngen. Kann man mit fünf Sprüngen von null nach zwölf hüpfen?
Startzahl sei jetzt immer die Null. Wir hüpfen mit möglichst wenig Sprüngen zum Ziel. Erlaubt sind (+1)- und (·3)-Sprünge. A sei die Anzahl der Sprünge (Maschinen) in der kürzesten Kette:

Ziel	1	2	3	4	5	6	7	8	9	10	11
A											

Beim Aufsuchen der kürzesten Kette helfen Dreiertabellen. Wer will, darf mit Stäben ausprobieren.
Suche die kürzeste Kette von null nach zweiundzwanzig. Wie groß ist jetzt A? Vergleiche A mit der Dreiertabelle von zweiundzwanzig.

h) Übertrage die Aufgabe ins Vierersystem. Wir haben (+1)- und (·4)-Maschinen. Wie groß ist die Anzahl der Maschinen in der kürzesten Kette von null nach dreißig? Schreibe dreißig in einer Vierertabelle und versuche, aus dieser Tabelle die Anzahl abzuleiten.

7.7 System-Umrechnungen

Hier wird eine Arbeitsblattvorlage für den Bereich 5. bis 9. Jgst. gezeigt, die gezielt die formale Bewältigung eines fremden Systems (fremde Ziffern und nichtdezimale Gliederung) anstrebt. Es werden Umrechnungsschematas wie Termberechnungen und schließlich sogar noch Kommabrüche in Betracht gezogen.

Aufgabe 147.1
Bearbeiten Sie die folgenden Schülerübungen! ▪

a) Wir bauen ein Viersystem. Das sind die Ziffern:

○ für null, ⬡ für eins, □ für zwei, △ für drei.

Stellenwerte sind die Potenzen von vier.
Beispiel des Übersetzens in unsere übliche Darstellung:

⬡○□□△ $= 1 \cdot 256 + 0 \cdot 64 + 2 \cdot 16 + 2 \cdot 4 + 3 = 299$

Übersetze:

△□△⬡ △△○□ △○○⬡□

b) Versuche folgendes Schema für die Übersetzung von △□⬡○□□⬡ zu verstehen:

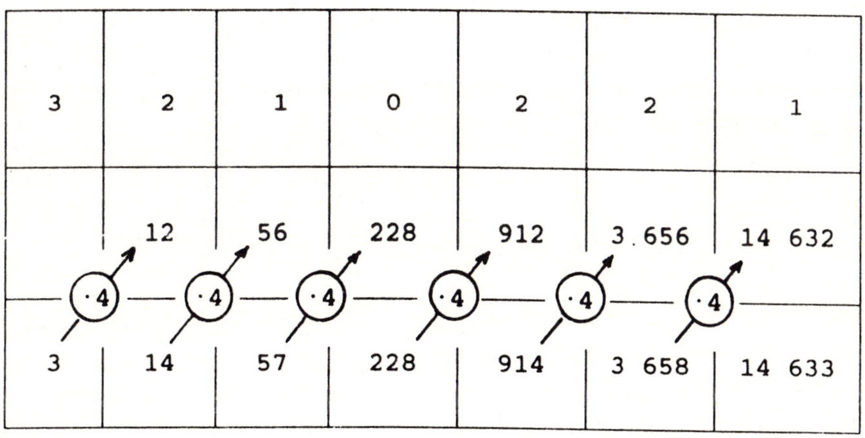

Übersetze:

□⬡⬡○□ △△△⬡○ ⬡□□□○△

c) Welche Zahlen sind durch folgende Terme bestimmt? Schreibe das Ergebnis in üblicher dezimaler Darstellung.

△△ + □○□ · □	△○△ · ⬡△ − △⬡⬡
△⬡ · (⬡□ + □) · △	△△△△ · □□□ + △△⬡△○

d) Nachfolgend ist wieder ein Übersetzungsschema angedeutet. Überlege dir die durch die Pfeile angezeigten Übergänge. Wenn du sie verstanden hast, kannst du leicht zurückverwandeln (vom Dezimalsystem ins neue System).

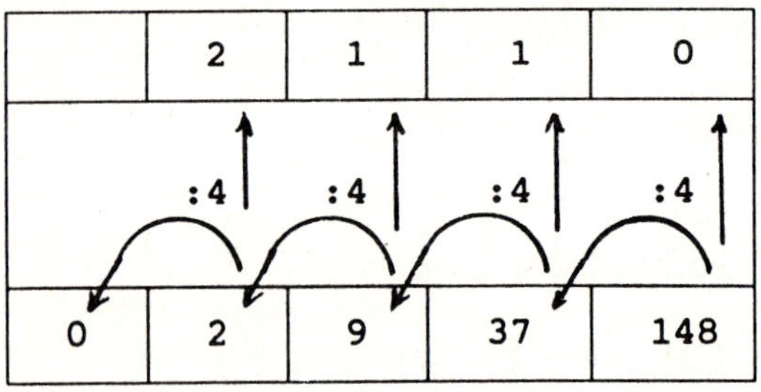

148 = □⬡⬡○

Schreibe folgende Zahlen in der neuen Schreibweise:

17	40	91	215	788	1835	5984	10 000

e) Man kann im neuen System auch Kommabrüche schreiben. Beispiel mit Übersetzung in die gewöhnliche Schreibweise (Dezimalbruch):

$$□○,⬡⬡ = 3 \cdot 4^1 + 0 \cdot 1 + 1 \cdot \frac{1}{4} + 1 \cdot \frac{1}{16} = 12 + 0 + \frac{1}{4} + \frac{1}{16}$$
$$= 12 \frac{5}{16} = 12{,}3125$$

Übersetze:

○,⬡□	□△,○⬡	⬡⬡,△⬡□

7.8 Potenzen (8. bis 10. Jgst.)

Bei der Darstellung von Zahlen in Stellenwertsystemen werden Potenzen der Basis g des gewählten Systems benutzt. Darüber hinaus gibt es natürlich auch die Möglichkeit, im g-System dargestellte Zahlen als Potenzen der Form a^m zu schreiben, wobei a nicht mit der Basis g des Systems übereinzustimmen braucht. Für die nachfolgenden Anregungen wurde stets g = 10 gewählt.

Aufgabe 149.1
Lösen Sie die folgenden Schüleraufgaben. ■

a) Eine Sage berichtet von einem König, der einem tüchtigen Heerführer als Dank für seine Leistungen einen Wunsch erfüllen wollte. Der Heerführer, ein Schachspieler, formulierte seinen Wunsch so: "Ich denke mir auf das erste Feld eines Schachbretts ein Reiskorn gelegt, auf das zweite zwei Körner, auf das dritte vier Körner, usw. - auf jedes folgende also doppelt so viele wie auf das vorangegangene. Ich wünsche mir Gold im Werte der Reismenge, die auf das letzte, das 64ste Feld zu liegen käme." Der König lobte den vermeintlich bescheidenen Heerführer. Als er aber den Wert des Goldes errechnen ließ, erlebte er eine Überraschung.
Wir wählen für die Berechnung des Gold- bzw. des Geldwertes Weizen anstelle von Reiskörnern. Die Schüler bekommen den Auftrag, die Zahl der auf dem 64. Feld zu liegen kommenden Weizenkörner zu bestimmen (Taschenrechner). Des weiteren sollen sie zu Hause jeweils 100 Weizenkörner wiegen und den gegenwärtigen Preis für einen Zentner Weizen auskundschaften. Nun kann der Geldwert der Weizenkörner berechnet werden.
In einer modifizierten Fassung lautet die Aufgabe so: Auf das linke obere Feld eines Schachbrettes wird ein Mühlestein (Höhe 5 mm) gelegt, auf jedes folgende doppelt so viele Steine wie auf das vorangegangene. Wie hoch ist der Turm im rechten unteren Feld?

b) Ein Seidenpapierbogen von der Größe 50 x 100 m und der Dicke 0,01 mm wird jeweils in der Mitte gefaltet. Wie groß bzw. wie dick ist das Papier nach der 20. Faltung? Fertige eine Tabelle an!

Nummer der Faltung	Ausmaße in m	Flächeninhalt in m^2	Dicke in mm
Anfangszustand	50 x 100	5000	0,01
1. Faltung	50 x 50	1/2 · 5000	2·0,01
2. Faltung	25 x 50	1/2·1/2 · 5000	2·2·0,01
.	.	.	.
.	.	.	.

c) $10^2 = 10 \cdot 10 = 100$ (Hundert)

$10^3 = 10 \cdot 10 \cdot 10 = 1\,000$ (Tausend)

$10^4 = \ldots\ldots$

Fahre fort bis 10^9!

d)

$3 \cdot 10^6 = 3\,000\,000$	$5{,}2 \cdot 10^6 = 5\,200\,000$

Was bedeutet $5 \cdot 10^3$; $2{,}6 \cdot 10^3$; $4 \cdot 10^6$; $5{,}13 \cdot 10^6$; $4 \cdot 10^9$; $15{,}1 \cdot 10^9$?

e) $10^{-1} = 0{,}1$ (ein Zehntel)

$10^{-2} = 0{,}01$ (ein Hundertstel)

$10^{-3} = \ldots$

Fahre fort bis 10^{-6}!

f)

$4 \cdot 10^{-3} = 0{,}004$	$16 \cdot 10^{-6} = 0{,}000016$

Was bedeutet $14 \cdot 10^{-3}$; $2 \cdot 10^{-6}$; $138 \cdot 10^{-6}$; $45 \cdot 10^{-9}$?

g) Schreibe die folgenden großen und kleinen Zahlen mit Hilfe von Zehnerpotenzen!

Oberfläche der Erde: 509 950 000 km^2
Volumen der Erde: 1 080 000 000 000 km^3
Masse der Erde: 5 970 000 000 000 000 000 000 000 kg

Oberfläche der Sonne: 6 087 000 000 km^2
Volumen der Sonne: 1 412 000 000 000 000 000 km^3
Masse der Sonne: 1 980 000 000 000 000 000 000 000 000 000 kg

Masse des Elektrons: 0,000 000 000 000 000 000 000 000 9109 kg
Durchmesser des Elektrons: 0,000 005 6366 m
Wellenlänge des roten Lichts: 0,00000068 m
Durchmesser der roten Blutkörperchen: 7500 millionstel mm
Durchmesser des Atomkerns: 0,000 01 millionstel mm

h) Benutze bei den folgenden Rechnungen Zehnerpotenzen!

- 45 000 000 · 28 000 000 =
- 0,000 000 000 075 320 · 0,000 000 269 =
- Berechne die Anzahl der Sekunden eines Jahres!

- 1 Lichtjahr ist die Entfernung, welche das Licht in einem Jahr zurücklegt (Lichtgeschwindigkeit rund 300 000 km pro sec). Gib die Streckenlänge eines Lichtjahres in km an.
- Wie lang braucht das Licht für eine Entfernung von 1m ?
- Wie lang braucht das Licht für den Weg von der Erde zur Sonne? (Wegstrecke: 149 500 000 km)
- Wie lang würde ein mit 100 km pro h fahrender Zug für die gleiche Strecke brauchen?
- Mit den größten Fernrohren überblickt man das Weltall bis zu 6 Milliarden Lichtjahren Entfernung nach jeder Richtung. Was bedeutet das in km?

Lösungshinweise zu den Aufgaben

Aufgabe 9.1
Die Alt-Mexikanische Zahlwortfolge weist eine deutliche Fünfergliederung auf: 6 wird als 5+1, 11 als 10+1, 16 als 15+1, 21 als 20+1 usw. dargestellt. Die lateinische, französische und englische sind grundsätzlich nach 10 gegliedert. Während jedoch im Lateinischen 11 aus 10+1 und 12 aus 10+2 gebildet werden, gibt es im Englischen (wie im Deutschen) für 11 und 12 eigene Zahlwörter und unterscheiden sich im Französichen die Zahlwörter für 11 bis 16 von denen für 17 bis 19. Dafür drückt man im Lateinischen 18 und 19 als 20-2 bzw. 20-1 aus. Die französische Folge weist dann noch Sonderheiten im Bereich der Zehnerzahlen auf. 70 und 90 werden nicht, wie in den anderen Sprachen, aus $7 \cdot 10$ bzw. $9 \cdot 10$ gebildet; vielmehr werden die Zahlen zwischen 61 und 79 nach der Form 60+1 bis 60+19 und die Zahlen zwischen 81 und 99 nach der Form 80+1 bis 80 + 19 gebildet. Außerdem deutet der Name für 80 als $4 \cdot 20$ auf eine Zwanzigergliederung hin.

Aufgabe 11.1
a) Die Bedeutung der Zeichen wird im Buchtext im Anschluß an die Aufgabe erläutert.
b)

für 2513 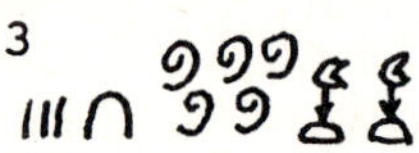	für 14250 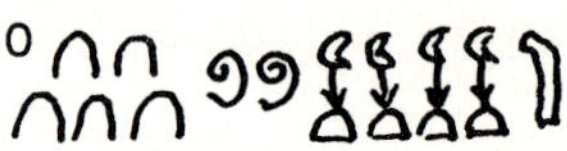
für 3096 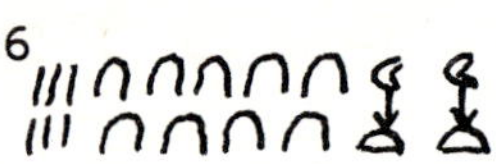	für 20700 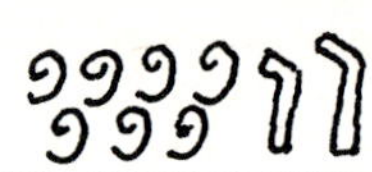

Aufgabe 15.1
a) 6 Plättchen ergeben 2 Trapeze/0 restliche Plättchen
8 Plättchen ergeben 2 Trapeze/2 restliche Plättchen
10 Plättchen ergeben 3 Trapeze/1 restliches Plättchen
20 Plättchen ergeben 6 Trapeze/2 restliche Plättchen
100 Plättchen ergeben 33 Trapeze/1 restliches Plättchen
b) 20 Plättchen ergeben 2 Dreiecke 2.Stufe/0 Trapez 1.Stufe/2 Plättchen
38 Plättchen ergeben 4 Dreiecke 2.Stufe/0 Trapeze 1.Stufe/2 Plättchen
53 Plättchen ergeben 5 Dreicke 2.Stufe/2 Trapeze 1.Stufe/2 Plättchen
100 Plättchen ergeben 11 Dreiecke 2.Stufe/0 Trapez 1.Stufe/1 Plättchen
c) 11; 14; 21; 26.

Aufgabe 17.1
a) Das Dreieck 1.Stufe enthält 4 Plättchen.
b) Im Dreieck 2. Stufe (3.Stufe, 4. Stufe, usw.) sind es 16 (64, 128, usw.)
c) 4^1, 4^2, 4^3, usw.
d) Protokolle: 2/2 (3/3, 1/1/2, 3/2/0, 1/2/1/0, 1/0/0/0/2/1, 1/3/1/2/2/0)

Aufgabe 18.1

a) Die Protokolle lauten 3/1; 2/0/1; 3/3/0; 9/3/2.

b) Es sind folgende Beträge bestimmt: 20; 79; 137; 104.

Aufgabe 19.1

Auf der Salamonischen Rechentafel hat jeder eingelegte Rechenpfennig die der jeweiligen Spalte entsprechende Bedeutung. Zur Darstellung von 7604 muß man - von rechts nach links - in die 1. Spalte 4, in die 5. und 6. Spalte je einen und in die 7. Spalte 7 Rechenpfennige legen.
Beim Römischen Handabakus bedeutet eine auf einem Stab von unten zur Mitte geschobene Kugel das einfache des dem Stab entsprechenden Stellenwerts, eine von oben zur Mitte geschobene Kugel das Fünffache dieses Werts. Um 7604 darzustellen sind auf dem 1. Stab 4 Kugeln nach oben zu schieben, auf dem 3. Stab je eine nach unten und eine nach oben und auf dem 4. Stab eine nach unten und zwei nach oben.
Auf dem spätmittelalterlichen Abakus legt man Rechenpfennige auf eine Linie (für das Einfache des Stellenwerts) oder in den darüber liegenden Zwischenraum (für das Fünffache des Stellenwerts).
Beim Abakus des Mönches Gerbert gibt es für jeden Ziffernwert von 1 bis 9 eigene Plättchen. Der Stellenwert wird durch die Spalte repräsentiert, in die man ein Plättchen einlegt.

Aufgabe 20.1

a) Vgl. die Ausführungen Seite 20f!

b) Darstellungen:

für 53: 	für 192: 
für 709: 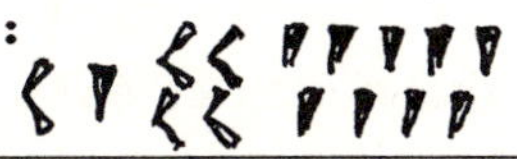	für 3600: 
für 5000: 	

Die babylonischen Zahlzeichen lassen sich nicht eindeutig notieren. Besonders bei der Darstellung von 240 ist der Stellenwert der Zeichen völlig unklar und damit das Zahlzeichen sehr wenig eindeutig.

Aufgabe 23.1

a) Million: 10^6, Milliarde: 10^9, Billion: 10^{12}, Billiarde: 10^{15}, Trillion: 10^{18}, Trilliarde: 10^{21}, Quadrillion: 10^{24}, Quadrilliarde: 10^{27}, Quintillion: 10^{30}, ... Sextilliarde: 10^{39}, Dezillion: 10^{60}.

b) 36 Trillionen 910 Billiarden 106 Billionen 866 Milliarden 439 Millionen 903 Tausend und 231.

Aufgabe 25.1

1, 2, 3, 4, 10, 11, 12, 13, 14, 20, 21, 22, 23, 24, 30, 31, 32, 33, 34, 40, 41, 42, 43, 44, 100, 101, 102, 103, 104, 110, 111, 112, 113, 114, 120, 121, 122, 123, 124, 130, 131, 132, ...

Aufgabe 25.2

a) I, X, △, □, IO, II, IX, I△, I□, XO, XI, XX, X△, X□, △O, △I, △X, △△, △□, □O, □I, □X, □△, □□, IOO, IOI, ...

b) 54; 87; 125; 147; 492; 644.

c) I□X, △IO, I△IO, IOO□△, I△OOO, △X△□I, IOOOOO, IX△IX△

Aufgabe 27.1

a) 10 b) 19 c) 32 d) 58 e) 459 f) 9050

Aufgabe 28.1

a) LLOO b) LL LOL c) LLL LOO d) L LOO LOO e) LL OOL LLO
f) LLO LOO OOL g) L OLO LLL OLL h) L LLL LOL OOO i) LOO LLL LOO OLL

Aufgabe 28.2

a) 180 b) 55 c) 311 d) 27 e) 554 f) 573 g) 585 h) 316 i) 934 j) 3643

Aufgabe 29.1

a) 154 b) 3311 c) 46330 d) 4014

Aufgabe 29.2

a) $60 \cdot 60$; $24 \cdot 60 \cdot 60$; $7 \cdot 24 \cdot 60 \cdot 60$

b) $8 \cdot 10 \cdot 4 \cdot 5{,}5 \cdot 3 \cdot 12 = 63360$

Aufgabe 29.3

a) 26 Buchstaben des Alphabets, kobiniert mit 999 Ziffernfolgen ergeben $26 \cdot 999 = 25974$ Nummern.

b) $26 \cdot 26 \cdot 999 = 675\,324$

c) $26 \cdot 9999 = 259974$

d) $26 \cdot 26 \cdot 9999 = 6\,759\,324$

Aufgabe 30.1

a) $13421_{(5)}$ b) $100012_{(3)}$ c) $1733_{(8)}$

Aufgabe 31.1

a) 1000; $1000_{(2)} = 8$; $1000_{(3)} = 27$; $1000_{(4)} = 64$; $1000_{(5)} = 125$; $1000_{(12)} = 1728$.

b) 900 bzw. 4 bzw. 18 bzw. 48 bzw. 100 bzw. 1584.

c) 2 bzw. 2 bzw. 4 bzw. 2 bzw. 4 bzw. 9

Aufgabe 32.1

a) 13 b) 60 c) 133 d) 192 e) 256 f) 774 g) 659 h) 2048 i) 2845

Aufgabe 33.1

b)

3	0	2	3	1	3
	12	48	200	812	3252
3	12	50	203	813	3255

c)

4	1	0	3	2
	20	105	525	2640
4	21	105	528	2642

d) 1057

Aufgabe 35.1

b)

435	3
108	0
27	3
6	2
1	1

Ergebnis: $12303_{(4)}$

c) $125 = 11122_{(3)} = 1331_{(4)} = 1000_{(5)} = 325_{(6)}$

Aufgabe 36.1

a) 95; 140; 25; 1111

b) $57 = 71_{(8)} = 63_{(9)} = 52_{(11)} = 49_{(12)} = 3w_{(15)}$

$481 = 741_{(8)} = 584_{(9)} = 3z8_{(11)} = 341_{(12)} = 221_{(15)}$

$1000 = 1750_{(8)} = 1331_{(9)} = 82z_{(11)} = 6e4_{(12)} = 46z_{(15)}$

$5283 = 12243_{(8)} = 7220_{(9)} = 3z73_{(11)} = 3083_{(12)} = 1873_{(15)}$

c) $A+B = 912 + 3473 = 4385 = 2655_{(12)}$

Aufgabe 36.2

a) $x = 3$, $y = 12$, $z = 36$ b) 56543 c) 27.46.40

Aufgabe 39.1

a) 3/4, 19/8, 32/25, 129/20, 797/250, 7/500, 1/200000, 489/40, 45/128, 7989/1000

b) 0,8; 15,85; 2,25; 3,5; 1,125; 14,26; 0,0390625; 1,0925; 0,9344

Aufgabe 39.2

0,555...; 0,212121...; 0,675675675...; 2,681681681...; 0,014014014...;

Aufgabe 40.1

z. B. 1/6 = 0,16666...; 4/55 = 0,0727272...; 1/396 = 0,002525...

Aufgabe 41.1

Annahme: y läßt sich durch einen vollständig gekürzten Bruch a/b darstellen.

Folgerung: $y^2 = a^2/b^2 = 7$ bzw. $a^2 = 7\,b^2$

Das heißt, daß a^2 und damit auch a durch 7 teilbar ist. Es gilt also $a = 7\,k$ ($k \in \mathbb{N}$).

Durch Einsetzung erhält man dann $(7\,k)^2 = 7\,b^2$ bzw. $7\,k^2 = b^2$.

Das heißt aber, daß auch b^2 und damit b durch 7 teilbar ist.
Das Ergebnis, daß sowohl a wie auch b durch 7 teilbar sind, steht aber im Widerspruch zur Annahme. Da diese zu einem widersprüchlichen Ergebnis führt, muß sie als falsch gelten.

Aufgabe 41.2

a) x = 0,148148...; 1000 x = 148,148148...; 999 x = 148; x = 148/999

b) x = 0,5333...; 100 x = 53,333...; 10 x = 5,333...; 90 x = 48; x = 48/90 = 3/5

c) 1/2; 27/100; 51/50 = 1 1/50; 9583/10000

d) $x = 0,a_1a_2...a_v\overline{b_1b_2...b_p}$ wird so umgewandelt:

$$\begin{aligned} 10^{v+p} \cdot x &= a_1a_2...a_vb_1b_2...b_p,b_1b_2...b_pb_1b_2... \\ -\ 10^{v} \cdot x &= a_1a_2...a_v,b_1b_2...b_pb_1b_2... \\ (10^{v+p}-10^{v}) \cdot x &= (a_1a_2...a_vb_1...b_p - a_1a_2...a_v) = z \end{aligned}$$

(natürliche Zahl)

$$x = \frac{z}{10^{v+p} - 10^{v}}$$

Aufgabe 42.1

a) Einige Beispiele:

$$\frac{1}{3} = 0,\overline{3}; \quad \frac{1}{6} = 0,1\overline{6}; \quad \frac{1}{7} = 0,\overline{142857};$$

$$\frac{1}{8} = 0,125; \quad \frac{1}{13} = 0,\overline{076923}; \quad \frac{1}{15} = 0,0\overline{6};$$

$$\frac{1}{19} = 0,\overline{052631578947368421};$$

Abbrechend sind die Entwicklungen genau dann, wenn der Nenner b nur die Primteiler 2 oder 5 enthält.

$$\frac{1}{50} = \frac{1}{2\cdot 5\cdot 5} = 0,02;$$

$$\frac{1}{125} = \frac{1}{5\cdot 5\cdot 5} = 0,008;$$

$$\frac{1}{32} = \frac{1}{2\cdot 2\cdot 2\cdot 2\cdot 2} = 0,03125;$$

b) Zerlegung des Nenners b in $b = 2^k \cdot 5^j \cdot n$ mit ggT (n;10) = 1. Sei f(n) die Anzahl der zu n teilerfremde natürlichen Zahlen zwischen 1 und n. Dann gilt: Die Periodenlänge p ist ein Teiler von f(n). Genauer: p ist die kleinste natürliche Zahl, für die gilt $10^p \equiv$ mod n. (Siehe z.B. Wisliceny, S. 41 ff, oder Scheid/Warlich, S. 109 ff.)

c) $\frac{1}{3}$: n = 3; f(3) = 1, p = 1; $\frac{1}{3} = 0{,}\overline{3}$

$\frac{1}{8}$: n = 1; f(1) = 0, p = 0, $\frac{1}{8} = 0{,}125$

$\frac{1}{13}$: n = 13; f(13) = 12;

Für die Periodenlänge p kommen in Frage die Zahlen 1, 2, 3, 4, 6, 12; Kriterium: $10^p \equiv 1 \bmod 13$; 10 : 13 = 0 R 10, 100 : 13 = 7 R 9, 1000 : 13 = 76 R 12, 10000 : 13 = 769 R 3; 1 000 000 : 13 = 76923 R 1. Daraus ergibt sich: p = 6. 1/13 = 0,076923.

$\frac{1}{13} = 0{,}\overline{076923}$

Aufgabe 43.1

$$1 + \frac{24}{60} + \frac{51}{3600} + \frac{10}{216000} = 1{,}41421296$$

Aufgabe 44.1
4,2075°; 0,31275°; 0,08°; 25,297875°

Aufgabe 45.1
a) $10{,}1_{(4)} = 4 + 1/4$; $10{,}1_{(5)} = 5 + 1/5$; $10{,}1_{(8)} = 8 + 1/8$; $10{,}1_{(12)} = 12 + 1/12$; $10{,}1_{(20)} = 20 + 1/20$

Allgemein: $10{,}1_{(g)} = g + 1/g$.

b) $0{,}1875 = \frac{3}{16} = \frac{1}{8} + \frac{4}{64} = 0{,}14_{(8)}$

Aufgabe 46.1
$14/25 = 3/7^1 + 6/7^2 + 3/7^3 + 0/7^4 + 3/7^5 + 6/7^6 + 3/7^7 + 0/7^8 + \dots = 0{,}36303630\dots_{(8)}$

Aufgabe 47.1

a) 11,234375; 0,90625; 0,3; $0{,}\overline{4}$; 0,75;

$0{,}\overline{734693875489795918 36}$; $7{,}\overline{8}$; $0{,}\overline{5}$.

b) $0{,}1_{(2)} = 0{,}\overline{1}_{(3)} = 0{,}2_{(4)} = 0{,}\overline{2}_{(5)} = 0{,}3_{(6)} = 0{,}\overline{3}_{(7)} = 0{,}4_{(8)} = 0{,}\overline{4}_{(9)}$

$0{,}0\overline{1}_{(2)} = 0{,}1_{(3)} = 0{,}\overline{1}_{(4)} = 0{,}\overline{13}_{(5)} = 0{,}2_{(6)} = 0{,}\overline{2}_{(7)} = 0{,}\overline{25}_{(8)} = 0{,}3_{(9)}$

$0,\overline{10}_{(2)}=0,2_{(3)}=0,\overline{2}_{(4)}=0,\overline{31}_{(5)}=0,4_{(6)}=0,\overline{4}_{(7)}=0,\overline{52}_{(8)}=0,6_{(9)}$

$0,11_{(2)}=0,\overline{20}_{(3)}=0,3_{(4)}=0,\overline{3}_{(5)}=0,43_{(6)}=0,\overline{51}_{(7)}=0,6_{(8)}=0,\overline{6}_{(9)}$

c) $0,0101_{(2)}$; $0,03\overline{14}_{(5)}$; $1,\overline{6}(8)$

d) $a,\overline{a1}_{(12)}$

Aufgabe 47.2
a/b hat eine endliche (abbrechende) g-adische Systembruchdarstellung genau dann, wenn alle Primfaktoren des Nenners b Teiler der Basis g sind. (Siehe z.B. Scheid/Warlich, S. 108). Beispiel:

$\frac{753}{25}$; $b = 25 = 5^2$: Im Fünfersystem (g = 5) abbrechend, im Siebenersystem (g = 7) nicht abbrechend.

Aufgabe 51.1
- Die Ziffernfolge ist von rechts her in Dreierblöcke zu gliedern. Im Beispiel 403'284'084.
- In jedem Dreierblock wird - sofern von 0 verschieden - zuerst die linke Ziffer gelesen und mit dem Wort "-hundert" verbunden. (Das Wort "eins" verliert dabei das "s".) Dann liest man sofort die beiden weiteren Ziffern nach den Regeln für zweistellige Notationen. In einem Block mit 0 in der Mitte (im Beispiel dritter Dreierblock) wird diese nicht gelesen ("vier-hundert-drei").
- Die Dreierblöcke werden von links nach rechts abgelesen. Dabei sind den Zahlwörtern, die sich aus ihnen ergeben, noch "Gruppennamen" anzufügen, und zwar dem zweiten Block (von rechts) "-tausend" und dem dritten "-millionen".
- Im dritten Block können die linke und die mittlere oder nur die linke Ziffer fehlen. Die verbleibenden Ziffern werden wie einstellige bzw. zweistellige Darstellungen gelesen (und mit dem "Gruppennamen" versehen).

Aufgabe 51.2
Beispiele sind Schwierigkeiten
- beim Bilden von Folgen mit und beim Ordnen von natürlicher Zahlen,
- beim stellenwertbezogenen Zerlegen und Zusammensetzen von Zahlen im Rahmen des mündlichen Rechnens,
- beim Verständnis der schriftlichen Rechenverfahren,
- beim Verständnis von Dezimalbrüchen,
- beim Ordnen von und dem Rechnen mit Dezimalbrüchen.

Aufgabe 53.1
Beispiel einer Feinzielfolge für die 3. Jahrgangsstufe (Erweiterung des Zahlbereichs von 100 auf 1000 zu dem Grobziel "Verständnis der Bildung von Einheiten verschiedener Stufe zu einer vorgegebenen Grundzahl" (Bündeln und Tauschen):
- Reale, später grafische Objekte nach den Grundzahlen 3, 4, 5 und zehn ein- und zweistufig bündeln können.

- Bündelungsergebnisse in Stellenwerttabellen notieren und Stellenwertnotationen als Bündelungen deuten können.
- Zahldarstellungen mit Wertmarken in Tabellendarstellungen übertragen können und umgekehrt.
- Zahlen mithilfe artgleicher Plättchen ("Rechenpfennigen") in Stellenwerttabellen darstellen können (Abakusdarstellung).
- Abakusdarstellungen zu verschiedenen Systemen werterhaltend verändern können. Zu jeder Darstellung diejenige mit der geringsten Plättchenzahl finden können.

Aufgabe 54.1
Beispiele:
- Zahlen in Modellen darstellen lassen.
- In Sprüngen zählen bzw. progressive Zahlenfolgen bilden lassen.
- Rückwärtszählen zählen und degressive Zahlenfolgen bilden lassen.
- Zahlen vergleichen und ordnen lassen.
- Zahlen nach Stellenwerten zerlegen und als Rechenausdrücke schreiben (lesen) lassen.

Aufgabe 55.1

	hauptsächliche Gültigkeit für Grundschule	Hauptschule
Pro-Argumente	a) b) c)	c) d)
Contra-Argumente	b)	a) b) c)

(Siehe auch den nachfolgenden Text.)

Aufgabe 56.1
In Frage kommen Aufgaben, bei denen
- nach dem Stellenwert von Ziffern gefragt oder Ziffern einem bestimmten Stellenwert zugeordnet sind;
- Ziffern auf andere Positionen verschoben und die Wertveränderungen beobachtet werden;
- Stellenwerte in Potenzdarstellung notiert und Potenzdarstellungen interpretiert werden müssen;
- Zahldarstellungen in solche mit anderen Grundzahlen überzuführen sind;
- die positionelle Zahldarstellung mit andersartigen, geschichtlichen oder selbstkonstruierten Möglichkeiten der Zahldarstellung verglichen werden.

Aufgabe 59.1

Aufgabenmuster	Anstrebbare Ziele
Rhyhtmisches Zählen (nach Kühnel)	(1) (3)
Lesen von Zahlbildern (nach Kühnel)	(3)
Darstellung von Zahlen mit Geldsorten	(4)
Darstellung von Zahlen in der Stellenwertschreibweise	(2) (4)
formales Zerlegen von Zahlen nach Stellenwertschreibweise	(4) (7)
Zählen in Sprüngen	(1) (3)
Veranschaulichen von Zahlen	(4)

Aufgabe 66.1
a) Beispiele für Vergleichspunkte

DIENES	KERN/GIEDING
Beginn ohne Vorerfahrung zum Zahlaufbau (1. Jgst.)	Beginn mit Vorerfahrungen zu Zahlen bis 100 (3. Jgst.)
Einsatz verschiedener konkreter Materialien; Verwendung der Stellenwerttabelle nur in Verbindung mit Ziffern	Chips sind einziges konkretes Material; Verwendung der Stellenwerttabelle auch in Verbindung mit Chips (Abakusdarstellung)
Bündeln und Tauschen vermitteln konkrete Erfahrungen zum Bilden von Einheiten höherer Stufe. Das Material gibt die quantitativen Beziehungen zwischen den Einheiten wieder.	Einheiten höherer Stufe sind durch die Stellenwerttabelle formal vorgegebenen. Der Stellenwert der Chips ist - wie bei den Ziffern - nur aus ihrer "Spaltenlage" ersichtlich.
Konzentration auf systematische Bündelung (wie im Zahlsystem)	Starke Betonung nicht-systematischer Bündelungen; Einbeziehung von nichtdekadisch gegliederten Großeinheiten(die auch im Alltag vorkommen)
Materialgebundenes Rechnen auch in nichtdekadischen Stellenwertsystemen	ein Rechnen in nichtdekadischen Systemen

b) Idee: Einbau der Abakusdarstellung nach KERN/GIEDING in das Konzept von DIENES als Übergang von der Materialarbeit zur formalen Arbeit (siehe Lösungsvorschlag zur Aufgabe 42.1!)

Aufgabe 69.1

a) Bei Darstellung als Längen ist die durch die Kantenlänge des weißen Würfels repräsentierte Länge von 1 cm die Einheit; bei Darstellung als Flächen ist es der durch die Seitenfläche des weißen Würfels repräsentierte Flächeninhalt 1 cm^2, bei der Darstellung als Körper ist es das durch den weißen Würfel repräsentierte Volumen von 1 cm^3. Bei der "Turmdarstellung" geht die Zuordnung zwischen Größen und Zahlen verloren. Sie gibt nur noch eine Zahloperation symbolisch wieder.

b)

	Darstellung der Addition	der Subtraktion
Längendarstellung	Aneinandersetzen von Stäben (Züge bilden)	Verkürzen oder teilweises Abdekken von Stäben
Flächendarstellung	Zusammensetzen von Flächen (Ergebnisfeststellung)	"Abschmelzen" von Flächen (Ergebnisfeststellung)
Körperdarstellung	nicht möglich, da bei Zusammensetzen bzw. Abschmelzen Ausnahmefälle entstehen	
Turmdarstellung	nur möglich, wenn die Umgruppierung des Materials zur Ergebnisdarstellung von einer formalen Rechnung geleitet wird.	

Aufgabe 81.1

Arbeits-schritt	a) Kurbeschreibung (Beispiele)	b) Konkrete Situation (Beispiele)
(I)	Kindergruppen als Bündel	
(II)	Mengenbilder als Bünden	Zusammenfassen von Rechenplättchen auf Papier ("Mengeschleife")
(III)	Tauschen in höhere Einheiten	Tauschspiele mit Farbenstäben
(IV)	Notieren von Bündeldungs-ergebnissen in Tabellen	Tauschspiele mit Farbenstäben - Sternbilder legen (mit Papiersternen)

(V)	Entbündeln als Umkehrung des Bündelns	"Türmebau" mit Legosteinen
(VI)	Wechsel der Grundzahl (Bündelungszahl)	"Türmebau" mit Legosteinen
(VII)	Einführung in die Zahlen zwischen 10 und 20	Tauschen mit Farbenstäben (Würfel vertreten Dinge, die gebündelt werden.

Aufgabe 88.1
a)

Arbeitsschritt aus 5.2	entsprechende Schritte aus 5.1	Weiterführung
(I)	(I) (II) (III)	Die drei verschiedenen Einheiten (gegenüber zwei bei 5.1). Vorformen des Addierens, des Subtrahierens und Systemberechnung
(II)	(IV) (V) (VI)	Dreispaltige Tabelle (entsprechend dreistellige Zahlnotationen). Einfache Formen des Systemübergangs
(III)		Zählen in nichtdekadischen Systemen
(IV) (V)	(VII)	Vorbereitung der Addition und Subtraktion von 10

b) Mögliche Verteilung
- 1. UE (I) Zweierzüge
- 2. UE (I) Dreierzüge (Übungsbeispiele als Differenzierungsangebot)
- 3.UE: (II) und (III) mit Stäben
- 4. UE: (IV)
- 5. UE: (V)

Mögliche Hausaufgaben:
- 1., 2., 3. und 5. Beispiel des Arbeitsschritts (II)
- Zählen für Zweierzüge entsprechend Arbeitsschritt (II)
- Bauen von Zügen zu Kurzschriften oder Zahlwörter und umgekehrt entsprechend Arbeitsschritt (IV)

Aufgabe 98.1
Konkrete Arbeit: (I), (II)
Übergang: (III), (IV), (V)
Formale Arbeit: (VI), (VII),

Aufgabe 99.1

a)

Arbeitsschritte	(I)	(II)	(III)	(IV)	(V)	(VI)	(VI)	(VII)
Grobziele	(3) (4)	(3) (4) (5)	(4) (5)	(4) (5) (6)	(4) (5) (6)	(5) (6) (7)	(5) (6) (7)	(1) (3) (5) (6) (7)

b) Beispiele:

Zu (I) Fähigkeit, anhand von Mehrsystemblöcken Anzahlen in verschiedenen Einheiten darzustellen und Fähigkeit, dabei für ein System die "optimale Darstellung" zu finden.

Zu (II) Fähigkeit, eine zweistufige Bündelung von Objekten durchzuführen, und Fähigkeit, das Bündelungsergebnis in einer Stellenwerttabelle zu notieren.

Zu (III) Fähigkeit, Anzahlen mit Wertmarken zu verschiedener Einheit darzustellen, und Fähigkeit, dabei für ein System von Tauschregeln die "optimale Darstellung" zu finden.

Zu (IV) Fähigkeit, in der dekadischen Stellenwerttabelle notierte Zahlen mit Wertmarken darzustellen.

Zu (V) Fähigkeit, die Stellenwerttabelle von verschiedenen Modellvorstellungen her zu deuten.

Zu (VI) Fähigkeit, verschiedene formale Darstellungen einer Zahl zueinander in Beziehung zu setzen, und Fähigkeit, solche Darstellungen ineinander überzuführen.

Zu (VII) Fähigkeit, Zahlenfolgen zu bilden. Fähigkeit, Zahlen nach Größe zu ordnen, usw.

Aufgabe 101.1

a) Die Systemblöcke gibt es auch zum Dreier- und Vierersystem, so daß ganz ähnliche Aufgaben, wie sie hier zum Zehnersystem vorgeschlagen sind, auch zu diesen Systemen gestellt werden könnten. Zusätzlich wären Aufgaben zur Überführung einer Zahldarstellung vom Dreier- bzw. Vierer- in das Zehnersystem und umgekehrt möglich. Wo keine Systemblöcke verfügbar sind, könnten die Schüler auch mit selbstzurechtgelegten Tauschmarken arbeiten.

b) Vorteile:
- Das Verständnis des Potenzaufbaus der Stellenwerte könnte weiter vertieft werden.
- Die Beweglichkeit des Denkens ließe sich schulen.
- Motivierende Abwechslung in der Aufgabenstellung wäre möglich.

Nachteile:
- Es muß viel Lernzeit eingesetzt werden, die u.U. der Übung im Zehnersystem verlorengeht.

- Die Gefahr der Verwirrung wegen vermehrter Komplexität bei höheren Stellenzahlen wächst, besonders bei Schülern, die schon Defizite im Begriffsverständnis in die Arbeit "einschleppen".
- Zu beachten ist auch die Gefahr der Demotivation vom Elternhaus her.

Aufgabe 103.1
Ein Kassierer zahlt Geldbeträge in 1000-DM-Scheinen, 100-DM-Scheinen, 10-DM-Scheinen und 1-DM-Stücken aus. Bestimme die Beträge anhand der Tabelle:

	1000-DM-Scheine	100-DM-Scheine	10-DM-Scheine	Markstücke
1. Betrag	2	8	4	6
2. Betrag	7	0	5	3
3. Betrag	10	0	0	0
4. Betrag		25	8	1

Herr Rothmeier holt bei der Bank einen Betrag von zwanzigtausen DM. Er wünscht
lauter 1000-DM-Scheine,
lauter 100-DM-Scheine,
hundert 10-DM-Scheine, vierzig 100-DM-Scheine und den Rest in 1000-DM-Scheinen.
Wie viele Scheine bekommt er jeweils?
Wie viele 50-DM-Scheine ergeben einen Betrag von tausend DM, von zehntausend DM, von hundertausend DM, von einer Million DM?

Wie viele 500-DM-Scheine ergeben einen Betrag von zehntausend DM, von hundert-tausend DM, von tausend DM, von einer Million DM?

Auf welche verschiedene Weise kann man folgende Beträge mit Geldscheinen ausbe-zahlen: Dreißigtausend DM, fünfundsechzigtausend DM, einhundertzwanzigtausend DM, zweihunderttausen DM?

Im Lohnbüro zählt der Buchhalter Geldscheine.
Er hat achtzig 1000-DM-Scheine und sechzehn 500-DM-Scheine bereitgelegt. Wie viele 100-DM-Scheine muß er dazulegen, damit der Betrag auf hunderttausend DM ansteigt?
Neunundfünfzigtausend DM sollen auf neunzigtausend DM ergänzt werden.
Ergänze einhundertsiebenunddreißig DM auf zweihunderttausend DM!

Erkundige dich, was man für hunderttausend DM kaufen kann!
Wie viele Autos für je zwanzigtausend DM kann man für eine Million DM kaufen? Wie viele zu je vierzigtausend DM?

Aufgabe 105.1

Vorteile

- Die Ordnung der Zahlen kann geometrisch verdeutlich und damit das Zählen unterstützt werden.
- Die Schüler lernen, sich auf verschiedene "Maßstäbe" für den Zahlenabstand einzustellen. Sie üben das Skalenlesen.
- Die relativen Abstände zwischen Zahlen lassen sich veranschaulichen.

Evtl. Nachteil:

Durch Änderung des Maßstabes können die jeweiligen Unterschiede im absoluten Zahlenabstand verwischt werden.

Aufgabe 108.1

Gründe pro:

- Die Potenzschreibweise erlaubt es, die Stellenwerte zu verschiedenen Zahlsystemen auch für höhere Positionen prägnant zu notieren (im Gegensatz zur Zifferndarstellung der Stellenwerte).
- Die Potenzschreibweise ist - sofern sie von den Schülern verstanden wird - aussagekräftiger als Stufenzeichen mit Buchstaben.
- Die Potenzschreibweise ermöglicht eine übersichtliche Notation runder großer Zahlen (im Zehnersystem).

Gründe kontra:

- Die Potenzschreibweise wird von vielen Schülern immer wieder als Produkt gelesen.
- Die schwierige Symbolik ist evtl. in der 4. Jgst. etwas verfrüht.

Aufgabe 113.1

a) Zum einen werden noch einmal alle sieben unter 3.2 genannten Grobziele angesprochen. Die Sequenz hat dadurch einen Wiederholungscharakter. Zum anderen werden die Schüler durch einige Aufgaben angeregt, nicht nur mit der Zahldarstellung in Stellenwertsystemen zu arbeiten, sondern auch über sie zu reflektieren. Dadurch ergibt sich ein gewisser Vertiefungscharakter.

b) Im Arbeitsschritt (I) wären Übungen mit anderen Kürzungszeichen - eventuell auch für nichtdekadische Einheiten - denkbar. Im Arbeitsschritt (II) sollte vor allem noch das Lesen römischer Zahldarstellungen eingehend geübt werden. Die Unterscheidung von Ziffern- und Stellenwert, die im Arbeitsschritt (III) angesprochen wird, könnte in Aufgaben zur Zahlzerlegung und Summendarstellung angewendet werden. Zum Arbeitsschritt (V) gehören auf jeden Fall sog. "Zahldiktate" und weitere Zahlleseübungen (auch außerhalb der Tabelle). Dies gilt auch für den Arbeitsschritt (VI).

Aufgabe 114.1

Zur Zielsetzung: Beide Sequenzen arbeiten, sogar mit beinahe der gleichen Einstiegsaufgabe, zuerst am Grobziel (4): Verständnis der Bildung von Einheiten verschiedener Stufen zu einer vorgegebenen Grundzahl. "Plus" führt aber den Gedanken in die Formalisierung des Potenzbegriffs hinein weiter, was bei 5.5 unterbleibt. Dafür legt 5.5 weit stärkeres Gewicht auf das Grobziel (5): Fähigkeit, Ziffernwerte und Zahlwerte zu unterscheiden. Hier wird sogar den Schülern eine geeignete Terminologie angeboten. Während 5.5 sich im wesentlichen auf das

dekadische System beschränkt, spielen in "Plus" das Fünfer- und das Zweiersystem eine zentrale Rolle.
Zum methodischen Aufbau: "Plus" beabsichtigt einen eingehenden Begriffsaufbau durch Variation der Grundzahl ("mathematische Variation" nach DIENES 1965). Das Zehnersystem wird als (bekannter) Sonderfall einer allgemeinen Darstellungsidee entwickelt. 5.5 versucht demgegenüber mehr durch analytische Aufgaben innerhalb des dekadischen Systems das Lesen und Schreiben großer Zahlen zu lehren und eine begriffliche Vertiefung zu erreichen. Mögliche Fehlerquellen werden dabei bewußt angegangen (z.B. Nullenproblem).
Zum Aufgabenmaterial: Bei "Plus" finden sich mehr anwendungsgebundene (semantische) Aufgaben, während bei 5.5 die formalen (syntaktischen) Aufgaben überwiegen.

Aufgabe 122.1
Den Schülern sollen drei verschiedene Zugänge zu den Dezimalbrüchen vermittelt werden:
- Eine Analyse der Kommadarstellung von Größen;
- eine Erweiterung des Stellenwertsystems durch Weiterführung der schriftlichen Division mit Einerrest;
- formale Übungen mit dezimalen Bruchzahldarstellungen.

Der erste Zugang steht am Beginn der Sequenz, weil er an Bekanntes anknüpft und weil er die Bezeichnung für die Stellenwerte rechts vom Dezimalkomma liefert, die in den beiden anderen Zugängen von Anfang an gebraucht werden.

Aufgabe 122.2
In der ersten Aufgabe sollen die Schüler die (dezimal geschriebene) Zahl 30 im Vierersystem darstellen. Dabei lernen sie zu beachten, daß in der Stellenwerttabelle in jeder Spalte höchstens eine Ziffer stehen darf und daß diese insbesondere im Vierersystem kleiner als 4 sein muß.
In der zweiten Aufgabe wird der Bruch 3/8 als Systembruch zur Basis 4 dargestellt. Die Schüler sollen erkennen, daß das eine Zerlegung in eine Summe von Brüchen mit den Nennern 4, 4^2, 4^3, usw. nötig macht.
In der dritten Aufgabe muß die in der zweiten Aufgabe gewonnene Einsicht zuerst auf neue Zahlenbeispiele und dann auch auf das Zweiersystem übertragen werden.

a) $\frac{13}{16} = \frac{12}{16} + \frac{1}{16} = 0{,}31_{(4)}$;

b) $\frac{13}{16} = \frac{8}{16} + \frac{4}{16} + \frac{1}{16} = \frac{1}{2} + \frac{1}{4} + \frac{1}{16} = 0{,}111_{(2)}$ (siehe c)!)

In der vierten Aufgabe wird neben weiteren Übungsbeispielen ein neuer Transferschritt verlangt: Die Umwandlung von Systembrüchen in gewöhnliche Brüche.

a) $0{,}11_{(4)} = 1/4 + 1/16 = 5/16$; $0{,}021_{(4)} = 2/16 + 1/64 = 9/64$;

$0{,}101_{(4)} = 1/4 + 1/64 = 17/64$

b)

3/8 =

1	1/2	1/4	1/8
0	0	1	1

$= 0{,}011_{(2)}$

5/8 =

1	1/4	1/16
0	2	2

$= 0{,}22_{(4)}$

7/16 =

1	1/2	1/4	1/8	1/16
0	0	1	1	1

$= 0{,}0111_{(2)}$

7/16 =

1	1/4	1/16
0	1	3

$0{,}13_{(4)}$

7/16 =

1	1/8	1/64
0	0	1

$= 0{,}34_{(8)}$

c) $0{,}101_{(3)} = 1/3 + 1/27 = 10/27$; $0{,}101_{(2)} = 1/2 + 1/8 = 5/8$;

$0{,}101_{(5)} = 1/5 + 1/125 = 26/125$

In der 6. Aufgabe lernen die Schüler zunächst erworbene Fähigkeiten auf das Zahlsystem anzuwenden:

a) 3/8 = 0 + 3/8; 30/8 = 3 + 6/8; 60/8 = 7 + 4/8; 40/8 = 5; 3/8 = 0,375

Dann sollen sie erkennen, daß die Dezimalbruchentwicklung nicht in jedem Fall abbricht:

b) 5/9 = 0 E + 5/9; 50/9 = 5 z + 5/9; 50/9 = 5 h + 5/9; ... 5/9 = 0,555 ...
2/11 = **0 E** + 2/11; 20/11 = **1 z** + 9/11; 90/11 = **8 h** + 9/11; 90/11 = **8 t** + 9/11; ...
2/11 = 0,1888...

In der letzten Aufgabe vor dem Merksatz sehen die Schüler ein, daß die Eigenschaften des Abbrechens bei der Umwandlung in Systembrüche von der gewählten Grundzahl abhängt:

5/9 = **0 E** + 5/9; 15/9 = **1/3** + 6/9; 18/9 = **2/9**; $5/9 = 0{,}12_{(3)}$

5/9 = **0 E** + 5/9; 20/9 = **2/4** + 2/9; 8/9 = **0/16** + 8/9; 32/9 = **3/64** + 5/9; ...

$5/9 = 0{,}203..._{(4)}$

5/9 = **0 E** + 5/9; 30/9 = **3/6** + 3/9; 18/9 = **2/36**; $5/9 = 0{,}32_{(6)}$

5/9 = **0 E** + 5/9; 40/9 = **4/8** + 4/9; 32/9 = **3/64** + 5/9; ... $5/9 = 0{,}4343..._{(8)}$

Aufgabe 125.1

- Die Stellenwerte sind nach Potenzen aufgebaut.
- Die Darstellung einer Zahl im System mit Grundzahl b kann als fortlaufende Division mit Rest durch b aufgefaßt werden.
- Die Ziffernfolge einer Zahlnotation symbolisiert eine Summe von Produkten, also einen Term.
- Die Zahldarstellung im Stellenwertsystem bringt die Ordnung der natürlichen Zahlen als eine auf Ziffern bezogene lexikalische Ordnung zum Ausdruck.

Aufgabe 126.1

Beispiele von problemorientierten Aufgaben:

- 5.1 - Arbeitsschritt (II)	- 2. Aufgabe
- 5.1 - Arbeitsschritt (VI)	- 1. Aufgabe
- 5.2 - Arbeitsschritt (I)	- 2. Aufgabe
- 5.3 - Arbeitsschritt (I)	- 4. Aufgabe
- 5.3 - Arbeitsschritt (II)	- 1. Aufgabe
- 5.3 - Arbeitsschritt (VII)	- 1. Aufgabe
- 5.4 - Arbeitsschritt (VI)	- 1. Aufgabe
- 5.4 - Arbeitsschritt (VII)	- 1. bis 3. Aufgabe
- 5.5 - Arbeitsschritt (II)	- 1. und 2. Aufgabe
- 5.5 - Arbeitsschritt (IV)	- 1. Aufgabe
- 5.6 - Arbeitsschritt (I)	- 1. Aufgabe
- 5.6 - Arbeitsschritt (III)	- 1. Aufgabe

Aufgabe 127.1

a) Schüleraktivitäten	b) Allg. math. Fähigkeiten
- Objekte nach einer Grundzahl bündeln	Klassifizieren, Verbalisieren-
- Bündelungsergebnisse (in Tabelle) notieren	Symbolisieren
- Tauschen gegen Einheiten höherer Ordnung	Relationieren, Zuordnen
- Entbündeln bzw. in niedrigere Einheiten tauschen	Quantifizieren
- Zu Zahlnotationen Zahlbilder zeichnen (legen)	Konkretisieren
- Zweier-, Dreier-, Vierer-, Fünferzüge bauen	Regeln beachten, Verbalisieren
- Züge verlängern und verkürzen	Ordnen, Zählen
- Zahlen auf dem Abakus darstellen	Klassifizieren, Symbolisieren
- Zahlen zerlegen	Transformieren, Symbolisieren
- Zahlenskalen lesen	Ordnen, Symbolisieren
- Einteilen von Dezimalbrüche in periodische und nichtperiodische	Klassifizieren
- Vergleichen der Darstellung einer Zahl in verschiedenen Modellen und Systemen	Relationieren
- Tauschen von Objekten nach Tauschregeln	Zuordnen

- Überführen einer Bruchdarstellung in eine Dezimalbruchdarstellung und umgekehrt	Transformieren
- Überführen von Tabellendarstellung in Summenschreibweise und umgekehrt	Transformieren, Symbolisieren

b) Der Aufbau kann nicht einbahnig von der enaktiven Darstellung über die verbale zur symbolischen verlaufen. Vielmehr muß auch die Rückkehr von der symbolischen zur verbalen und zur enaktiven Darstellung immer wieder eingeplant werden. Es geht um eine wechselseitige begriffliche Vernetzung aller Darstellungsformen.

Aufgabe 129.1
Beispiele zu a):

- 5.1 - Arbeitsschritt (I)	- 2. Aufgabe
- 5.1 - Arbeitsschritt (II)	- 1. Aufgabe
- 5.1 - Arbeitsschritt (IV)	- 2. Aufgabe
- 5.1 - Arbeitsschritt (VI)	- 4. Aufgabe
- 5.1 - Arbeitsschritt (VII)	- alle Aufgaben
- 5.2 - Arbeitsschritt (II)	- 1. Aufgabe
- 5.2 - Arbeitsschritt (III)	- 1. Aufgabe
- 5.2 - Arbeitsschritt (IV)	- alle Aufgaben
- 5.3 - Arbeitsschritt (I)	- 1. Aufgabe
- 5.3 - Arbeitsschritt (II)	- alle Aufgaben
- 5.3 - Arbeitsschritt (IV)	- alle Aufgaben

Aufgabe 131.1
a)

Modell	Vorzüge	Nachteile
Einzelobjekte Stäbe	Aufgaben zu den Grobzielen (1), (3), (4) (6) und (7) des Begriffsverständnisses möglich. Nichtdekadische Systeme können einbezogen werden.	Begrenzung der darstellbaren Anzahl der Bündelungsstufen
Tauschmarken	Aufgaben zu den Grobzielen (1), (3), (4), (5), (6), (7) des Begriffsverständnisses möglich. Nichtdekadische Systeme können einbezogen werden (nicht bei Spielgeld). Beliebig große Zahlen und Bündelungsstufen darstellbar.	Schwierigkeiten mit der Übersicht, vor allem wenn sie nicht in Verbindung mit einer Stellen werttabelle benutzt werden.

Systemblöcke	(wie bei Tauschmarken). Zusätzlich: Die Beziehung zwischen den Stellenwerten sind gut zu veranschaulichen.	(keine)
Stellenwerttafel	(wie bei Tauschmarken). Zusätzlich: Symbolkraft der Positionen wird besonders deutlich.	(keine)

b)

Modell	Vorzüge	Nachteile
Einzelobjekte Stäbe	(keine)	schwer real verfügbar Zeichnerisch nur durch Vorgabe (Buch, Arbeitsblatt)
Stäbe	Sind verfügbar (übersichtlich, lassen sich leicht handhaben)	verursachen starke Arbeitsgeräusche
Tauschmarken	leicht herstellbar (sehr billig)	oft schwer zu handhaben und aufzubewahren
Systemblöcke	sind übersichtlich und "griffig"	teuer und daher oft nicht verfügbar
Stellenwerttafel mit Chips	leicht herstellbar (sehr billig) gut handhabbar	(keine)

Aufgabe 133.1

Sequenz	a) geeignetes Stufenmodell	b) vorkommende Stufen
5.1	DIENES	- Stufe der strukturierten Spiele: (I), (II), (III) - Stufe der Darstellung: (IV), (V), (VI) - Stufe der Beschreibung der Darstellung: (V)
5.2	DIENES	- Stufe der strukturierten Spiele: (I) - Stufe der Darstellung: (II) - Stufe der Beschreibung der Darst.: (III), (IV) - Stufe des Gebrauchs der Beschreibung: (V)

5.3	VAN HIELE	- Grundstufe: (I) - Exploration: (II), (III) - Explizierung: (IV), (V), (VI) - Orientierung: (VII)
5.4	GALPARIN/TALYSINA	- Etappe der materialisierten Handlung: (I),(II),(III) - Etappe der äußeren Sprache: (III), (IV), (V) - Etappe der geistigen Handlung: (V), (VI)
5.5	VOLLRATH	- Stufe der inhaltlichen, nicht-formalen Kenntnis des Begriffs: (I), (II), (III) - Stufe der formalen Kenntnis des Begriffs: (IV), (V)

Aufgabe 135.1
Resultate:

a)

a	r	w
1	1	0

b)

a	r	w
1	0	1

zwei: 010
drei: 011
vier: 100

c) sieben: 111; acht: 1000 (brauner Stab); neun: 1001; zehn: 1010; elf 1011; zwölf: 1100
d) für 120 werden fünfzehn w gebraucht.
vier: 011; fünf: 012; sechs: 020; sieben: 021; acht: 022; neun: 100; zehn: 101; elf: 102; zwölf: 110; dreizehn: 111; vierzehn: 112; fünfzehn: 120
f) 21 + 12 = 110; 111 + 20 = 201; 200 - 22 = 101;
2 · 22 = 121; 220 : 20 = 11; 10 · 10 = 100
g) 120: 10w; 011: 3 w; 021: 5w; 201: 13 w; 321: 23w
hinten: 0 - 1; Mitte: 0 - 1 - 2; vorn: 0, 1, 2, 3, 4

Lernziele:
a) Konkrete Zahldarstellungen in Stellenwerttabelle notieren können.
b Zahldarstellungen in Stellenwerttabelle in "Kurzschrift" notieren können.
c) Dualschrift analysieren können.
d) Zahlenfolge in Trinärschrift notieren können.
e) Verschiedene Zahldarstellungen vergleichen können.
f) In Trinärschrift addieren und subtrahieren können.
g) Zahldarstellungen im Vierersystem analysieren können.
h) Selbst eine Zahlschrift konstruieren können.

Aufgabe 139.1

2309

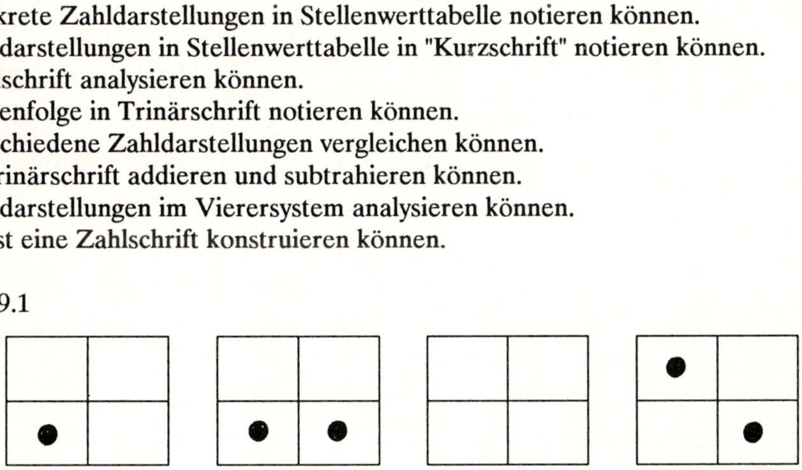

5768

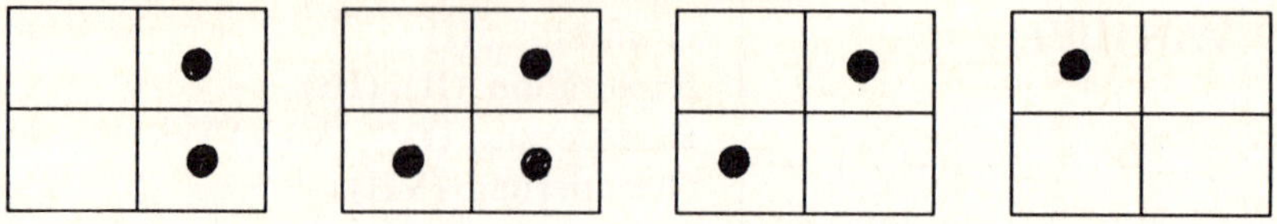

Summe

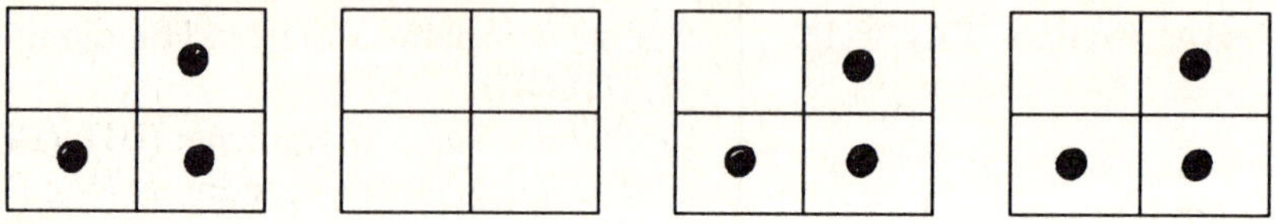

Aufgabe 140.1

a) Beispiele:
- Die Einer- oder die Zehnerstellen müssen sich zu zehn ergänzen.
- Die Einer- und die Zehnerstellen müssen sich zu zehn ergänzen.
- Die Quersumme muß gleich sein.

b) Beispiele:
- Zahlen sind in verschiedenen Systemen dargestellt; nur Felder mit gleichen Zahlen dürfen angesetzt werden.
- Geeignete Auswahl dreistelliger Zahlen mit entsprechenden Regeln wie bei zweistelligen Zahlen.

Aufgabe 142.1

a) Beispiel:

	1)	2)	3)	4)	5)
Ausgabe	$471_{(8)}$	2	7	27	1241

b) gdgde

c) 50

Aufgabe 142.2

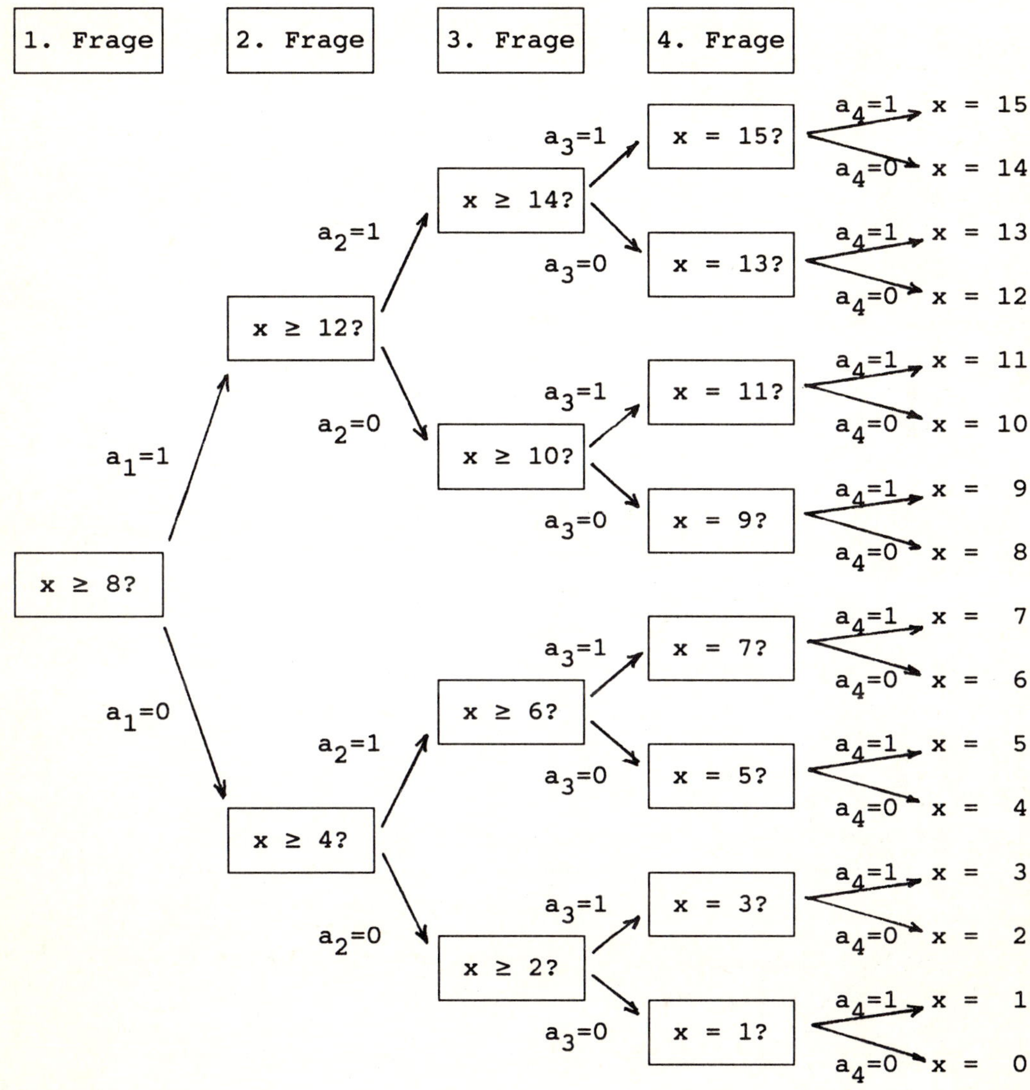

Aufgabe 143.1

a) Beispiel:

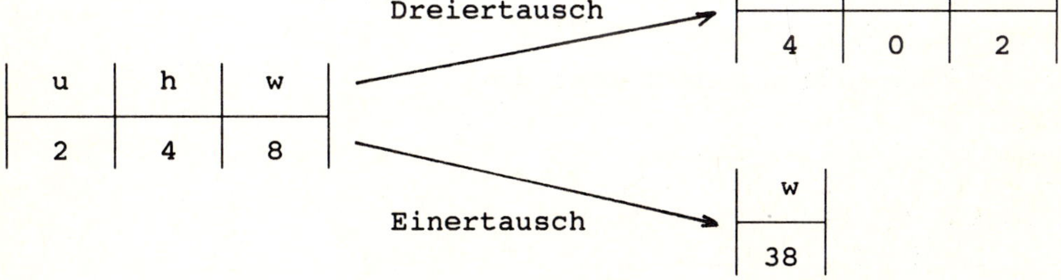

b) 120 → 15; 201 → 19; 22 → 211; 25 → 221

c)

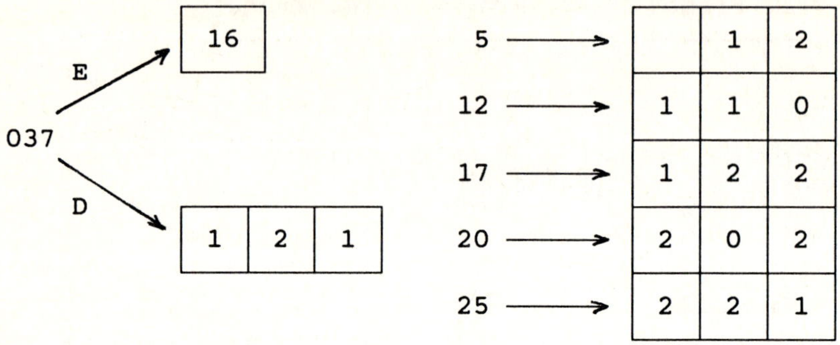

d)

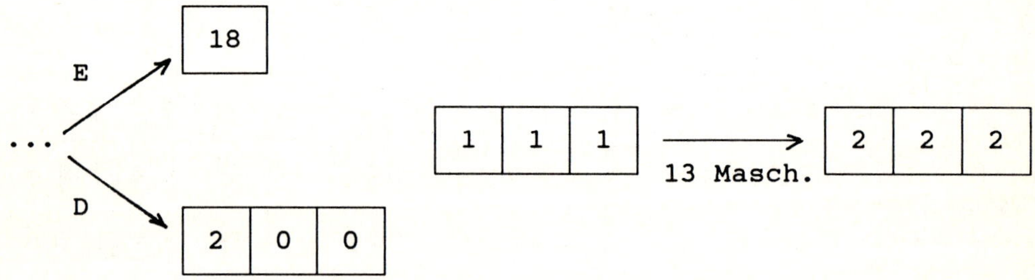

e) 12 $\xrightarrow{+1}$ 020 $\xrightarrow{+1}$ 021 $\xrightarrow{+1}$ 022 $\xrightarrow{+1}$ 100 $\xrightarrow{+1}$ 101 $\xrightarrow{+1}$ 102 $\xrightarrow{+1}$ 110

f)

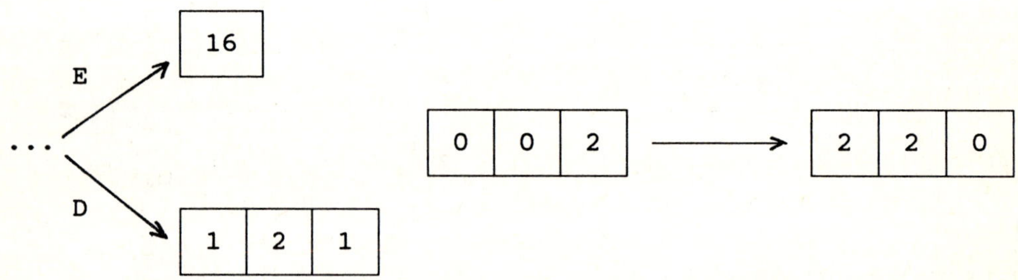

g)

Ziel	1	2	3	4	5	6	7	8	9	10	11	12	22
A:	1	2	2	3	4	3	4	5	3	4	5	4	6

h) $30 = 132_{(4)}$. Es sind acht Maschinen nötig.

Aufgabe 147.1

a) 237; 242; 774 b) 594; 1012; 6787

c) $15 + 34 \cdot 2 = 83$; $51 \cdot 7 - 53 = 304$

$13 \cdot (6 + 2) \cdot 3 = 312$; $255 \cdot 42 + 198 = 11698$

d)

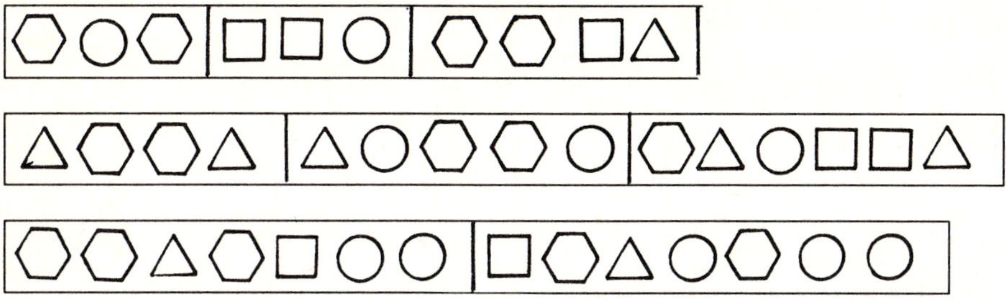

e) 0,375; 11,0625; 5,84375

Aufgabe 149.1

a) Bei einem Gewicht von 6 g pro Körner und einem Preis von 80 DM pro dz haben 263, das sind ungefähr $9 \cdot 10^{18}$ (9 Trillionen) Weizenkörner ein Gewicht von $8{,}8 \cdot 10^{12}$ (8,8 Billionen) dz und einen Wert von $242{,}56 \cdot 10^{12}$ (242,56 Billionen) DM.

b)

Faltg.	Ausmaße in m	Flächeninhalt in m^2	Dicke im mm
3.	$25 \cdot 25$	$(1(2)^3 \cdot 5000$	$2^3 \cdot 1/100$
4.	$12{,}5 \cdot 25$	$(1/2)^4 \cdot 5000$	$2^4 \cdot 1/100$
5.	$6{,}25 \cdot 6{,}25$	$(1/8)^5 \cdot 5000$	$2^5 \cdot 1/100$
. . .	. . .	. . .	. . .
20.	$0{,}049 \cdot 0{,}049$	$(1/2)^{20} \cdot 5000$ = 0,000001 (1 mm^2)	$2^{20} \cdot 1/100$ = 10 485 (10,5 m)

c) 10^4 = 10 000 (Zehntausend)
10^5 = 100 000 (Hunderttausend)
10^6 = 1 000 000 (eine Million)
10^7 = 10 000 000 (zehn Millionen)
10^8 = 100 000 000 (hundert Milltionen)
10^9 = 1 000 000 000 (eine Milliarde)

d) $5\ 10^3 = 5000$; $2{,}6\ 10^3 = 2600$; $4\ 10^6 = 4\ 000\ 000$; $5{,}13\ 10^6 = 5\ 130\ 000$;
$4\ 10^9 = 4\ 000\ 000\ 000$; $15{,}1\ 10^9 = 15\ 100\ 000\ 000$

e) $10^{-3} = 0{,}001$; $10^{-4} = 0{,}0001$; $10^{-5} = 0{,}00001$; $10^{-6} = 0{,}000001$

f) $14\ 10^{-3} = 0{,}014$; $2\ 10^{-6} = 0{,}000002$; $138\ 10^{-6} = 0{,}000138$; $45\ 10^{-9} = 0{,}000000045$

g) Erde: $O = 509{,}95\ 10^6\ km^2$; $V = 1{,}08\ 1012\ km^3$; $M = 5{,}97\ 10^{24}\ kg$

Sonne: $O = 6{,}087\ 10^9\ km^2$; $V = 1{,}412\ 10^{18}\ km^3$; $M = 1{,}98\ 10^{30}\ kg$

Elektron: $M = 0{,}9109\ 10^{24}\ kg = 910{,}9\ 10^{27}\ kg$; $d = 5{,}6366\ 10^{-6}\ m$

Wellenlänge des roten Lichts: $0{,}68\ 10^{-6}\ m$

Rote Blutkörperchen: $d = 7{,}5\ 10^{-3}\ mm$

Atomkern: $d = 0{,}01\ 10^{-9}\ mm$

h) $45\ 10^6\ 28\ 10^6 = 1260\ 10^{12} = 1{,}26\ 10^{15}$

$0{,}07532\ 10^{-9} : 269\ 10^{-9} = 0{,}28\ 10^{-3}$

$365\ 24\ 60\ 60 = 31{,}536\ 10^6\ s$

$0{,}3\ 106\ 60\ 60\ 24\ 365 = 9{,}46\ 10^{12}\ km$

$1 : (0{,}3\ 10^9) = 0{,}33\ 10^{-9}\ s$

$149{,}5\ 10^6 : 100 = 1{,}5\ 10^6\ h$

$9{,}46\ 10^{12}\ km\ 6\ 10^9 = 56{,}76\ 10^{21}\ km$

Literatur

AEBLI, H.: Ordnen des Tuns. Band II: Denkprozesse. Stuttgart 1981
BLOOM, B.D.: Taxanonomy of Educational Objektives. Handbook I. New York 1956
BREIDENBACH, W.: Methodik des Mathematikunterrichts in Grund- und Hauptschulen. Hannover 1969
BRUNER, J.S.: Studien zu kognitiven Entwicklung. Stuttgart 1971
BRUNER, J.S.: Entwurf einer Unterrichtstheorie. Berlin 1974
DAMEROW, P./LEVEVRE, W.: Rechenstein, Experiment, Sprache, Stuttgart 1981
DIENES, Z.P.: Aufbau der Mathematik. Freiburg i.B. 1965
DIENES, Z.P.: Menge - Zahl - Potenz. Freiburg i.B. 1966
DIENES, Z.P.: Die sechs Stufen im mathematischen Lernprozeß. Freiburg 1971
ELLROTH, P./SCHINDLER, M.:
Reform des Mathematikunterrichts. Bad Heilbrunn 1975
FRAUNHOLZ, W.: Didaktik der Zahlbereichserweiterungen. Kurseinheiten 1 bis 8. Fernuniversität Hagen 1977
FRICKE, A./Besuden, H.: Mathematik. Elemente einer Didaktik und Methodik. Stuttgart 1970
FRICKE, A.: Die natürliche Zahl im mathematischen Anfangsunterricht. In MU 5/71.
GAGNÉ R.: Bedingungen des menschlichen Lernens. Hannover 1964
GALPERIN, P.J./TALYSINA,N.F.: Die Bildung erster geometrischer Begriffe auf der Grundlage organisierter Handlungen der Schüler. In: GALPERIN und LEONTJEW (Hrsg.): Probleme der Lerntheorie. Berlin 1972
GLAUS, I./Senft, W.: Mathematische Früherziehung. Stuttgart 1969
HILGARD, E. R./BOWER, G.H.: Theorien des Lernens I. Stuttgart 1971
HOLE,V.: Erfolgreicher Mathematikunterricht. Freiburg 1973
HOLLAND,G.: Strategien zur Bildung geometrischer Begriffe. In:Beiträge zum Mathematikunterricht. Hannover 1975
KERN, A./GIEDING, W.: Gestaltrechnen. Freiburg 1960
KÜHNEL, J.: Neubau des Rechenunterrichts. Bad Heilbrunn 1959
LÜSCHER, H.: Das Stellenwertsystem. Hamburger Programm. Braunschweig 1971
MAIER,H. u.a.: Kompendium Didaktik: Mathematik. München 1977
MENNINGER, K.: Zahlwort und Ziffer. Göttingen 1957
MÜLLER, G./WITTMANN, E.: Der Mathematikunterricht in der Primarstufe. Braunschweig 1977
NEUNZIG, W.: Mathematikunterricht 1-4. München 1981
OERTER, R.: Psychologie des Denkens. Donauwörth 1971
PADBERG, F.: Elementare Zahlentheorie. Freiburg 1974
PADBERG, F.: Didaktik der Arithmetik. Mannheim 1986
PAIVIO, A.: Imagery and verbal processes. New York 1971
PIAGET, J.: Psychologie der Intelligenz. Zürich/Stuttgart 1954
RADATZ, H./ SCHIPPER, W.: Handbuch für den Mathematikunterricht an Grundschulen. Hannover 1983
SCHEID, H./WARLICH, L.: Mathematik für Lehramtskandidaten. Band II. Frankfurt 1976
SCHRÄDER, W.: Einführung in die Zahlentheorie. Düsseldorf 1973

SCHWARTZE, H.: Elementarmathematik aus didaktischer Sicht. Arithmetik und Algebra. Bochum 1980
SIEMON, H.: Operative Einführung in das Rechnen mit natürlichen Zahlen. In: Meschkowski (Hrsg.): Didaktik der Mathematik I. Stuttgart 1972
TROPFKE, J.: Geschichte der Elementarmathematik. Band 1. Berlin 1980
VAN HIELE, P.M.: Piagets Beitrag zu unserer Einsicht in die kindliche Zahlbegriffsbildung. In: Rechenunterricht und Zahlbegriff. Braunschweig 1964
VOLLRATH, H.-J.: Didaktik der Algebra. Stuttgart 1974
VOLLRATH, H.-J.: Methodik des Begriffslehrens im Mathematikunterricht. Stuttgart 1984
WHORF, B.L.: Sprache, Denken, Wirklichkeit. Reinbeck 1963
WISLICENY, J.: Grundbegriffe der Mathematik. Band II. Berlin 1975
WYGOTSKY, L.S.: Denken und Sprechen. Stuttgart 1962